최신개정판 박문각 자격증

전기기사 · 전기산업기사

회로이론

필기 기본서

정용걸 편저

단숨에 끝내는 핵심이론

단원별 출제 예상문제

제2판

동영상 강의 pmgbooks.co.kr

전기분야 최다 조회수 100만 뷰

PREFACE

이 책의 **머리말**

전기분야 최다 조회수 기록 100만명이 보았습니다!!

"열정은 있다. 그러나 기본이 없다." - 베토벤 -

어떤 일이든 열정만으로 되는 것은 없다고 생각합니다. 마음만 먹으면 금방이라도 자격증을 취득할 것 같아 벅찬 가슴으로 자격증 공부에 대한 계획을 세우지만 한해 10여만 명의 수험자들 중 90% 이상은 재시험을 보아야 하는 실패를 경험합니다.

저는 30년 이상 전기기사 강의를 진행하면서 전기기사 자격증 취득에 실패하는 사례를 면밀히 살펴보니 수험자들이 자격증 취득에 대한 열정은 있지만 정작 전기에 대한 기초공부가 너무나도 부족한 것을 알게 되었습니다.

특히 수강생들이 회로이론, 전기자기학, 전기기기 등의 과목 때문에 힘들어 하는 모습을 보면서 전기기사 자격증을 취득하는 데 도움을 주려고 초보전기 강의를 하게 되었고 강의 동영상을 무지개꿈원격평생교육원 사이트(www.mukoom.com)를 개설하여 10년만에 누적 100여만 명이 조회하였습니다.

이는 전기기사 수험생들이 대부분 비전문가가 많기 때문에 전기 기초에 대한 절실함이 있기 때문이라고 생각합니다.

동영상 강의교재는 너무나도 많지만 초보자의 시각에서 안성맞춤의 강의를 진행하는 교재는 그리 흔치 않습니다.

본 교재에서는 수험생들이 가장 까다롭게 생각하는 과목 중 필요 없는 것은 버리고 꼭 암기하고 알아야 할 것을 간추려 초보자에게 안성맞춤이 되도록 강의한 내용을 중심으로 집필하였습니다.

'열정은 있다. 그러나 기본이 없다'란 베토벤의 말처럼 기초는 너무나도 중요한 문제입니다.

본 교재를 통해 전기(산업)기사 자격증 공부에 어려움을 겪고 있는 수험생 분에게 도움이 되었으면 감사하겠습니다.

무지개꿈 교육원장 정용걸

동영상 교육사이트

무지개꿈원격평생교육원 http://www.mukoom.com
유튜브채널 '전기왕정원장'

GUIDE

필기 합격 공부방법

01 전기(산업)기사 필기 합격 공부방법

1 초보전기 II 무료강의

전기(산업)기사의 기초가 부족한 수험생이 필수로 숙지를 하셔야 중도에 포기하지 않고 전기(산업)기사 취득이 가능합니다.
초보전기 II에는 전기(산업)기사의 기초인 기초수학, 기초용어, 기초회로, 기초자기학, 공학용 계산기 활용법 동영상이 있습니다.

2 초보전기 II 숙지 후에 회로이론을 공부하시면 좋습니다.

회로이론에서 배우는 R, L, C가 전기자기학, 전기기기, 전력공학 공부에 큰 도움이 됩니다.
회로이론 20문항 중 12문항 득점을 목표로 공부하시면 좋습니다.

3 회로이론 다음으로 전기자기학 공부를 하시면 좋습니다.

전기(산업)기사 시험 과목 중 과락으로 실패를 하는 경우가 많습니다.
전기자기학은 20문항 중 10문항 득점을 목표로 공부하시면 좋습니다.

4 전기자기학 다음으로는 전기기기를 공부하면 좋습니다.

전기기기는 20문항 중 12문항 득점을 목표로 공부하시면 좋습니다.

5 전기기기 다음으로 전력공학을 공부하시면 좋습니다.

전력공학은 20문항 중 16문항 득점을 목표로 공부하시면 좋습니다.

6 전력공학 다음으로 전기설비기술기준 과목을 공부하시면 좋습니다.

전기설비기술기준 과목은 전기(산업)기사 필기시험 과목 중 제일 점수를 득점하기 쉬운 과목으로 20문항 중 18문항 득점을 목표로 공부하시면 좋습니다.

초보전기 II 무료동영상 시청방법

유튜브 '전기왕정원장' 검색 → 재생목록 → 초보전기 II : 전기기사,
전기산업기사의 기초를 클릭하셔서 시청하시기 바랍니다.

GUIDE

필기 합격 공부방법

02 확실한 합격을 위한 출발선

1 전기기사 · 전기산업기사

핵심이론

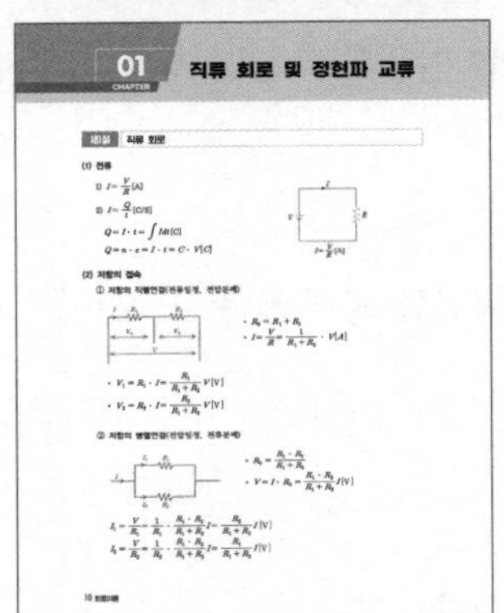

출제예상문제

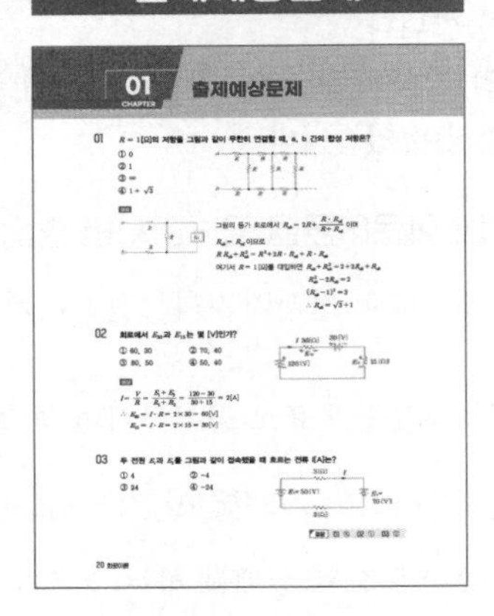

수험생들이 회로이론, 전기자기학, 전력공학 등의 과목 때문에 힘들어하는 모습을 보면서 전기기사 · 전기산업기사 자격증을 취득하는 데 도움을 주기 위해 출간된 교재입니다. 회로이론, 전기자기학, 전력공학 등 어려운 과목들에서 수험생들이 힘들어 하는 내용을 압축하여 단계적으로 학습할 수 있도록 구성하였습니다.

핵심이론과 출제예상문제를 통해 학습하고, 강의를 100% 활용한다면, 기초를 보다 쉽게 정복할 수 있을 것입니다.

2 강의 이용 방법

초보전기 II

☑ QR코드 리더 모바일 앱 설치 → 설치한 앱을 열고 모바일로 QR코드 스캔 → 클립보드 복사 → 링크 열기 → 동영상강의 시청

※ 전기(산업)기사 기본서 중 회로이론은 무료강의, 다른 과목들은 유료강의입니다.

03 무지개꿈원격평생교육원에서만 누릴 수 있는 강좌 서비스 보는 방법

1 인터넷 브라우저 주소창에서 [www.mukoom.com]을 입력하여 [무지개꿈원격평생교육원]에 접속합니다.

2 [회원가입]을 클릭하여 [무꿈 회원]으로 가입합니다.

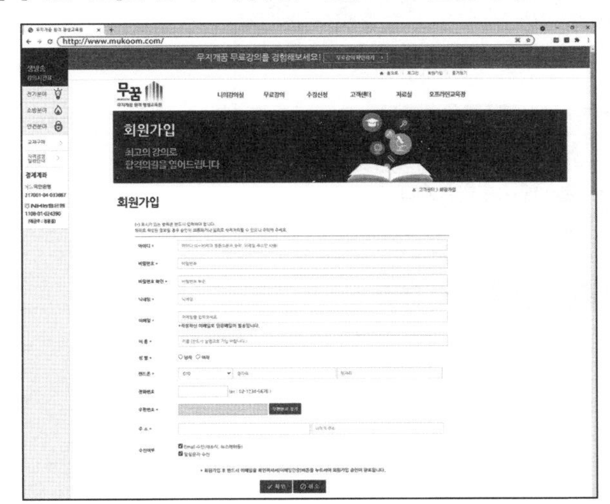

3 [무료강의]를 클릭하면 [무료강의] 창이 뜹니다. [무료강의] 창에서 수강하고 싶은 무료 강좌 및 기출문제 풀이 무료 동영상강의를 수강합니다.

CONTENTS

이 책의 **차례**

회로이론

Chapter 01 직류 회로 및 정현파 교류 ······ 10
✔ 출제예상문제 ······ 20

Chapter 02 기본 교류 회로 ······ 34
✔ 출제예상문제 ······ 46

Chapter 03 교류 전력 ······ 64
✔ 출제예상문제 ······ 68

Chapter 04 상호유도회로 및 브리지 회로 ······ 76
✔ 출제예상문제 ······ 79

Chapter 05 벡터 궤적 ······ 84
✔ 출제예상문제 ······ 87

Chapter 06 일반선형 회로망 ······ 92
✔ 출제예상문제 ······ 99

Chapter 07 다상교류 ······ 108
✔ 출제예상문제 ······ 114

Chapter 08 대칭좌표법 ······ 126
✔ 출제예상문제 ······ 128

CONTENTS

이 책의 **차례**

Chapter 09 비정현파 교류 ···· 136

✔ 출제예상문제 ···· 141

Chapter 10 2단자 회로망 ···· 150

✔ 출제예상문제 ···· 152

Chapter 11 4단자 회로망 ···· 158

✔ 출제예상문제 ···· 164

Chapter 12 분포정수회로 ···· 174

✔ 출제예상문제 ···· 176

Chapter 13 라플라스 변환 ···· 182

✔ 출제예상문제 ···· 188

Chapter 14 전달함수 ···· 200

✔ 출제예상문제 ···· 202

Chapter 15 과도현상 ···· 210

✔ 출제예상문제 ···· 214

Chapter 16 초보전기의 기초수학공식 ···· 226

chapter

01

직류 회로 및 정현파 교류

01 CHAPTER 직류 회로 및 정현파 교류

제1절 직류 회로

(1) 전류

1) $I=\dfrac{V}{R}$[A]

2) $I=\dfrac{Q}{t}$[C/S]

$Q=I\cdot t=\int Idt$[C]

$Q=n\cdot e=I\cdot t=C\cdot V[C]$

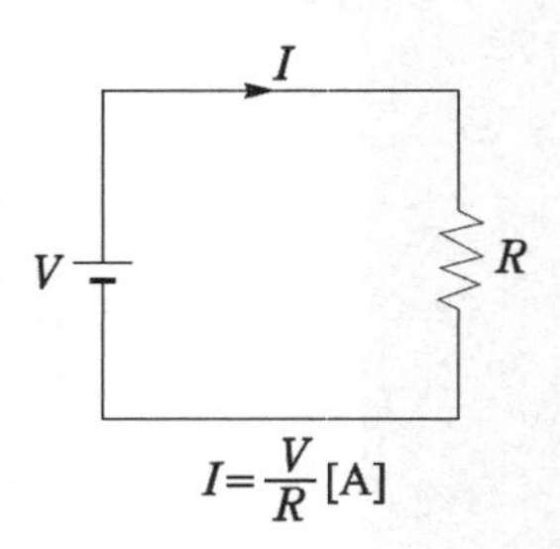

(2) 저항의 접속

① 저항의 직렬연결(전류일정, 전압분배)

- ◦ $R_0=R_1+R_2$
- ◦ $I=\dfrac{V}{R}=\dfrac{1}{R_1+R_2}\cdot V[A]$

- $V_1=R_1\cdot I=\dfrac{R_1}{R_1+R_2}V$[V]
- $V_2=R_2\cdot I=\dfrac{R_2}{R_1+R_2}V$[V]

② 저항의 병렬연결(전압일정, 전류분배)

- ◦ $R_0=\dfrac{R_1\cdot R_2}{R_1+R_2}$
- ◦ $V=I\cdot R_0=\dfrac{R_1\cdot R_2}{R_1+R_2}I$[V]

$$I_1=\frac{V}{R_1}=\frac{1}{R_1}\cdot\frac{R_1\cdot R_2}{R_1+R_2}I=\frac{R_2}{R_1+R_2}I\,[\mathrm{V}]$$

$$I_2=\frac{V}{R_2}=\frac{1}{R_2}\cdot\frac{R_1\cdot R_2}{R_1+R_2}I=\frac{R_1}{R_1+R_2}I\,[\mathrm{V}]$$

제2절 정현파 교류

✦ 기초정리

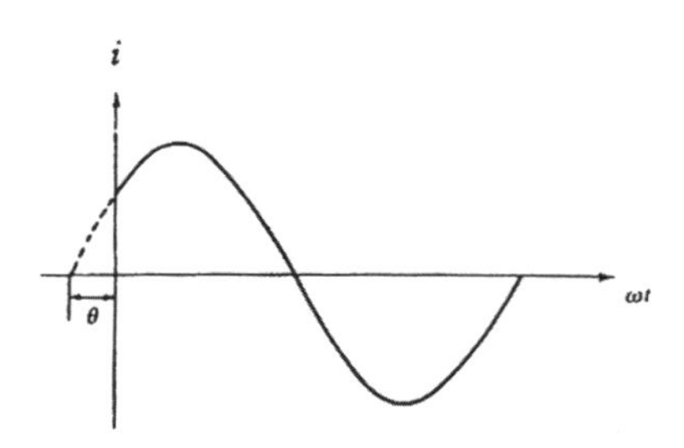

$i = I_m \sin(wt + \theta)$

i : 순시값

I_m : 최댓값

w : 각 주파수 $= 2\pi f$

f : 주파수 $\frac{1}{T} = \frac{w}{2\pi}$

θ : 초기 위상

(1) 실효값과 평균값

실효값 : $I = \sqrt{\frac{1}{T}\int_0^T i^2 dt}$

평균값 : $I_{av} = \frac{1}{T}\int_0^T i dt$

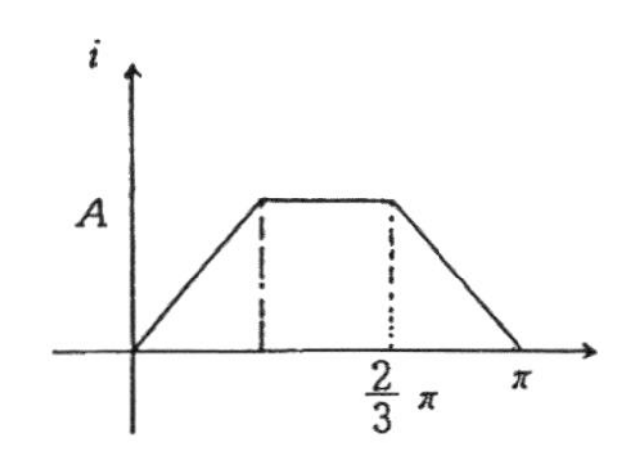

: 가동 코일형 계기 지시값

직류분

평균면적

sol) $I_a = \dfrac{\frac{2}{3}\pi \times A}{\pi}$

$= \frac{2}{3}A$

① 정현파 = 전파 정류파

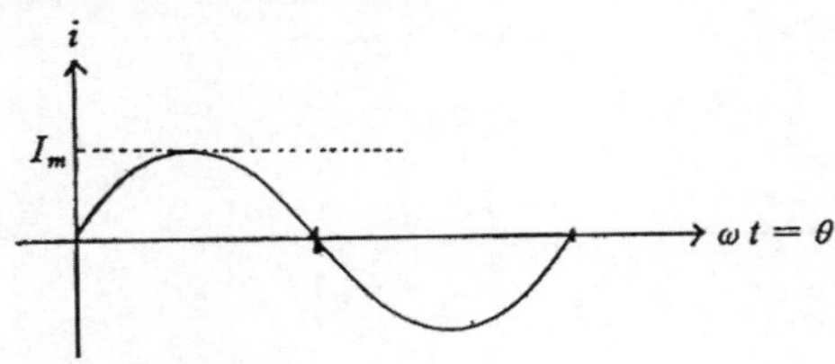

$i = I_m \sin wt = I_m \sin\theta$[A]

• 실효값 : $I = \sqrt{\frac{1}{T}\int_0^T i^2 dt} = \sqrt{\frac{1}{2\pi}\int_0^{2\pi}(I_m \sin\theta)^2 d\theta}$

$= \sqrt{\frac{I_m^2}{2\pi}\int_0^{2\pi}\sin^2\theta\, d\theta}$

※ $\sin^2 A = \frac{1-\cos 2A}{2}$

※ $\cos^2 A = \frac{1+\cos 2A}{2}$

$= \sqrt{\frac{I_m^2}{2\pi}\int_0^{2\pi}(\frac{1-\cos 2A}{2})\, d\theta}$

$= \sqrt{\frac{I_m^2}{4\pi}\int_0^{2\pi}(1-\cos 2\theta)\, d\theta}$

$= \sqrt{\frac{I_m^2}{4\pi}[\,\theta\,]_0^{2\pi}} = \sqrt{\frac{I_m^2}{4\pi}(2\pi - 0)}$

$= \frac{I_m}{\sqrt{2}} = 0.707 I_m$

• 평균값 : $I_a = \frac{1}{T}\int_0^T i dt$

$= \frac{1}{\pi}\int_0^{\pi} I_m \sin\theta\, d\theta$

(대칭파의 평균치는 반주기에서만 계산)

$= \frac{I_m}{\pi}\int_0^{\pi}\sin\theta\, d\theta$

$= \frac{I_m}{\pi}[-\cos\theta]_0^{\pi}$

$$※ -\cos\pi = -(\cos 180°) = -(-1) = 1$$

$$※ -(-\cos 0°) = -(-1) = 1$$

$$= \frac{I_m}{\pi}[1+1]$$

$$= \frac{2}{\pi}I_m = 0.637I_m$$

② 정현반파

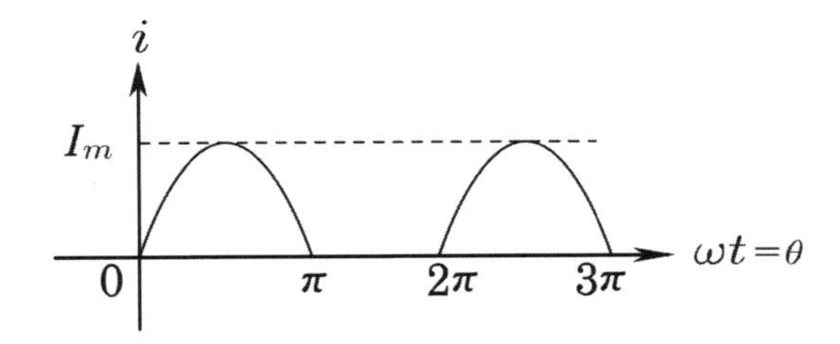

$i = I_m \sin wt = I_m \sin\theta$ [A]

• 실효값 : $I = \sqrt{\frac{1}{T}\int_0^T i^2 dt}$

$$= \sqrt{\frac{1}{2\pi}\int_0^{\pi}(I_m \sin\theta)^2\, d\theta}$$

$$※ \Rightarrow \sqrt{\frac{I_m^2}{4\pi}\int_0^{\pi}\sin^2\theta\, d\theta} = \frac{I_m^2}{4\pi}[1-\cos 2\theta]_0^{\pi}$$

$$= \sqrt{\frac{I_m^2}{4\pi}[\theta - \frac{1}{2}\sin 2\theta]_0^{\pi}}$$

$$※ \Rightarrow (\pi - \frac{1}{2}\times 0) - (0 - \frac{1}{2}\times 0)$$

$$= \sqrt{\frac{I_m^2}{4\pi}[\pi - 0]}$$

$$= \frac{I_m}{2}$$

• 평균값 : $I_a = \frac{1}{T}\int_0^T i\,dt$

$= \frac{1}{2\pi}\int_0^\pi I_m \sin\theta \ d\theta$

(대칭파가 아니기 때문에 '2π' 그대로 온다.)

$= \frac{I_m}{2\pi}[-\cos\theta]_0^\pi$

$= \frac{I_m}{2\pi}[1+1]$

$= \frac{I_m}{\pi}$

③ 삼각파(톱니파)

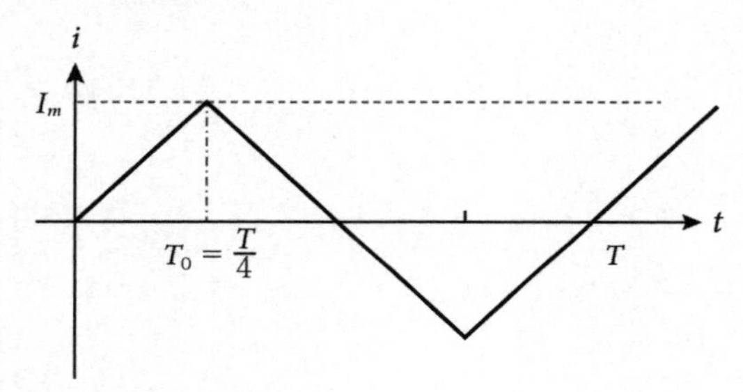

$i = \frac{I_m}{T_0}t$

• 실효값 : $I = \sqrt{\frac{1}{T}\int_0^T i^2 \ dt}$

$= \sqrt{\frac{1}{T}\int_0^{T_0} (\frac{I_m}{T_0}t)^2 \ dt}$

$= \sqrt{\frac{I_m^2}{T_0^3}\int_0^{T_0} t^2 \ dt}$

$= \sqrt{\frac{I_m^2}{T_0^3}[\frac{t^3}{3}]_0^{T_0}}$

$= \frac{I_m}{\sqrt{3}}$

• 평균값 : $I_a = \frac{1}{T}\int_0^T i\,dt$

$$= \frac{1}{T_0}\int_0^{T_0} (\frac{I_m}{T_0}t)\,dt$$

$$= \frac{I_m}{T_0^2}\int_0^{T} t\,dt$$

$$= \frac{I_m}{T_0^2}[\frac{t^2}{2}]_0^{T_0}$$

$$= \frac{I_m}{2}$$

④ 구형파 = 직류

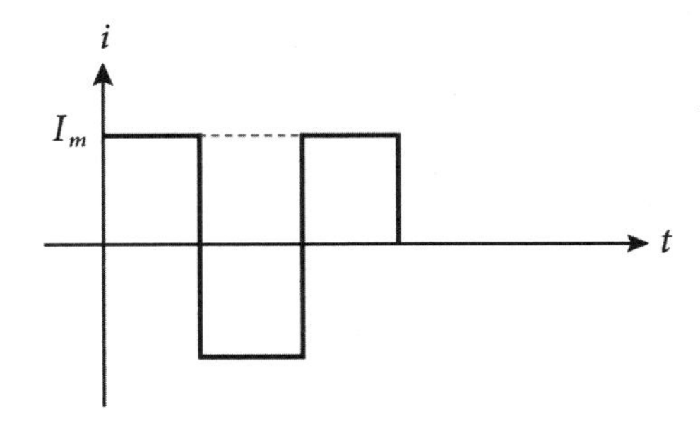

$i = I_m$

• 실효값 : $I = \sqrt{\frac{1}{T}\int_0^T i^2\,dt}$

$$= \sqrt{\frac{1}{T}\int_0^T I_m^2\,dt}$$

$$= \sqrt{\frac{I_m^2}{T}[t]_0^T}$$

$$= I_m$$

• 평균값 : $I_a = \dfrac{1}{T}\displaystyle\int_0^T i\, dt$

$= \dfrac{1}{T}\displaystyle\int_0^T I_m^2\, dt$

$= \dfrac{I_m}{T}\displaystyle\int_0^T i\, dt$

$= \dfrac{I_m}{T}[\,t\,]_0^T$

$= I_m$

⑤ 구형반파

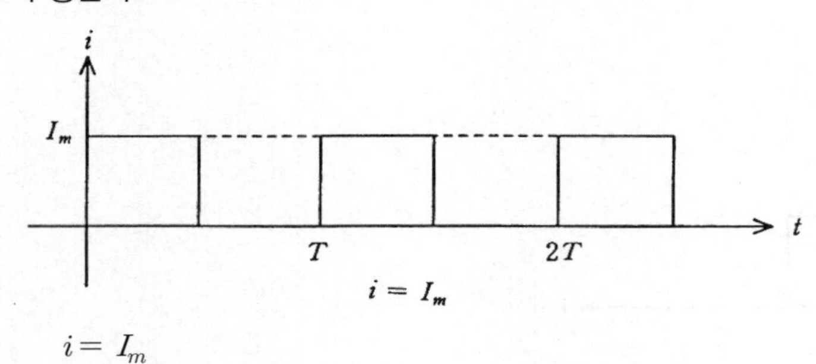

$i = I_m$

• 실효값 : $I = \sqrt{\dfrac{1}{T}\displaystyle\int_0^T i^2\, dt}$

$= \sqrt{\dfrac{1}{T}\displaystyle\int_0^{\frac{T}{2}} I_m^2\, dt}$

$= \sqrt{\dfrac{I_m^2}{T}\displaystyle\int_0^{\frac{T}{2}} i\, dt}$

$= \sqrt{\dfrac{I_m^2}{T}[\,t\,]_0^{\frac{T}{2}}}$

$= \sqrt{\dfrac{I_m^2}{2}}$

$= \dfrac{I_m}{\sqrt{2}}$

• 평균값 : $I_a = \frac{1}{T}\int_0^T i\,dt$

$$= \frac{1}{T}\int_0^{\frac{T}{2}} I_m\,dt$$

$$= \frac{I_m}{T}[\,t\,]_0^{\frac{T}{2}}$$

$$= \frac{I_m}{2}$$

(2) 파형률과 파고율

• $파형률 = \frac{실효값}{평균값}$

ex. 정현파의 파형률

$$: \frac{\frac{1}{\sqrt{2}}I_m}{\frac{2}{\pi}I_m} = \frac{\pi}{2\sqrt{2}}$$

• $파고율 = \frac{최댓값}{실효값}$(실효값의 분모값과 같다)

ex. 파형률, 파고율이 모두 1인 것은?

: 구형파

(3) 위상 및 위상차

$i_1 = I_m \sin(wt + 0°)$

$i_2 = I_m \sin(wt + \frac{\pi}{2})$

$i_3 = I_m \sin(wt - \frac{\pi}{2})$

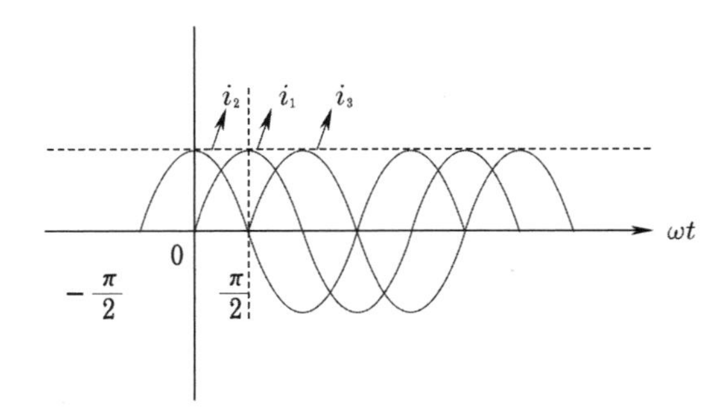

ex. $V = 100\sqrt{2}\,sin(wt + 60^\circ)$

$i = 10\sqrt{2}\,sin(wt + 30^\circ)$

$\therefore \theta = 60^\circ - 30^\circ = 30^\circ$

ex. $V = 100\sqrt{2}\,cos(wt - 30^\circ)$

$= 100\sqrt{2}\,sin(wt + 60^\circ)$

$i = 10\sqrt{2}\,sin(wt + 30^\circ)$

$\therefore \theta = 60^\circ - 30^\circ = 30^\circ$

(4) 복소수의 계산

$Z_1 = 3 + j4$(직각좌표계)

$= \sqrt{\text{실수}^2 + \text{허수}^2} \angle \tan^{-1}\frac{\text{허수}}{\text{실수}}$

$= \sqrt{3^2 + 4^2} \angle \tan^{-1}\frac{4}{3}$

$= 5\angle 53.13°$(극좌표)

⇒ 곱셈(×), 나눗셈(÷)에서 주로 사용

$= 5(\cos 53.13° + j\sin 53.13°)$(삼각함수 좌표)

$= 3 + j4$

⇒ 덧셈(+), 뺄셈(−)에서 주로 사용

$Z_2 = 3 - j4$(직각좌표계)

$= \sqrt{\text{실수}^2 + \text{허수}^2} \angle \tan^{-1}\frac{\text{허수}}{\text{실수}}$

$= \sqrt{3^2 + 4^2} \angle \tan^{-1}\frac{-4}{3}$

$= 5\angle -53.13°$(극좌표)

⇒ 곱셈(×), 나눗셈(÷)에서 주로 사용

$= 5(\cos 53.13° - j\sin 53.13°)$(삼각함수 좌표)

$= 3 - j4$

⇒ 덧셈(+), 뺄셈(−)에서 주로 사용

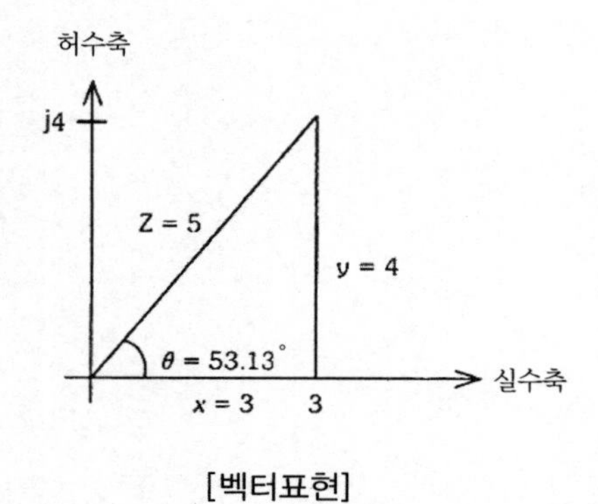

[벡터표현]

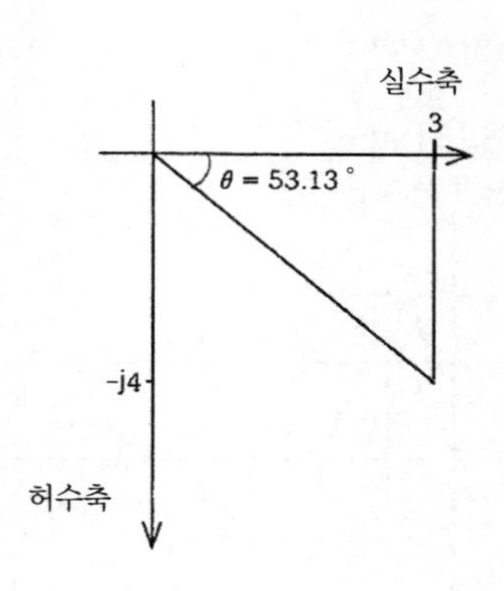

ex. $Z_1 = 6 + j8$ ① $Z_1 + Z_2 = (6+3) + j(8+4) = 9 + j12$

$Z_2 = 3 + j4$ ② $Z_1 - Z_2 = (6-3) + j(8-4) = 3 + j4$

ex. $Z_1 = 20\angle 60°$

$Z_2 = 5\angle 30°$

① 곱셈

$$Z_1 \times Z_2 = 20 \times 5 \angle 60° + 30° = 100\angle 90°$$

② 나눗셈

$$\frac{Z_1}{Z_2} = \frac{20}{5}\angle 60° - 30° = 4\angle 30°$$

01 CHAPTER 출제예상문제

01 $R = 1[\Omega]$의 저항을 그림과 같이 무한히 연결할 때, a, b 간의 합성 저항은?

① 0
② 1
③ ∞
④ $1 + \sqrt{3}$

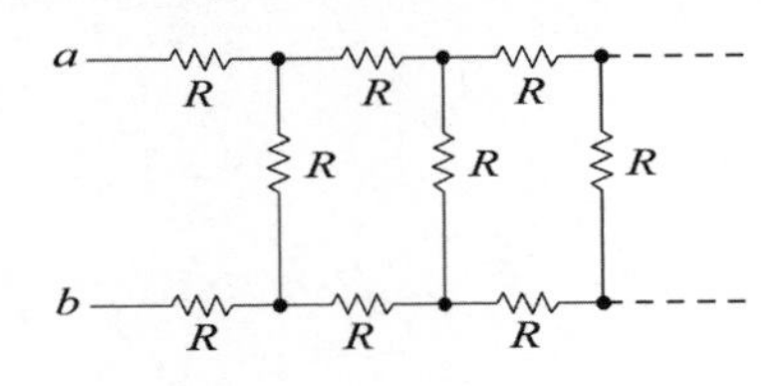

해설

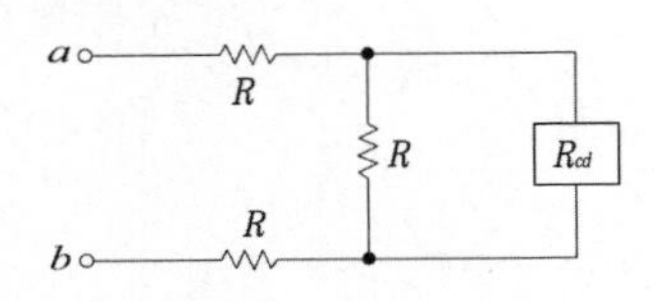

그림의 등가 회로에서 $R_{ab} = 2R + \dfrac{R \cdot R_{cd}}{R + R_{cd}}$ 이며

$R_{ab} = R_{cd}$ 이므로

$R\,R_{ab} + R_{ab}^2 = 2R^2 + 2R \cdot R_{ab} + R \cdot R_{ab}$

여기서 $R = 1\,[\Omega]$를 대입하면 $R_{ab} + R_{ab}^2 = 2 + 2R_{ab} + R_{ab}$

$R_{ab}^2 - 2R_{ab} = 2$

$(R_{ab} - 1)^2 = 3$

$\therefore\ R_{ab} = \sqrt{3} + 1$

02 회로에서 E_{30}과 E_{15}는 몇 [V]인가?

① 60, 30
② 70, 40
③ 80, 50
④ 50, 40

해설

$I = \dfrac{V}{R} = \dfrac{E_1 + E_2}{R_1 + R_2} = \dfrac{120 - 30}{30 + 15} = 2[\text{A}]$

$\therefore\ E_{30} = I \cdot R = 2 \times 30 = 60[\text{V}]$

$E_{15} = I \cdot R = 2 \times 15 = 30[\text{V}]$

03 두 전원 E_1과 E_2를 그림과 같이 접속했을 때 흐르는 전류 I[A]는?

① 4
② −4
③ 24
④ −24

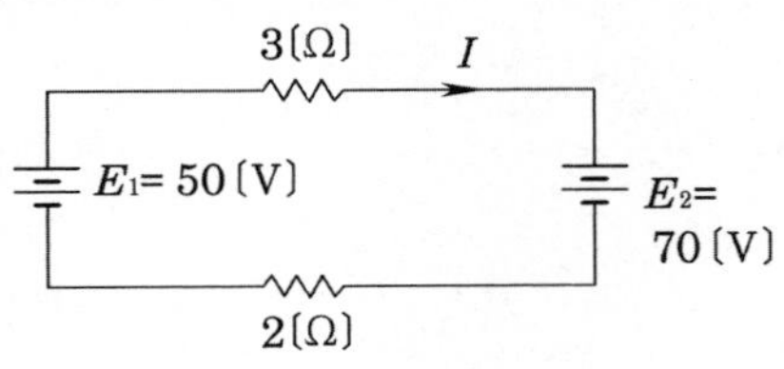

정답 01 ④ 02 ① 03 ②

해설

$$I = \frac{V}{R} = \frac{E_1 - E_2}{R_1 + R_2}$$

(전류의 방향을 기준으로 기전력의 정(+), 역(−)을 설정)

$$= \frac{50-70}{2+3} = -4[\text{A}]$$

04 그림과 같은 회로에서 S를 열었을 때 전류계의 지시는 10[A]이었다. S를 닫을 때 전류계의 지시[A]는?

① 8 ② 10
③ 12 ④ 15

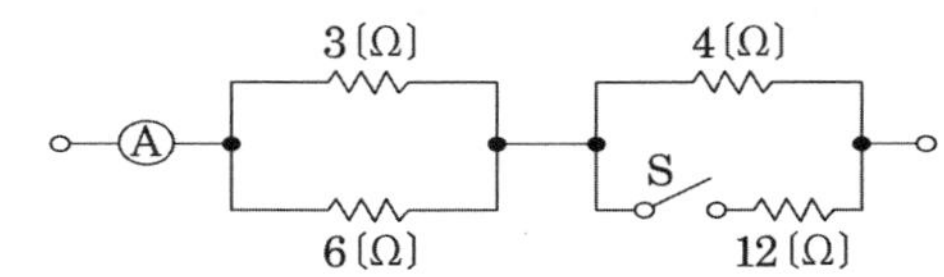

해설

S → off 시

$R_0 = 2+4 = 6[\Omega]$

$I = 10[\text{A}]$

$\therefore\ V = I \cdot R_0 = 60[\text{V}]$

S → on 시

$$R_0 = 2 + \left(\frac{4 \cdot 12}{4+12}\right) = 5[\Omega]$$

$V = 60[\text{V}]$ ∵ 병렬시 전압일정

$$\therefore\ I = \frac{V}{R_0} = \frac{60}{5} = 12[\text{A}]$$

05 그림의 사다리꼴 회로에서 부하전압 V_L [V]은?

① 3 ② 3.25
③ 4 ④ 4.15

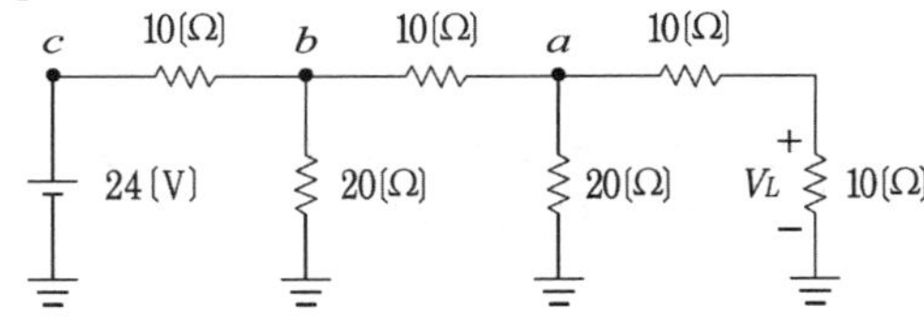

해설

오른쪽부터 계산하면 합성저항 R=20[Ω]

전체전류 $I = \frac{V}{R} = \frac{24}{20} = 1.2[\text{A}]$

Tip : 전원 24[V]가 병렬회로로 분기될 때마다 $\frac{1}{2}$ 배로 줄어든다.

정답 04 ③ 05 ①

06 기전력 3[V], 내부 저항 0.2[Ω]인 전지 6개를 직렬로 접속하여 단락시켰을 때의 전류[A]는?

① 30　② 25　③ 15　④ 10

해설

$$I = \frac{nE}{nr+R}(R=0) = \frac{6\times 3}{6\times 0.2} \quad \therefore I = 15[\text{A}]$$

07 그림과 같은 회로에 일정한 전압이 걸릴 때 전원에 R_1 및 100[Ω]을 접속하였다. R_1에 흐르는 전류를 최소로 하기 위한 R_2의 값[Ω]은?

① 25
② 50
③ 75
④ 100

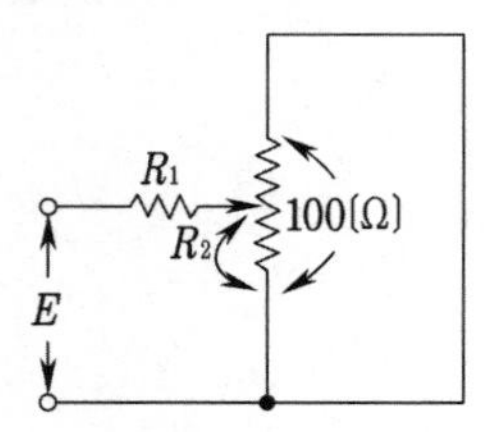

해설

전류 최소조건은 저항 최대조건이므로 R_2에 대하여 R_0를 미분하여 0이 되는 조건을 구한다.

$$R_0 = R_1 + \frac{R_2(100-R_2)}{R_2+(100-R_2)} = R_1 + \frac{-R_2^2+100R_2}{100}$$

$$\frac{dR_0}{dR_2} = 0 \text{ (평형조건)}$$

$$\therefore \frac{d}{dR_2}\left(R_1 + \frac{-R_2^2+100R_2}{100}\right) = 0$$

$$-2R_2 + 100 = 0$$

$$\therefore R_2 = 50[\Omega]$$

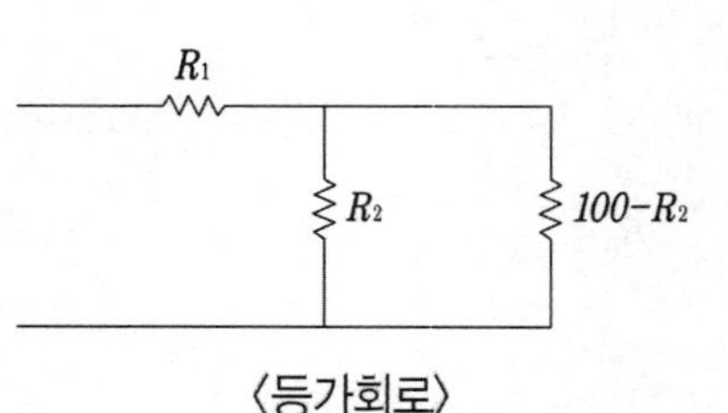

〈등가회로〉

08 정현파 교류의 서술 중 전류의 실효값을 나타낸 것은? (단, T는 주기파의 주기, i는 주기 전류의 순시값이다.)

① $\frac{2}{T}\int_0^{\frac{T}{2}} i\,dt$

② $\sqrt{i^2}$ 의 1주기간의 평균값

③ $\frac{2\sqrt{2}}{\pi}\sqrt{\frac{1}{T}\int_0^{T} i^2 dt}$

④ $\frac{2\pi}{T}\int_0^{\frac{T}{2}} i\,dt$

정답 06 ③ 07 ② 08 ②

해설 Chapter – 01 – 03

$$I=\sqrt{\frac{1}{T}\int_0^{\pi} i^2 dt}$$

09 그림과 같은 제형파의 평균값은?

① $\frac{2A}{3}$　② $\frac{2A}{2}$

③ $\frac{A}{3}$　④ $\frac{A}{2}$

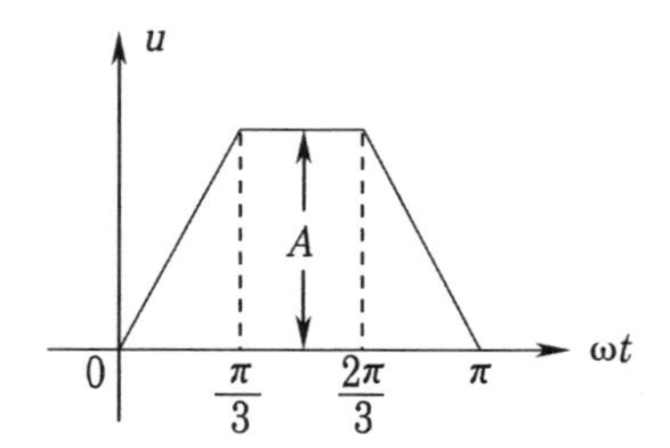

해설

평균값 = 평균 면적

$$=\frac{\text{면적}}{\text{주기}}=\frac{\frac{2}{3}\pi\times A}{\pi}=\frac{2}{3}A$$

10 어떤 정현파 전압의 평균값이 191[V]이면 최댓값[V]은?

① 약 150　② 약 250　③ 약 300　④ 약 400

해설 Chapter – 01 – 03

$$V_a=191=\frac{2}{\pi}V_m$$

$$V_m=191\times\frac{\pi}{2}=300$$

11 그림과 같은 정현파 교류를 푸리에 급수로 전개할 때 직류분은?

① I_m　② $\frac{I_m}{2}$

③ $\frac{I_m}{\sqrt{2}}$　④ $\frac{2I_m}{\pi}$

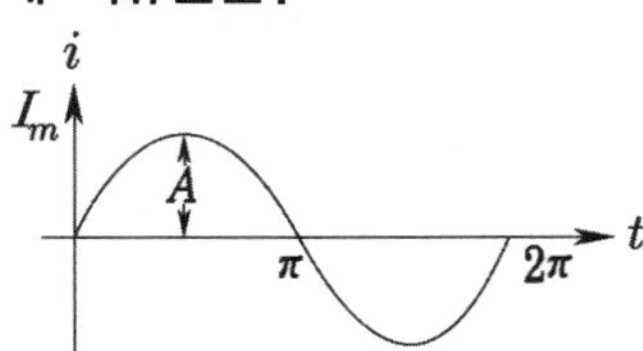

해설

직류분은 평균값의 다른 표현이며 그림은 정현파이므로 $I_a=\frac{2}{\pi}I_m$이다.

정답 09 ① 10 ③ 11 ④

12 정현파 교류의 평균값에 어떠한 수를 곱하면 실효값을 얻을 수 있는가?

① $\dfrac{2\sqrt{2}}{\pi}$　② $\dfrac{\sqrt{3}}{2}$　③ $\dfrac{2}{\sqrt{3}}$　④ $\dfrac{\pi}{2\sqrt{2}}$

해설 Chapter – 01 – 03

$I_a = \dfrac{2}{\pi} I_m \cdot x = I = \dfrac{I_m}{\sqrt{2}} \quad x = \dfrac{\pi}{2\sqrt{2}}$

13 그림과 같은 $i = I_m \sin\omega t$인 정현파 교류의 반파 정류 파형의 실효값은?

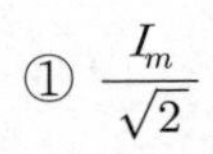

① $\dfrac{I_m}{\sqrt{2}}$　② $\dfrac{I_m}{\sqrt{3}}$

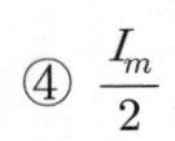

③ $\dfrac{I_m}{2\sqrt{2}}$　④ $\dfrac{I_m}{2}$

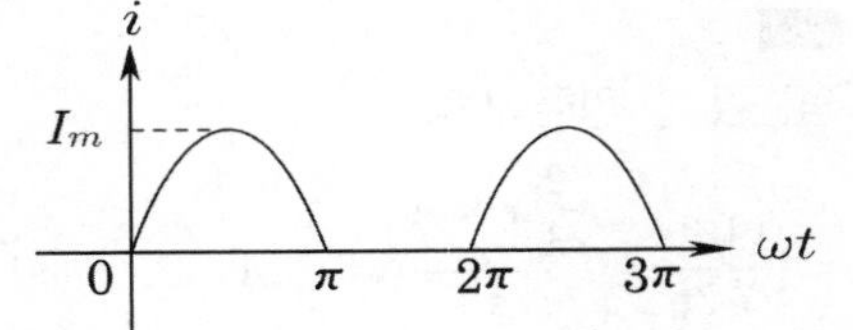

해설 Chapter – 01 – 03

14 그림과 같은 파형의 실효값은?

① 47.7　② 57.7
③ 67.7　④ 77.5

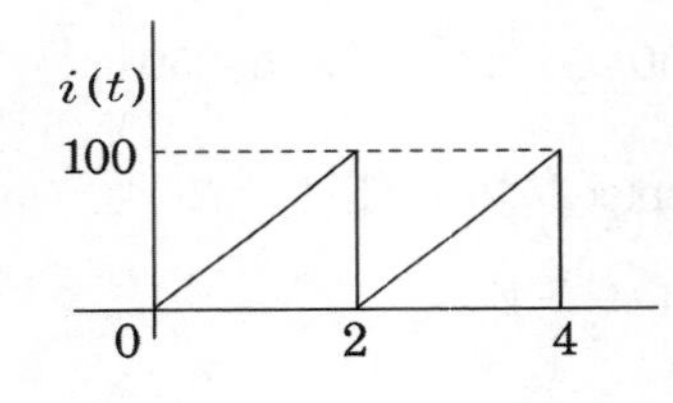

해설 Chapter – 01 – 03

그림의 파형이 톱니전파(=삼각파)이므로 실효값은 $I = \dfrac{I_m}{\sqrt{3}} = \dfrac{100}{\sqrt{3}} = 57.7$[A]

15 그림과 같은 파형을 가진 맥류 전류의 평균값이 10[A]라면 전류의 실효값[A]은?

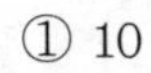

① 10　② 14
③ 20　④ 28

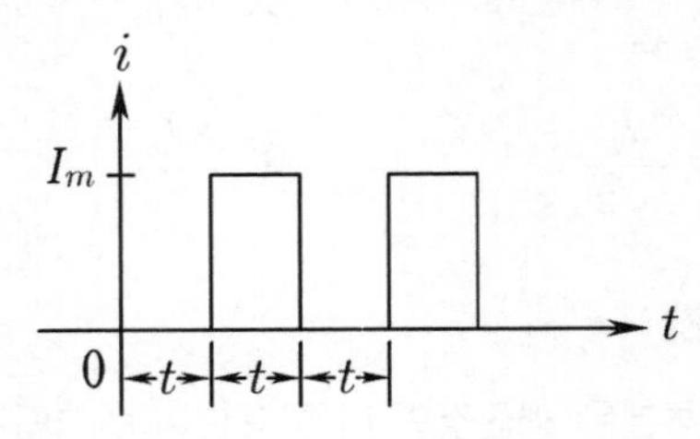

해설 Chapter – 01 – 03

$I_a = 10$, $\dfrac{I_m}{2} = 20$

$I = \dfrac{I_m}{\sqrt{2}} \quad I = \dfrac{20}{\sqrt{2}} = 10\sqrt{2} \fallingdotseq 14$

정답 12 ④ 13 ④ 14 ② 15 ②

16

그림과 같은 파형의 맥동 전류를 열선형 계기로 측정한 결과 10[A]이었다. 이를 가동 코일형 계기로 측정할 때 전류의 값은 몇 [A]인가?

① 7.07　　② 10
③ 14.14　　④ 17.32

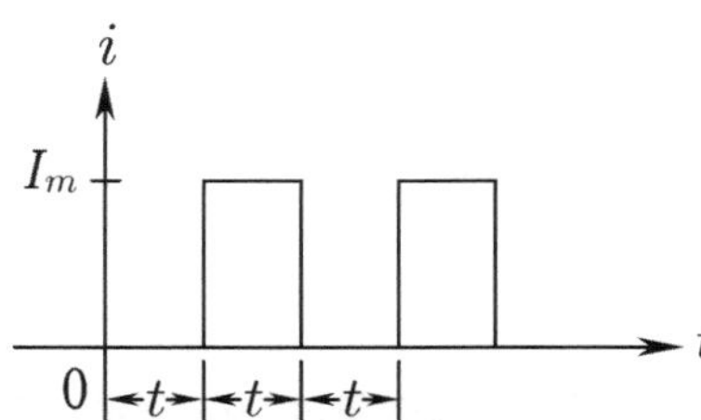

해설

열선형 계기 측정값 = 실효값 = 10[A]
가동코일형 계기 측정값 = 평균값

$\therefore\ I = \dfrac{I_m}{\sqrt{2}} = 10 \qquad \therefore\ I_m = 10\sqrt{2}$

$I_a = \dfrac{I_m}{2} = \dfrac{10\sqrt{2}}{2} = 5\sqrt{2} = 7.07$

17

그림과 같은 전압 파형의 실효값[V]은?

① 5.67
② 6.67
③ 7.57
④ 8.57

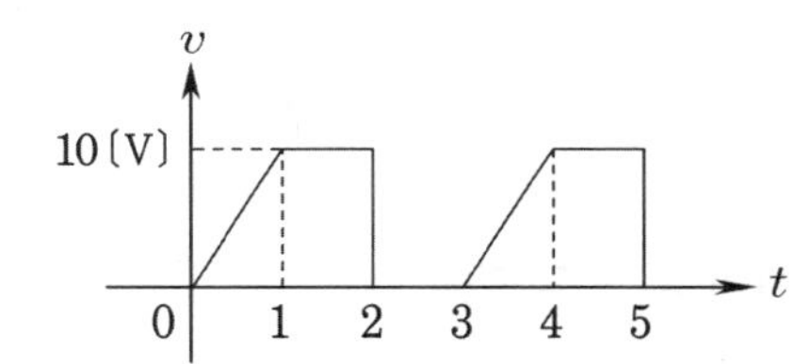

해설

$v = \sqrt{\dfrac{1}{T}\displaystyle\int_0^T V^2 dt} = \sqrt{\dfrac{1}{3}\left\{\displaystyle\int_0^1 (10t)^2 dt + \int_1^2 10^2 dt\right\}} = \dfrac{20}{3}$

$\fallingdotseq 6.67$[A]

18

그림과 같은 $v = 100\sin\omega t$인 정현파 교류 전압의 반파 정류파에 있어서 사선 부분의 평균값[V]은?

① 27.17
② 37
③ 45
④ 51.7

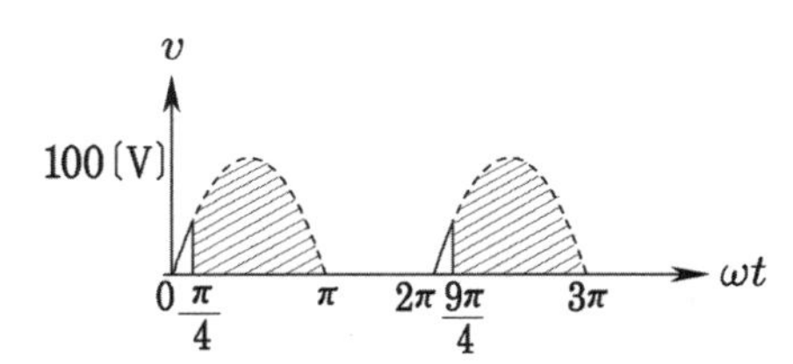

정답 16 ① 17 ② 18 ①

해설

$$V_{av} = \frac{1}{2\pi}\int_{\frac{\pi}{4}}^{\pi} v\, d(\omega t) = \frac{1}{2\pi}\int_{\frac{\pi}{4}}^{\pi} 100\sin\omega t\, d(\omega t)$$

$$= \frac{100}{2\pi}[-\cos\omega t]_{\frac{\pi}{4}}^{\pi} = \frac{100}{2\pi}\left(1+\frac{1}{\sqrt{2}}\right) = 27.17$$

19 다음 중 파형률과 파고율에 대한 설명으로 틀린 것은?

① 파형률 = $\frac{\text{실효치}}{\text{평균치}}$

② 파고율 = $\frac{\text{최대치}}{\text{평균치}}$

③ 파형률과 파고율은 1에 가까울수록 평탄해진다.

④ 구형파가 가장 평탄하다.

해설

$\text{파고율} = \frac{\text{최댓값}}{\text{실효값}}$, $\text{파형률} = \frac{\text{실효값}}{\text{평균값}}$

20 다음 중 파형률이 1.11이 되는 파형은?

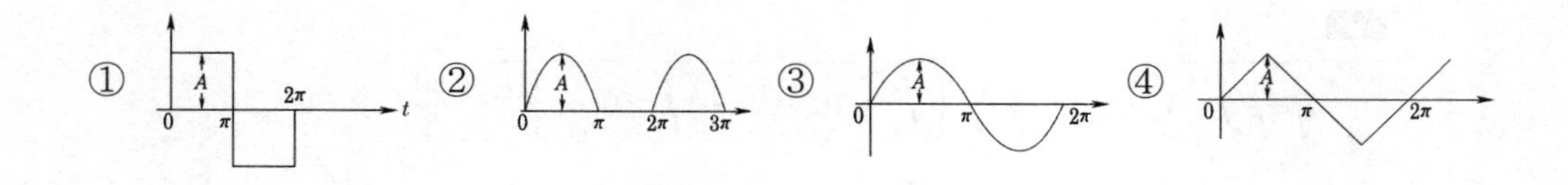

21 그림과 같은 파형의 파고율은?

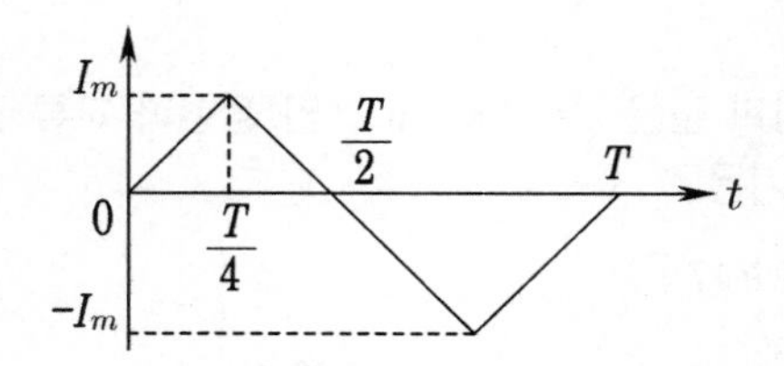

① $\frac{1}{\sqrt{3}}$ ② $\frac{2}{\sqrt{3}}$

③ $\sqrt{3}$ ④ $\sqrt{6}$

해설 Chapter – 01 – 04

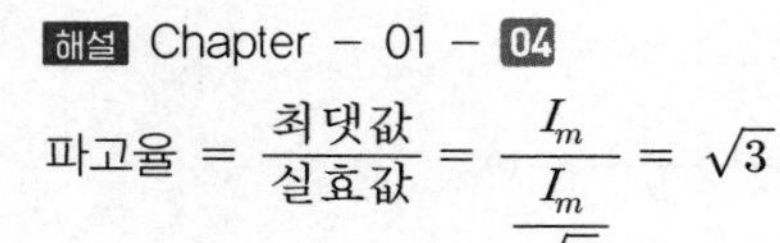

$$\text{파고율} = \frac{\text{최댓값}}{\text{실효값}} = \frac{I_m}{\frac{I_m}{\sqrt{3}}} = \sqrt{3}$$

정답 19 ② 20 ③ 21 ③

22

$i = I_m \sin\left(\omega t - \frac{\pi}{4}\right)$ **와** $v = V_m \sin\left(\omega t - \frac{\pi}{6}\right)$ **와의 위상차는?**

① $\frac{\pi}{12}$　　② $\frac{\pi}{3}$

③ $\frac{5\pi}{12}$　　④ $\frac{7\pi}{12}$

해설 Chapter － 01 － 05

$\theta = \left| -\frac{\pi}{4} - \left(-\frac{\pi}{6}\right) \right|$

$= \left| -\frac{3\pi}{12} + \frac{2}{12}\pi \right| = \left| -\frac{\pi}{12} \right| = \frac{\pi}{12}$ (Tip : 위상차 · 전위차는 절대값을 씌우고 풀어줍니다.)

23

$v = V_m \sin(\omega t + 30^\circ)$ **와** $i = I_m \cos(\omega t - 100^\circ)$ **와의 위상차는 몇 도인가?**

① 40°　　② 70°

③ 130°　　④ 210°

해설 Chapter － 01 － 05

i를 $\sin$파로 변환하면 $i = I_m \sin(wt - 10^\circ)$

$\therefore\ \theta = |30 - (-10)| = 40^\circ$

24

정현파 교류 $i = 10\sqrt{2}\sin\left(\omega t + \frac{\pi}{3}\right)$ **[A]를 복소수의 극좌표형으로 표시하면 어느 것인가?**

① $10\sqrt{2} \angle \frac{\pi}{3}$　　② $10 \angle 0$

③ $10 \angle \frac{\pi}{3}$　　④ $10 \angle -\frac{\pi}{3}$

해설 Chapter － 01 － 06

$10 \angle \frac{\pi}{3}$ (크기는 항상 실효값으로 표현)

정답 22 ① 23 ① 24 ③

25

$v = 100\sqrt{2}\sin\left(\omega t + \frac{\pi}{3}\right)$ 를 복소수로 표시하면?

① $50\sqrt{3} + j50\sqrt{3}$
② $50 + j\,50\sqrt{3}$
③ $50 + j\,50$
④ $50\sqrt{3} + j\,50$

해설 Chapter – 01 – 06

$$V = 100\angle\frac{\pi}{3} = 100(\cos 60^\circ + j\sin 60^\circ)$$
$$= 100\left(\frac{1}{2} + j\frac{\sqrt{3}}{2}\right) = 50 + j\,50\sqrt{3}$$

26

$i_1 = 20\sqrt{2}\sin\left(\omega t + \frac{\pi}{3}\right)$[A], $i_2 = 10\sqrt{2}\sin\left(\omega t - \frac{\pi}{6}\right)$[A]의 합성 전류[A]를 복소수로 표시하면?

① $18.66 - j12.32$
② $18.66 + j12.32$
③ $12.32 - j18.66$
④ $12.32 + j18.66$

해설 Chapter – 01 – 06

$$I_1 = 20\angle 60^\circ = 20(\cos 60^\circ + j\sin 60^\circ) = 10 + j10\sqrt{3}$$
$$I_2 = 10\angle -30^\circ = 10(\cos 30^\circ - j\sin 30^\circ) = 5\sqrt{3} - j5$$
$$\therefore\ I = I_1 + I_2 = 18.66 + j12.32$$

27

$i_1 = \sqrt{72}\sin(\omega t - \phi)$[A]와 $i_2 = \sqrt{32}\sin(\omega t - \phi - 180^\circ)$와의 차에 상당하는 전류는?

① 2[A]
② 6[A]
③ 10[A]
④ 12[A]

해설 Chapter – 01 – 06

$$i_1 = 6\angle 0^\circ = 6(\cos 0^\circ + j\sin 0^\circ) = 6$$
$$i_2 = 4\angle -180^\circ = 4(\cos -180^\circ + j\sin -180^\circ) = -4$$
$$\therefore\ I_1 - I_2 = 6 - (-4) = 10[\text{A}]$$

정답 25 ② 26 ② 27 ③

28

$A_1 = 20\left(\cos\frac{\pi}{3} + j\sin\frac{\pi}{3}\right)$, $A_2 = 5\left(\cos\frac{\pi}{6} + j\sin\frac{\pi}{6}\right)$ **로 표시되는 두 벡터가 있다. $A_3 = A_1 / A_2$의 값은 얼마인가?**

① $10\left(\cos\frac{\pi}{3} + j\sin\frac{\pi}{3}\right)$
② $10\left(\cos\frac{\pi}{6} + j\sin\frac{\pi}{6}\right)$
③ $4\left(\cos\frac{\pi}{3} + j\sin\frac{\pi}{3}\right)$
④ $4\left(\cos\frac{\pi}{6} + j\sin\frac{\pi}{6}\right)$

해설 Chapter – 01 – **06**

$A_1 = 20 \angle 60^\circ$

$A_2 = 5 \angle 30^\circ$

$\therefore\ A_3 = A_1 / A_2 = \frac{20 \angle 60^\circ}{5 \angle 30^\circ} = 4 \angle 30^\circ$

$= 4\left(\cos\frac{\pi}{6} + j\sin\frac{\pi}{6}\right)$

29

$I_1 = 5\left(\cos\frac{\pi}{6} + j\sin\frac{\pi}{6}\right)$ **와** $I_2 = 4\left(\cos\frac{\pi}{3} + j\sin\frac{\pi}{3}\right)$ **로 표시되는 벡터의 곱은?**

① $20 + j20$
② $10 + j20$
③ $20 + j10$
④ $j20$

해설 Chapter – 01 – **06**

$I_1 = 5 \angle 30^\circ$

$I_2 = 4 \angle 60^\circ$

$I = I_1 \times I_2 = 5 \angle 30^\circ \times 4 \angle 60^\circ = 20 \angle 90^\circ$

$= 20(\cos 90^\circ + j\sin 90^\circ) = j\,20$

30

파형이 톱니파인 경우 파형률은 약 얼마인가?

① 1.155
② 1.732
③ 1.414
④ 0.577

해설 Chapter 01 – **03**

톱니파의 파형률

파형률 $= \frac{\text{실효값}}{\text{평균값}} = 1.155$

정답 28 ④ 29 ④ 30 ①

31

정현파 교류 $V = V_m \sin\omega t$ 의 전압을 반파정류 하였을 때의 실효값은 몇 [V]인가?

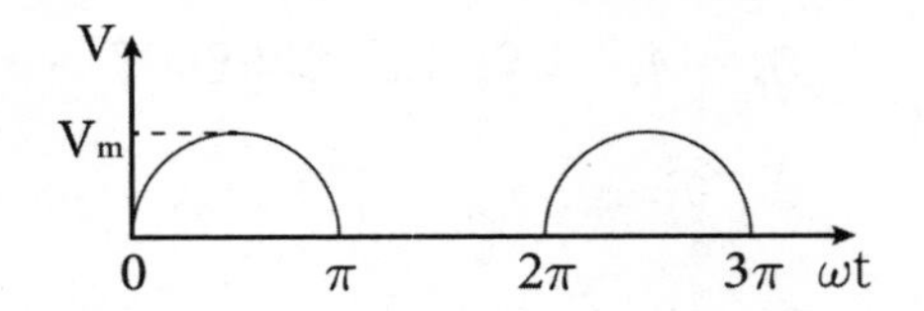

① $\dfrac{V_m}{\sqrt{2}}$ ② $\dfrac{V_m}{2}$

③ $\dfrac{V_m}{2\sqrt{2}}$ ④ $\sqrt{2}\,V_m$

해설 Chapter 01 – 03

정현반파의 실효값

(1) 실효값 $V = \dfrac{V_m}{2}$

(2) 평균값 $V_{av} = \dfrac{V_m}{\pi}$

32

그림과 같은 파형의 파고율은?

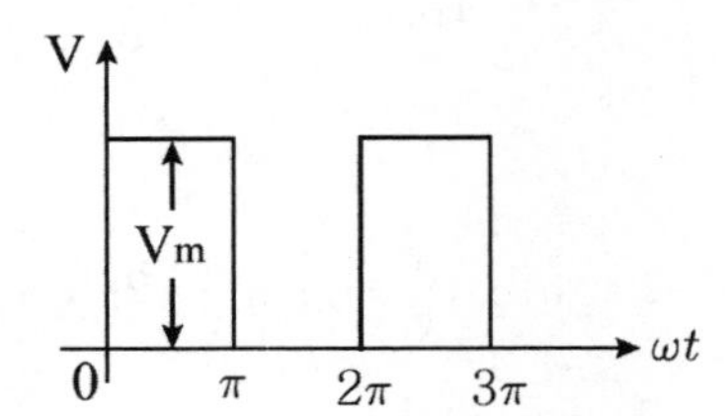

① 1 ② $\dfrac{1}{\sqrt{2}}$

③ $\sqrt{2}$ ④ $\sqrt{3}$

해설 Chapter 01 – 04

구형반파의 파고율 $= \dfrac{\text{최댓값}}{\text{실효값}} = \dfrac{V_m}{\dfrac{V_m}{\sqrt{2}}} = \sqrt{2}$

33

그림과 같은 파형의 전압 순시값은?

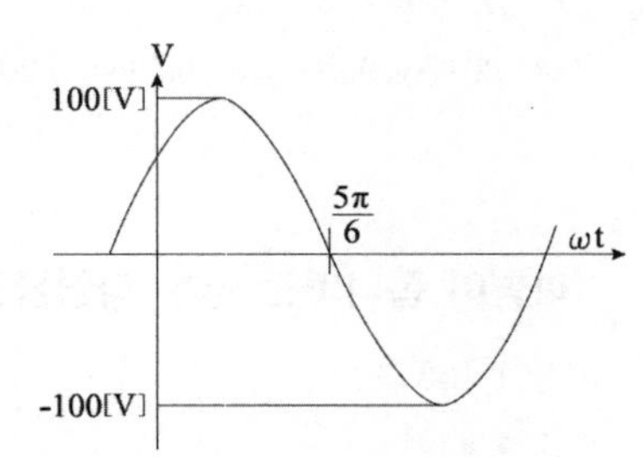

① $100\sin\left(\omega t + \dfrac{\pi}{6}\right)$

② $100\sqrt{2}\sin\left(\omega t + \dfrac{\pi}{6}\right)$

③ $100\sin\left(\omega t - \dfrac{\pi}{6}\right)$

④ $100\sqrt{2}\sin\left(\omega t - \dfrac{\pi}{6}\right)$

해설 Chapter 01 – 05

위상 및 위상차 $v = V_m \sin(\omega t + \theta)$

$V_m = 100 \qquad \theta = 2\pi - \dfrac{5}{6}\pi = \dfrac{\pi}{6}$

$= 100\sin\left(\omega t + \dfrac{\pi}{6}\right)$

정답 31 ② 32 ③ 33 ①

요점정리

■ 직류 회로

(1) 전류

$$I = \frac{V}{R}[\text{A}]$$

$$I = \frac{Q}{t}[\text{C/S}]$$

$$Q = I \cdot t = \int I dt[\text{C}]$$

(2) 저항의 접속

① 저항의 직렬연결(전류일정, 전압분배)

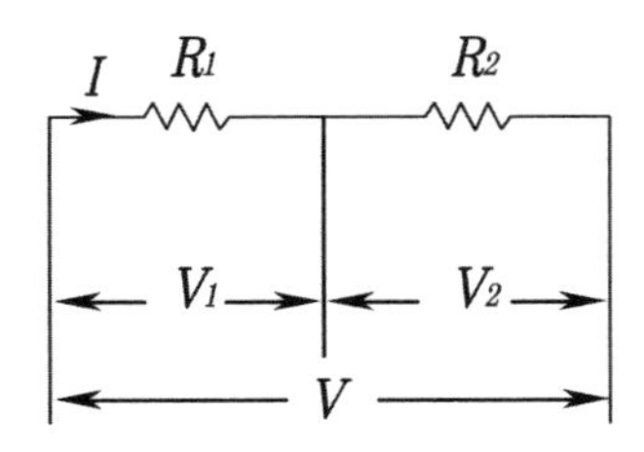

$$V_1 = \frac{R_1}{R_1 + R_2} \times V$$

$$V_2 = \frac{R_2}{R_1 + R_2} \times V$$

② 저항의 병렬연결(전압일정, 전류분배)

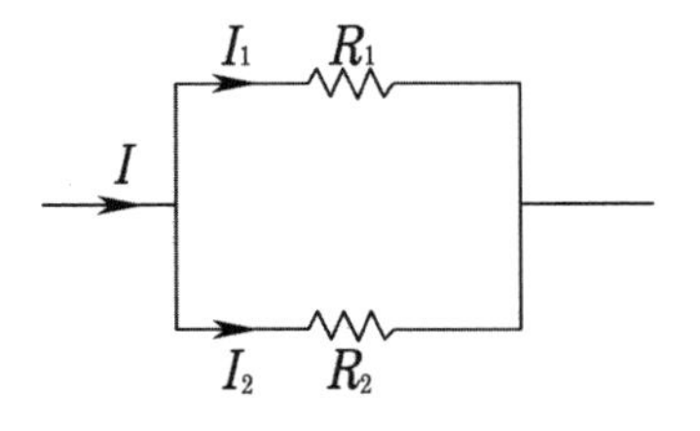

$$I_1 = \frac{R_2}{R_1 + R_2} \times I$$

$$I_2 = \frac{R_1}{R_1 + R_2} \times I$$

■ 정현파 교류

(3) 실효값과 평균값

실효값 : $I = \sqrt{\frac{1}{T}\int_0^T i^2 dt}$

평균값 : $I_{au} = \frac{1}{T}\int_0^T i\, dt$

: 가동 코일형 계기 지시값
직류분
평균면적

파형	실효값	평균값
정현파	$\frac{I_m}{\sqrt{2}}$	$\frac{2I_m}{\pi}$
정현반파	$\frac{I_m}{2}$	$\frac{I_m}{\pi}$
삼각파	$\frac{I_m}{\sqrt{3}}$	$\frac{I_m}{2}$
구형반파	$\frac{I_m}{\sqrt{2}}$	$\frac{I_m}{2}$
구형파	I_m	I_m

(4) 파형률과 파고율

$$\text{파형률} = \frac{\text{실효값}}{\text{평균값}}$$

$$\text{파고율} = \frac{\text{최댓값}}{\text{실효값}}$$ (실효값의 분모값과 같다.)

(5) 위상 및 위상차

$$i_1 = I_m \sin(\omega t + 0°)$$

$$i_2 = I_m \sin\left(\omega t + \frac{\pi}{2}\right)$$

$$i_3 = I_m \sin\left(\omega t - \frac{\pi}{2}\right)$$

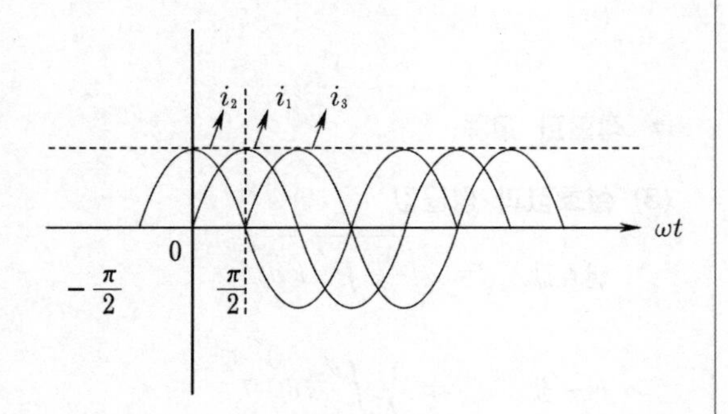

ex. $v = 100\sqrt{2}\sin(\omega t + 60°)$
$i = 10\sqrt{2}\sin(\omega t + 30°)$
$\theta = 60° - 30° = 30°$

ex. $v = 100\sqrt{2}\cos(\omega t - 30°)$
$= 100\sqrt{2}\sin(\omega t + 60°)$
$i = 10\sqrt{2}\sin(\omega t + 30°)$
$\theta = 60° - 30° = 30°$

(6) 복소수의 계산

$$Z = \text{실수} + j\,\text{허수} = 3 + j4$$
$$= \sqrt{(\text{실수})^2 + (\text{허수})^2}\angle\tan^{-1}\frac{\text{허수}}{\text{실수}}$$
$$= \sqrt{3^2 + 4^2}\angle\tan^{-1}\frac{4}{3}$$
$$= 5\angle 53.13°\,(\text{극좌표})$$

chapter

02

기본 교류 회로

CHAPTER 02 기본 교류 회로

✦ 기초정리

- R **만의 회로**

$Z = R = R\angle 0°[\Omega]$

$Y = \dfrac{1}{Z} = \dfrac{1}{R}[\mho]$ ($\dfrac{1}{R} = G$: 컨덕턴스)

$v = i \cdot R$ ($V = I \cdot R$)[V]

$i = \dfrac{v}{R}$($I = \dfrac{V}{R}$)[A]

$W = p \cdot t = VIt = I^2Rt = \dfrac{V^2}{R}t$[J]

전압과 전류가 동상이다.

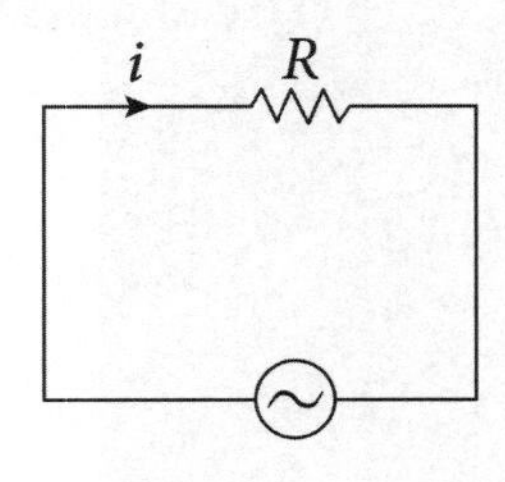

$v = V_m \sin\omega t$

- L **만의 회로**

$Z = j\omega L = \omega L\angle 90°[\Omega]$ ($\omega L = X_L[\Omega]$: 유도성 리액턴스)

$Y = \dfrac{1}{Z} = \dfrac{1}{j\omega L} = -j\dfrac{1}{wL} = -jB[\mho]$ (B : 유도 서셉턴스)

$v = L\dfrac{di}{dt}$[V] $\quad i = \dfrac{1}{L}\displaystyle\int vdt$[V]

자기 축적에너지 : $W = \dfrac{1}{2}LI^2$[J]

전류는 전압보다 위상이 90° 뒤진다.

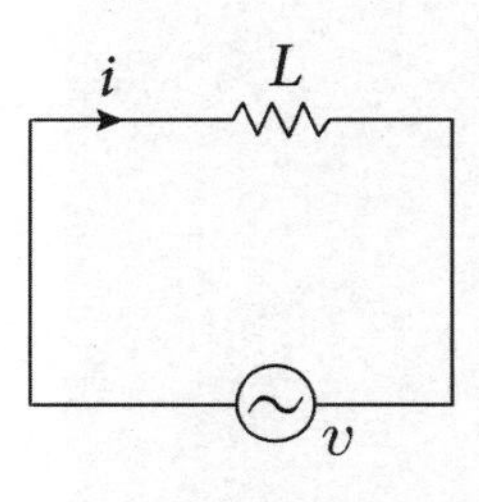

$i = I_m \sin\omega t$

- C **만의 회로**

$Z = \dfrac{1}{j\omega C} = -j\dfrac{1}{\omega C} = \dfrac{1}{\omega C}\angle -90°$ $[\Omega]$ ($\dfrac{1}{\omega C} = X_C[\Omega]$: 용량성 리액턴스)

$Y = \dfrac{1}{Z} = jwC = jB[\mho]$ (B : 용량 서셉턴스)

$v = \dfrac{1}{C}\displaystyle\int idt$[V] $\quad i = C\dfrac{dv}{dt}$[A]

정전에너지 축적 : $W = \dfrac{1}{2}CV^2$[J]

전류는 전압보다 위상이 90° 앞선다.
(각주파수 : $\omega = 2\pi f$)

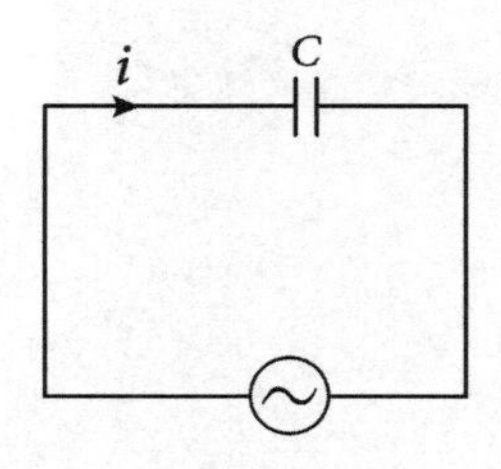

$v = V_m \sin\omega t$

(1) R 만의 회로

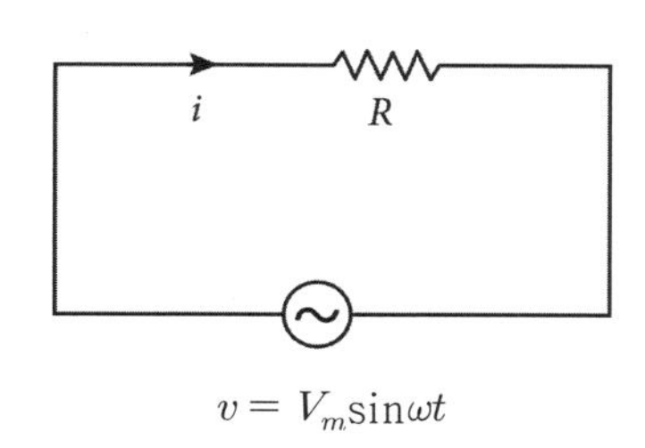

$v = V_m \sin\omega t$

- $i = \dfrac{v}{Z} = \dfrac{v}{R} = \dfrac{V_m \sin wt}{R\angle 0^\circ}$

$= \dfrac{V_m}{R}\sin wt[\mathrm{A}]$

※ 전류와 전압은 동위상

(2) L 만의 회로

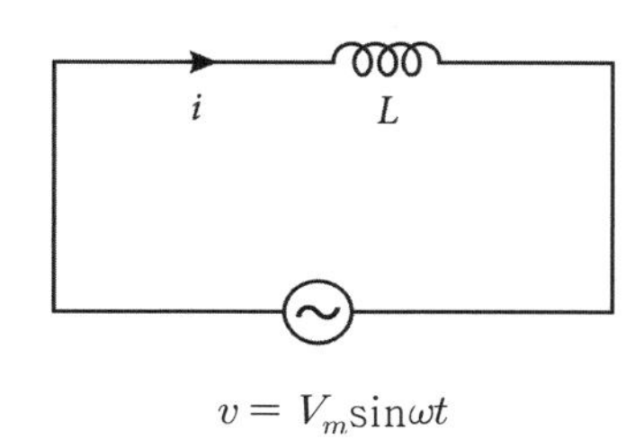

$v = V_m \sin\omega t$

- $Z = jwL = wL\angle 90^\circ$
- $i = \dfrac{v}{Z} = \dfrac{V_m \sin wt}{wL\angle 90^\circ}$

$= \dfrac{V_m}{wL}\sin(wt - 90^\circ)[\mathrm{A}]$

※ 전류의 위상은 전압보다 90° 뒤진다.

(3) C 만의 회로

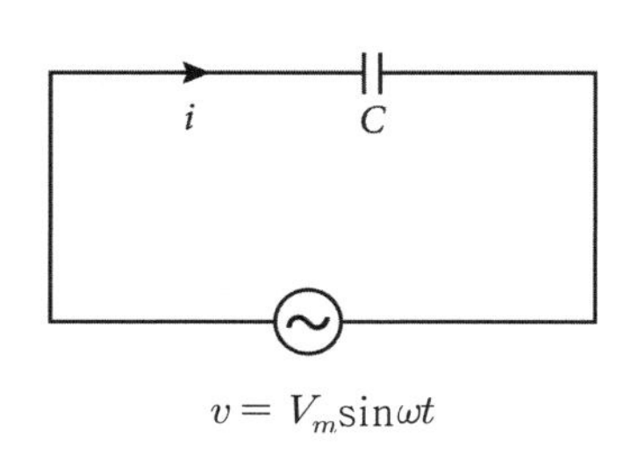

$v = V_m \sin\omega t$

- $Z = \dfrac{1}{jwc} = -j\dfrac{1}{wC} = \dfrac{1}{wC}\angle -90^\circ$
- $i = \dfrac{v}{Z} = \dfrac{V_m \sin wt}{\dfrac{1}{wC}\angle -90^\circ}$

$= wCV_m \sin(wt + 90^\circ)[\mathrm{A}]$

※ 전류의 위상은 전압보다 90° 앞선다.

(4) R − L 직렬회로

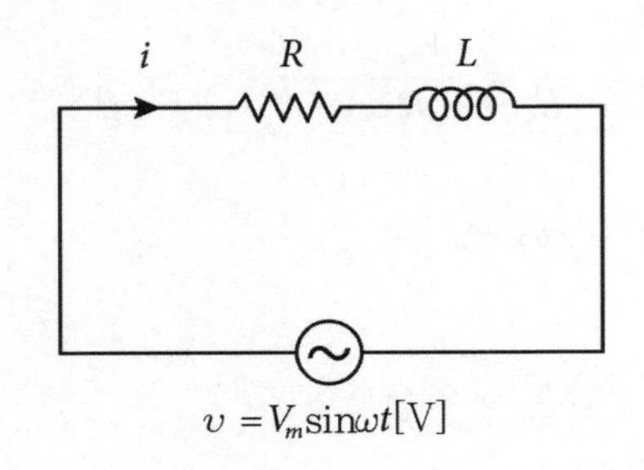

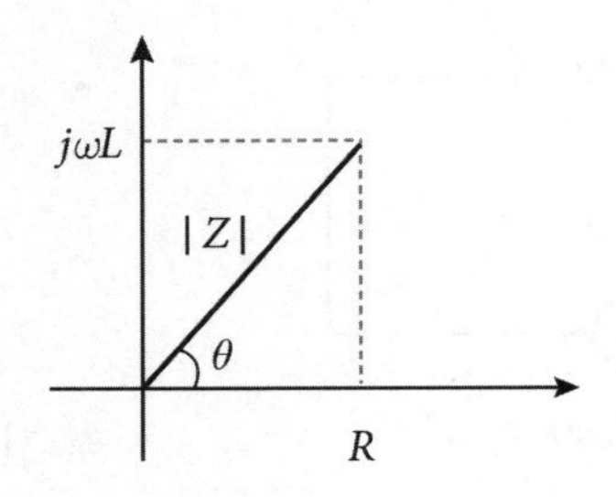

- $Z = R + jwL = \sqrt{R^2 + (wL)^2}\ \angle\tan^{-1}\dfrac{wL}{R}$

- $i = \dfrac{v}{Z} = \dfrac{V_m \sin wt}{\sqrt{R^2 + (wL)^2}\ \angle\tan^{-1}\dfrac{wL}{R}}$

  $= \dfrac{V_m}{\sqrt{R^2 + (wL)^2}} \sin\left(wt - \tan^{-1}\dfrac{wL}{R}\right)$

- $\cos\theta = \dfrac{R}{|Z|} = \dfrac{R}{\sqrt{R^2 + (wL)^2}} \quad \rightarrow \quad \dfrac{\text{실수}}{\text{임피던스 전체}}$

- $\sin\theta = \dfrac{wL}{|Z|} = \dfrac{wL}{\sqrt{R^2 + (wL)^2}}$

※ 전류의 위상은 $\dfrac{\text{허수}}{\text{실수}}$ 만큼 $\left(\tan^{-1}\dfrac{wL}{R}\right)$ 뒤진다.

※ $V = Ri + L\dfrac{di}{dt}$

(5) R − C 직렬회로

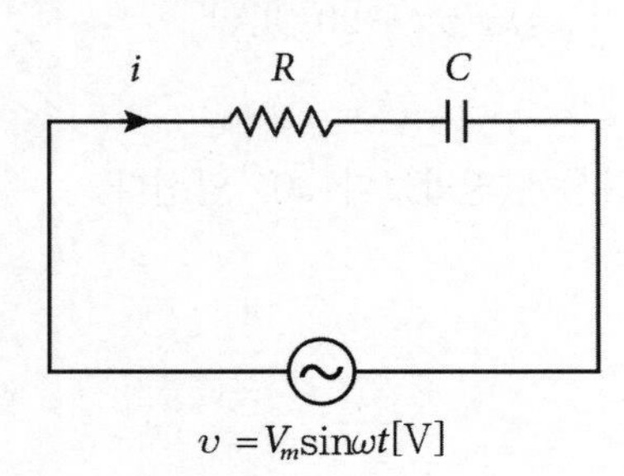

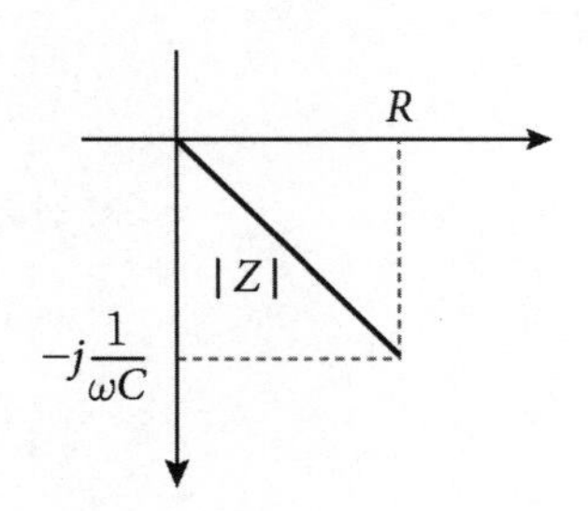

- $Z = R - j\frac{1}{wC} = \sqrt{R^2 + (\frac{1}{wC})^2} = \angle -\tan^{-1}\frac{1}{RwC}$

- $i = \frac{v}{Z} = \frac{V_m \sin wt}{\sqrt{R^2 + (\frac{1}{wc})^2} \angle -\tan^{-1}\frac{1}{RwC}}$

$$= \frac{V_m}{\sqrt{R^2 + (\frac{1}{wc})^2}} sin(wt + \tan^{-1}\frac{1}{RwC})$$

$$\cos\theta = \frac{R}{|Z|} = \frac{R}{\sqrt{R^2 + (\frac{1}{wc})^2}}$$

$$\sin\theta = \frac{\frac{1}{wC}}{|Z|} = \frac{\frac{1}{wC}}{\sqrt{R^2 + (\frac{1}{wc})^2}}$$

※ 전류의 위상은 $\frac{\text{허수}}{\text{실수}}$ 만큼 $(= \tan^{-1}\frac{1}{RwC})$ 앞선다.

※ $V = Ri + \frac{1}{C}\int i\,dt$

(6) R – L – C 직렬회로

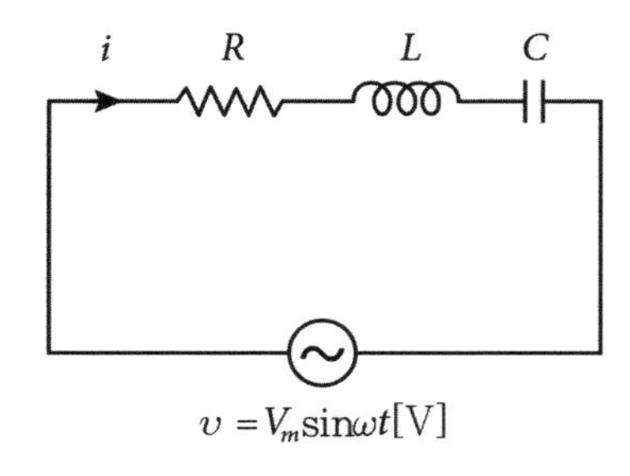

① $wL > \frac{1}{wC}$

- $Z = R + j(wL - \frac{1}{wC})$

$$= \sqrt{R^2 + (wL - \frac{1}{wC})^2} \angle \tan^{-1}\frac{wL - \frac{1}{wC}}{R}$$

- $i = \dfrac{v}{Z}$

$$= \frac{V_m \sin wt}{\sqrt{R^2 + (wL - \frac{1}{wC})^2} \angle \tan^{-1}\frac{wL - \frac{1}{wC}}{R}}$$

$$= \frac{V_m}{\sqrt{R^2 + (wL - \frac{1}{wC})^2}} sin\left(wt - \tan^{-1}\frac{wL - \frac{1}{wC}}{R}\right)$$

- $\cos\theta = \dfrac{R}{|Z|} = \dfrac{R}{\sqrt{R^2 + \left(wL - \frac{1}{wC}\right)^2}}$

- $\sin\theta = \dfrac{wL - \frac{1}{wC}}{|Z|} = \dfrac{wL - \frac{1}{wC}}{\sqrt{R^2 + \left(wL - \frac{1}{wC}\right)^2}}$

※ 전류가 전압보다 $\tan^{-1}\dfrac{wL - \frac{1}{wC}}{R}$ 만큼 뒤진다.

※ $V = Ri + L\dfrac{di}{dt} + \dfrac{1}{C}\int i\, dt$

② $wL < \dfrac{1}{wC}$

- $Z = R - j\left(\dfrac{1}{wC} - wL\right)$

$$= \sqrt{R^2 + \left(\frac{1}{wC} - wL\right)^2} \angle -\tan^{-1}\frac{\frac{1}{wC} - wL}{R}$$

- $i = \dfrac{v}{Z}$

$$= \frac{V_m \sin wt}{\sqrt{R^2 + \left(\dfrac{1}{wC} - wL\right)^2} \angle - \tan^{-1}\dfrac{\dfrac{1}{wC} - wL}{R}}$$

$$= \frac{V_m}{\sqrt{R^2 + \left(\dfrac{1}{wC} - wL\right)^2}} \sin\left(wt + \tan^{-1}\frac{\dfrac{1}{wC} - wL}{R}\right)$$

- $\cos\theta = \dfrac{R}{|Z|} = \dfrac{R}{\sqrt{R^2 + \left(\dfrac{1}{wC} - wL\right)^2}}$

- $\sin\theta = \dfrac{\dfrac{1}{wC} - wL}{|Z|} = \dfrac{\dfrac{1}{wC} - wL}{\sqrt{R^2 + \left(\dfrac{1}{wC} - wL\right)^2}}$

※ 전류가 전압보다 $\tan^{-1}\dfrac{\dfrac{1}{wC} - wL}{R}$ 만큼 앞선다.

※ $V = Ri + L\dfrac{di}{dt} + \dfrac{1}{C}\int i\, dt$

(7) R − L 병렬회로

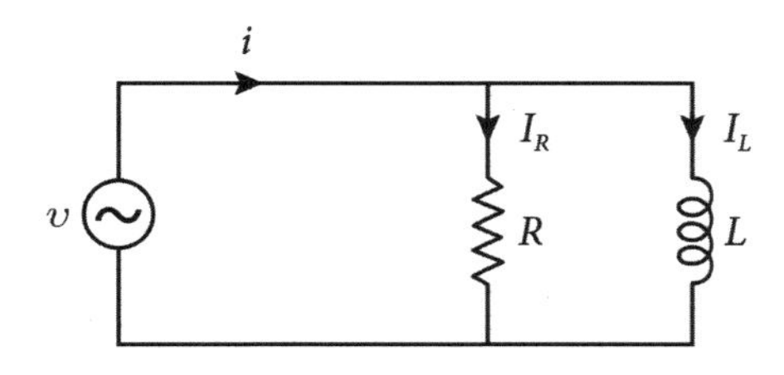

- $Y = Y_1 + Y_2 = \dfrac{1}{R} - j\dfrac{1}{wL}$

- $Y = \dfrac{1}{R} - j\dfrac{1}{wL}$

$$= \sqrt{\left(\frac{1}{R}\right)^2 + \left(\frac{1}{wL}\right)^2} \angle - \tan^{-1}\frac{R}{wL}$$

- $i = \frac{v}{Z} = Y \cdot v$

$$= \left(\sqrt{\left(\frac{1}{R}\right)^2 + \left(\frac{1}{wL}\right)^2} \angle -\tan^{-1}\frac{R}{wL}\right) \cdot V_m \sin wt$$

$$= \sqrt{\left(\frac{1}{R}\right)^2 + \left(\frac{1}{wL}\right)^2} V_m \sin\left(wt - \tan^{-1}\frac{R}{wL}\right) [\mathrm{A}]$$

- $\cos\theta = \frac{\frac{1}{R}}{|Y|} = \frac{\frac{1}{R}}{\sqrt{\left(\frac{1}{R}\right)^2 + \left(\frac{1}{wL}\right)^2}} \times RwL$

$$= \frac{wL}{\sqrt{R^2 + wL^2}}$$

- $\sin\theta = \frac{\frac{1}{wL}}{|Y|} = \frac{\frac{1}{wL}}{\sqrt{\left(\frac{1}{R}\right)^2 + \left(\frac{1}{wL}\right)^2}} \times RwL$

$$= \frac{R}{\sqrt{R^2 + (wL)^2}}$$

※ 전류는 전압보다 위상이 $\tan^{-1}\frac{R}{wL}$ 만큼 뒤진다.

※ 전류

$$I = I_R + I_L$$

$$= \frac{V}{R} - j\frac{V}{wL}$$

$$= \frac{V}{R} - j\frac{V}{X_L} [\mathrm{A}]$$

(8) R − C 병렬회로

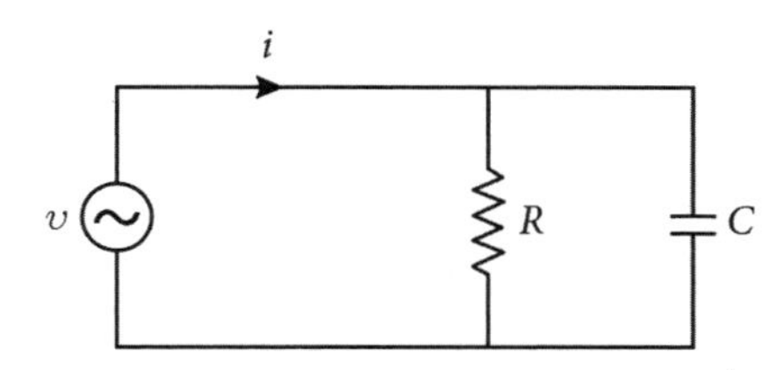

- $Y = Y_1 + Y_2 = \dfrac{1}{R} + \dfrac{1}{\dfrac{1}{jwC}} = \dfrac{1}{R} + jwC$

- $Y = \sqrt{\left(\dfrac{1}{R}\right)^2 + (wC)^2} \angle \tan^{-1} RwC$ → 실수분에 허수

- $i = \dfrac{v}{Z} = Y \cdot v$

  $= \left\{\left(\sqrt{\left(\dfrac{1}{R}\right)^2 + (wC)^2} \angle \tan^{-1} RwC\right)\right\} \cdot V_m \sin wt$

- $\cos\theta = \dfrac{\dfrac{1}{R}}{|Y|}$

  $= \dfrac{\dfrac{1}{R}}{\sqrt{\left(\dfrac{1}{R}\right)^2 + (wC)^2}} \times \dfrac{R}{wC} = \dfrac{\dfrac{1}{wC}}{\sqrt{R^2 + \left(\dfrac{1}{wC}\right)^2}}$

- $\sin\theta = \dfrac{wC}{|Y|}$

  $= \dfrac{wC}{\sqrt{\left(\dfrac{1}{R}\right)^2 + (wC)^2}} \times \dfrac{R}{wC} = \dfrac{R}{\sqrt{R^2 + \left(\dfrac{1}{wC}\right)^2}}$

※ 전류는 전압보다 위상이 $\tan^{-1} RwC$ 만큼 앞선다.

※ 전류

$I = I_R + I_C$

$= \dfrac{V}{R} + j\dfrac{V}{\dfrac{1}{wC}}$

$= \dfrac{V}{R} + j\dfrac{V}{X_C}$

(9) R – L – C 병렬회로

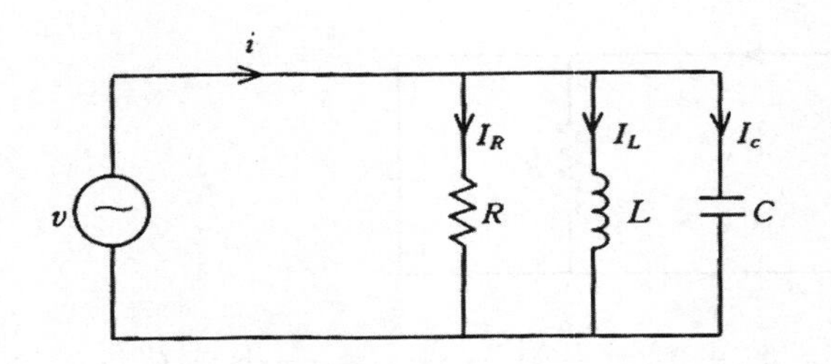

- $Y = Y_1 + Y_2 + Y_3$

$$= \frac{1}{R} - j\frac{1}{wL} + jwC$$

$$= \frac{1}{R} + j\left(wC - \frac{1}{wL}\right)$$

cf. R – L – C 직렬회로

- $Z = R + j\left(wL - \frac{1}{wC}\right)$

- $I = I_R + I_L + I_C$

$$= \frac{V}{R} - j\frac{1}{wL} + j\frac{V}{\frac{1}{wC}}$$

$$= \frac{V}{R} + j\left(\frac{V}{X_C} - \frac{V}{X_L}\right)$$

(10) 공진

① 직렬 공진

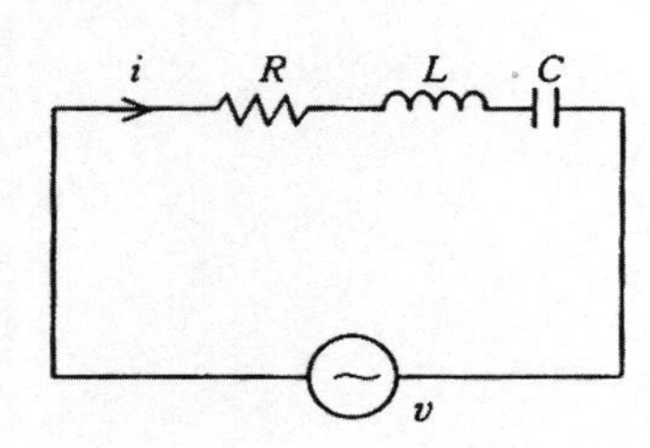

$$Z = R + j\left(wL - \frac{1}{wC}\right)$$ (공진 : 허수부 = 0)

$$wL = \frac{1}{wC} \rightarrow w^2 = \frac{1}{LC}$$

$$\rightarrow w = \frac{1}{\sqrt{LC}}$$

$$f_r = \frac{1}{2\pi\sqrt{LC}}$$

◎ 선택도(첨예도, 전압확대비, 저항에 대한 리액턴스비)

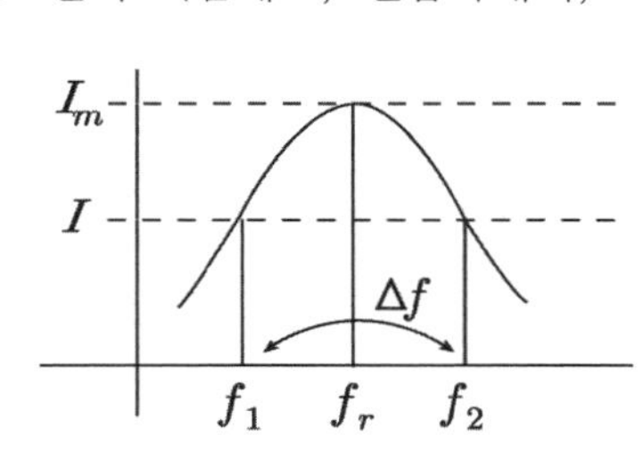

$$Q=\frac{f_r}{f_2-f_1}=\frac{w_r}{w_2-w_1}=\frac{V_L}{V}=\frac{V_c}{V}$$

$$=\frac{wL}{R}=\frac{\frac{1}{wC}}{R}$$

$$=\frac{1}{RwC}=\frac{1}{R}\sqrt{\frac{L}{C}}$$

※ 직렬 공진 조건

① 전압과 전류가 동상이다.

② 역률이 1이다.

③ 전류가 최대가 된다.

◇ 주파수와 무관한 조건 ⇒ 공진 조건

② 병렬 공진

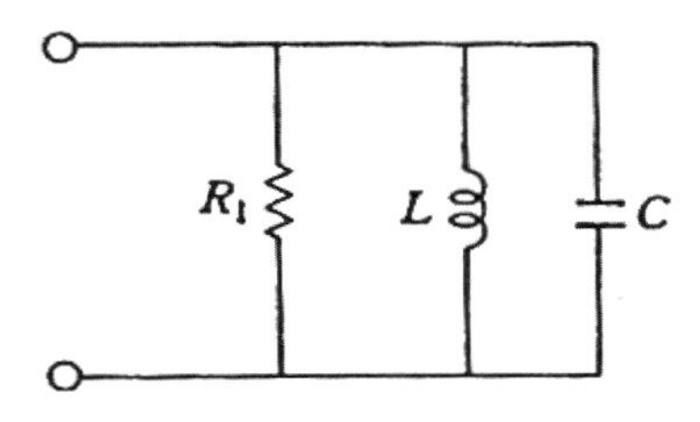

$$Y=\frac{1}{R}+j\left(wC-\frac{1}{wL}\right)$$ (공진 : 허수부 = 0)

$$wC=\frac{1}{wL}\quad\rightarrow w^2=\frac{1}{LC}$$

$$\boxed{\rightarrow\quad w=\frac{1}{\sqrt{LC}}}$$

$$\therefore\quad f=\frac{1}{2\pi\sqrt{LC}}$$: 직렬 공진주파수와 동일

$$\left(\downarrow I=\frac{V}{Z}=\downarrow Y\cdot V\right)$$

◎ 선택도

$$Q = \frac{f_r}{f_2 - f_1} = \frac{w_r}{w_2 - w_1}$$

$$= \frac{I_L}{I} = \frac{I_C}{I}$$ ⇒ 전압은 일정하기 때문에 I를 비교

$$= \frac{R}{wL} = Rw\,C = R\sqrt{\frac{C}{L}}$$

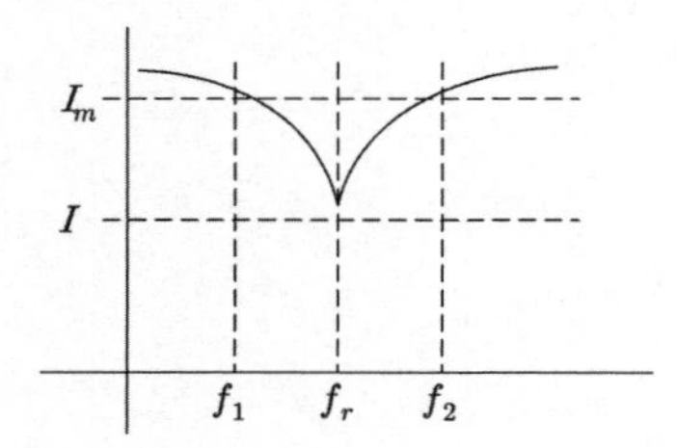

※ 병렬 공진 조건

① 전압과 전류가 동상이다.

② 역률이 1이다.

③ 전류가 최소가 된다.

③ 일반적인 공진(직 · 병렬 공진)

a b R L C

$$Y = Y_1 + Y_2$$

$$Y = jw\,C + \frac{1\,(R - jwL)}{R + jwL(R - jwL)}$$

$$= jw\,C + \frac{R - jwL}{R^2 + (wL)^2}$$

$$= jw\,C + \frac{R}{R^2 + (wL)^2} - j\frac{wL}{R^2 + (wL)^2}$$

$$= \frac{R}{R^2 + (wL)^2} + j\left(wC - \frac{wL}{R^2 + (wL)^2}\right)$$

(공진 : 허수부 = 0)

$$\therefore\ wC = \frac{wL}{R^2 + (wL)^2}$$

㉠ $C = \dfrac{L}{R^2 + (wL)^2}$ $\left(\dfrac{1}{R^2 + (wL)^2} = \dfrac{C}{L}\right)$

㉡ $X_C = \dfrac{1}{wC} = \dfrac{R^2 + (wL)^2}{wL}$

㉢ $Y = \dfrac{R}{R^2 + (wL)^2} = \dfrac{C}{L}R$: 직렬 공진주파수와 동일

$R^2 + (wL)^2 = \dfrac{L}{C}$ $wL = \sqrt{\dfrac{L}{C} - R^2}$

㉣ $w = \sqrt{\dfrac{1}{LC} - \left(\dfrac{R}{L}\right)^2}$

㉤ $f = \dfrac{1}{2\pi}\sqrt{\dfrac{1}{LC} - \left(\dfrac{R}{L}\right)^2}$

$$= \frac{1}{2\pi\sqrt{LC}}\sqrt{1 - \frac{C}{L}R^2}$$

02 CHAPTER 출제예상문제

01 0.1[H]인 코일의 리액턴스가 377[Ω]일 때 주파수[Hz]는?

① 600 ② 360 ③ 120 ④ 60

해설 Chapter − 02 − 02

$L = 0.1[\text{H}]$

$X_L = 377 = \omega L = 2\pi f L$

$f = \dfrac{377}{2\pi L} = \dfrac{377}{2\pi \times 0.1} = 600\,[\text{Hz}]$

02 3[μF]인 커패시턴스를 50[Ω]의 용량리액턴스로 사용하면 주파수는 약 몇 [Hz]인가?

① 1.06×10^3 ② 2.06×10^3 ③ 3.06×10^3 ④ 4.06×10^3

해설

$X_c = \dfrac{1}{\omega C} = \dfrac{1}{2\pi f C}$ $\quad \therefore f = \dfrac{1}{2\pi \times 3 \times 10^{-6} \times 50} = 1.06 \times 10^3\,[\text{Hz}]$

03 그림과 같은 회로에서 전류 i를 나타낸 식은?

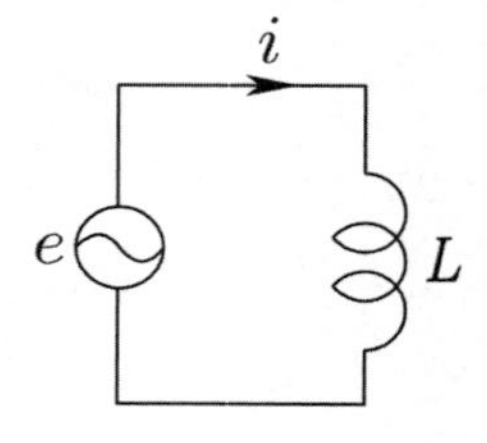

① $L \int e\,dt$ ② $\dfrac{1}{L} \int e\,dt$

③ $L \dfrac{de}{dt}$ ④ $\dfrac{1}{L} \dfrac{de}{dt}$

해설 Chapter − 02 − 02

04 콘덴서와 코일에서 실제적으로 급격히 변화할 수 없는 것이 있다. 그것은 다음 중 어느 것인가?

① 코일에서 전압, 콘덴서에서 전류
② 코일에서 전류, 콘덴서에서 전압
③ 코일, 콘덴서 모두 전압
④ 코일, 콘덴서 모두 전류

정답 01 ① 02 ① 03 ② 04 ②

해설 Chapter − 02 − **02**, **03**

$v_L = L\dfrac{di}{dt}$에서 i가 급격히($t=0$인 순간) 변화하면 v_L이 ∞가 되는 모순이 생기고,

$i_c = C\dfrac{dv}{dt}$에서 v가 급격히 변화하면 i_c가 ∞가 되는 모순이 생긴다.

05

어떤 코일에 흐르는 전류가 0.01[s] 사이에 일정하게 50[A]에서 10[A]로 변할 때 20[V]의 기전력이 발생한다고 하면 자기 인덕턴스[mH]는?

① 200　　② 33　　③ 40　　④ 5

해설 Chapter − 02 − **02**

$di = 50 \sim 10$

$dt = 0.01$

$e = 20[\mathrm{V}]$

$e = -L\dfrac{di}{dt}$

$L = -e\dfrac{dt}{di} = -20\dfrac{10^{-2}}{10-50} \times 10^3[\mathrm{mH}] = 5[\mathrm{mH}]$

06

1[H]의 인덕턴스에 그림과 같은 전류를 흘린 경우, 유기되는 역기전력의 파형모양은?

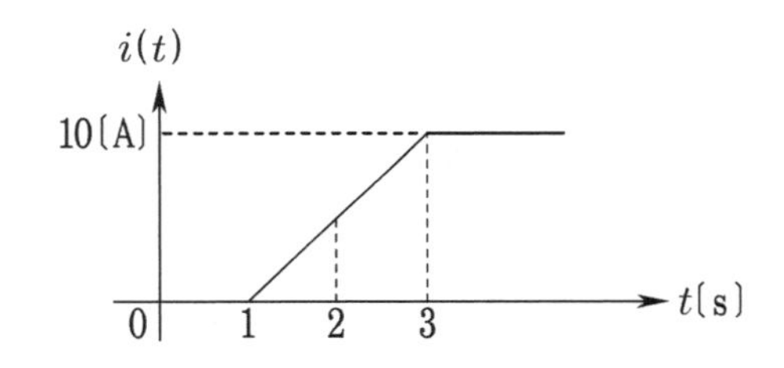

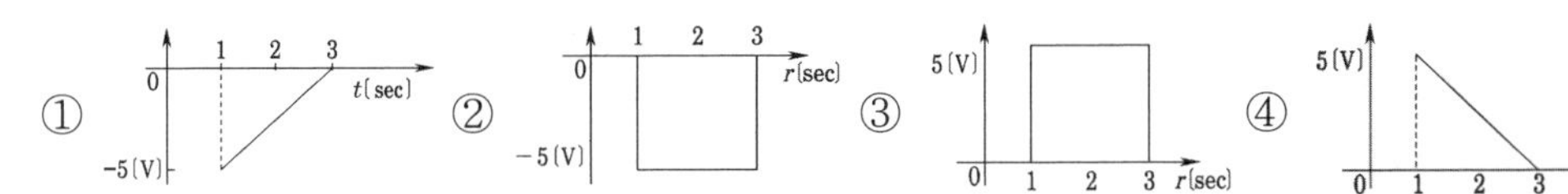

①

② 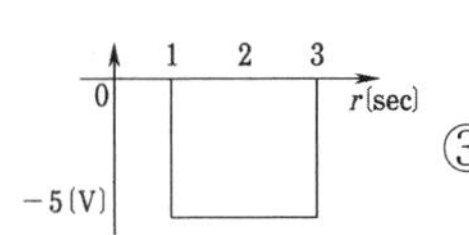

③ 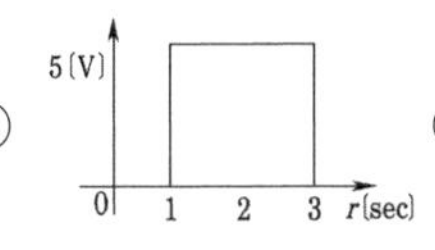

④ 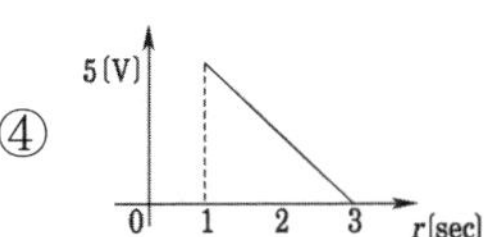

해설 Chapter − 02 − **02**

$L = 1[\mathrm{H}]$

$e = -L\dfrac{di}{dt}$

$= -1\dfrac{10-0}{3-1} = -5[\mathrm{V}]$

정답 05 ④　06 ②

07

인덕턴스 $L = 20$[mH]인 코일에 실효값 $V = 50$[V], 주파수 $f = 60$[Hz]인 정현파 전압을 인가했을 때 코일에 축적되는 평균 자기 에너지 W_L [J]은?

① 0.44　② 4.4　③ 0.63　④ 6.3

해설

$$W_L = \frac{1}{2}LI^2 = \frac{1}{2}L \cdot \left(\frac{V}{\omega_L}\right)^2$$

$$= \frac{50^2}{8\pi^2 \times 60^2 \times 20 \times 10^{-3}} = 0.44[\text{J}]$$

08

어떤 콘덴서를 300[V]로 충전하는 데 9[J]의 에너지가 필요하다. 이 콘덴서의 정전 용량[μF]은?

① 100　② 200　③ 300　④ 400

해설

$$W_c = \frac{1}{2}CV^2$$

$$C = \frac{2W}{V^2} = \frac{2 \times 9 \times 10^6}{(300)^2} = 200[\mu\text{F}]$$

09

0.1[μF]의 정전 용량을 가지는 콘덴서에 실효값 1414[V], 주파수 1[kHz], 위상각 0인 전압을 가했을 때 순시값 전류[A]는?

① $0.89\sin(\omega t + 90°)$　② $0.89\sin(\omega t - 90°)$
③ $1.26\sin(\omega t + 90°)$　④ $1.26\sin(\omega t - 90°)$

해설 Chapter － 02 － 03

$C = 0.1[\mu\text{F}]$

$V = 1414\angle 0°[\text{V}]$

$f = 1[\text{kHz}]$

$i = I_m \sin(\omega t \pm \theta)$

$$i = \frac{2{,}000\angle 0°}{\frac{1}{\omega C}\angle -90°} \left(V = 1414 = \frac{V_m}{\sqrt{2}} \quad \therefore V_m = 1414\sqrt{2} = 2{,}000\right)$$

$= 1.26\angle 90° ≒ 1.26\sin(\omega t + 90°)$

정답 07 ① 08 ② 09 ③

10

$R=50[\Omega]$, $L=200[\text{mH}]$의 직렬회로가 주파수 $f=50[\text{Hz}]$의 교류에 대한 역률은 몇 [%]인가?

① 52.3 ② 82.3 ③ 62.3 ④ 72.3

해설 Chapter – 02 – 04

$$X_L=\omega L=2\pi\times 50\times 200\times 10^{-3}$$

$$=20\pi=62.8$$

$$\cos\theta=\frac{R}{|Z|}$$

$$=\frac{50}{\sqrt{50^2+62.8^2}}=0.623 \qquad \therefore\ 62.3[\%]$$

11

100[V], 50[Hz]의 교류 전압을 저항 100[Ω], 커패시턴스 10[μF]의 직렬회로에 가할 때 역률은?

① 0.25 ② 0.27 ③ 0.3 ④ 0.35

해설 Chapter – 02 – 05

$R-C$ 직렬

$$\cos\theta=\frac{R}{|Z|}=\frac{R}{\sqrt{R^2+\left(\frac{1}{\omega C}\right)^2}}=\frac{100}{\sqrt{100^2+\left(\frac{1}{2\pi\times 50\times 10\times 10^{-6}}\right)^2}}$$

$$=0.3$$

12

$R=100[\Omega]$, $C=30[\mu\text{F}]$의 직렬회로에 $f=60[\text{Hz}]$, $V=100[\text{V}]$의 교류 전압을 인가할 때 전류[A]는?

① 0.45 ② 0.56 ③ 0.75 ④ 0.96

해설 Chapter – 02 – 05

$R-C$ 직렬

$$X_c=\frac{1}{\omega C}=\frac{1}{2\pi\times 60\times 30\times 10^{-6}}=88.4$$

$$I=\frac{V}{Z}=\frac{V}{\sqrt{R^2+X_c^2}}$$

$$=\frac{100}{\sqrt{100^2+88.4^2}}=0.75[\text{A}]$$

정답 10 ③ 11 ③ 12 ③

13

R − L 직렬회로에 10[V]의 교류 전압을 인가하였을 때 저항에 걸리는 전압이 6[V]이었다면 인덕턴스에 유기되는 전압[V]은?

① 4　② 6　③ 8　④ 10

해설 Chapter − 02 − 04

$V = \sqrt{{V_R}^2 + {V_L}^2}$

$\therefore\ V_L = \sqrt{V^2 - {V_R}^2}$

$= \sqrt{10^2 - 6^2} = 8[\text{V}]$

14

그림과 같은 직렬회로에서 각 소자의 전압이 그림과 같다면 a, b 양단에 가한 교류 전압[V]은?

① 2.5
② 7.5
③ 5
④ 10

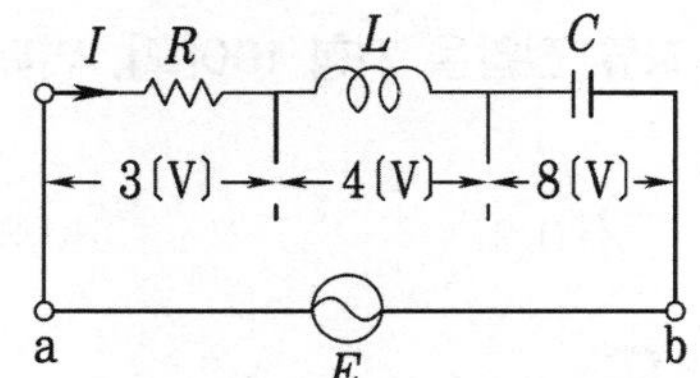

해설 Chapter − 02 − 06

$V = \sqrt{{V_R}^2 + (V_L - V_c)^2} = \sqrt{3^2 + (4-8)^2} = 5$

15

저항 R과 유도 리액턴스 X_L이 병렬로 접속된 회로의 역률은?

① $\dfrac{\sqrt{R^2 + X_L^2}}{R}$　② $\sqrt{\dfrac{R^2 + X_L^2}{X_L}}$

③ $\dfrac{R}{\sqrt{R^2 + X_L^2}}$　④ $\dfrac{X_L}{\sqrt{R^2 + X_L^2}}$

해설 Chapter − 02 − 07

$R - X$ 병렬

$$\cos\theta = \frac{\frac{1}{R}}{|Y|} = \frac{\frac{1}{R}}{\sqrt{\left(\frac{1}{R}\right)^2 + \left(\frac{1}{X}\right)^2}}\ \frac{X}{|Z|} = \frac{X_L}{\sqrt{R^2 + X_L^2}}$$

정답 13 ③　14 ③　15 ④

16 그림과 같은 회로의 역률은 얼마인가?

① $1+(\omega RC)^2$

② $\sqrt{1+(\omega RC)^2}$

③ $\dfrac{1}{\sqrt{1+(\omega RC)^2}}$

④ $\dfrac{1}{1+(\omega RC)^2}$

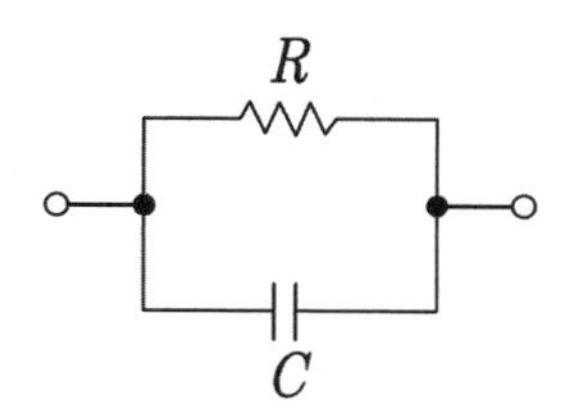

해설 Chapter – 02 – 08

$R-C$ 병렬

$$\cos\theta = \frac{\frac{1}{R}}{|Y|} = \frac{\frac{1}{X_C}}{\left(\frac{1}{R}\right)^2+\left(\frac{1}{X_C}\right)^2} = \frac{X_C}{\sqrt{R^2+X_C^2}} = \frac{X_c}{|Z|} = \frac{\frac{1}{\omega C}}{\sqrt{R^2+\left(\frac{1}{\omega C}\right)^2}} \times \frac{\omega C}{\omega C}$$

$$= \frac{1}{\sqrt{1+(R\omega C)^2}}$$

17 저항 3[Ω]과 리액턴스 4[Ω]을 병렬로 연결한 회로에서의 역률은?

① $\frac{3}{5}$　② $\frac{4}{5}$　③ $\frac{3}{7}$　④ $\frac{3}{4}$

해설 Chapter – 02 – 07

$R-X$ 병렬

$$\cos\theta = \frac{\frac{1}{R}}{|Y|} = \frac{\frac{1}{R}}{\sqrt{\left(\frac{1}{R}\right)^2+\left(\frac{1}{X}\right)^2}} = \frac{X}{\sqrt{R^2+X^2}} = \frac{X}{Z} = \frac{4}{5} = 0.8$$

18 저항 30[Ω], 용량성 리액턴스 40[Ω]의 병렬회로에 120[V]의 정현파 교류 전압을 가할 때의 전 전류[A]는?

① 3　② 4　③ 5　④ 6

해설 Chapter – 02 – 07

$R-C$ 병렬

$$I = I_R + I_C = \frac{V}{R} + j\frac{V}{X_C} = \frac{120}{30} + j\frac{120}{40} = 4 + j3 = 5$$

정답 16 ③　17 ②　18 ③

19 **시불변, 선형 R－L－C 직렬회로에 $v = V_m \sin\omega t$ 인 교류 전압을 가하였다. 정상 상태에 대한 설명 중 옳지 않은 것은?**

① 이 회로의 합성 리액턴스는 양 또는 음이 될 수 있다.
② $\omega L < 1/\omega C$ 이면 용량성 회로이다.
③ $\omega L > 1/\omega C$ 이면 유도성 회로이다.
④ $\omega L = 1/\omega C$ 이면 공진 회로이며 인덕턴스 양단에 걸린 전압은 RI_0 이다.

해설 Chapter － 02 － 06
인덕턴스 양단의 전압 $V_L = I \cdot X_L$

20 **$R=$ 5[Ω], $L=$ 20[mH] 및 가변 콘덴서 C로 구성된 R－L－C 직렬회로에 주파수 1,000[Hz]인 교류를 가한 다음 C를 가변시켜 직렬 공진시킬 때 C의 값은 어느 것이 가장 가까운가?**

① 1.27[μF]
② 2.54[μF]
③ 3.52[μF]
④ 4.99[μF]

해설
$R-L-C$ 직렬 공진

$$\omega L = \frac{1}{\omega C}$$

$$\therefore C = \frac{1}{\omega^2 L} = \frac{1}{(2\pi \times 10^3)^2 \times 20 \times 10^{-3}} \times 10^6 [\mu F] = 1.27[\mu F]$$

21 **공진 회로의 Q가 갖는 물리적 의미와 관계 없는 것은?**

① 공진 회로의 저항에 대한 리액턴스의 비
② 공진 곡선의 첨예도
③ 공진시의 전압 확대비
④ 공진 회로에서 에너지 소비 능률

해설 Chapter － 02 － 10

정답 19 ④ 20 ① 21 ④

22

$R=$ 2[Ω], $L=$ 10[mH], $C=$ 4[μF]의 직렬 공진 회로의 Q는?

① 25 ② 45 ③ 65 ④ 85

해설

선택도 $Q=\frac{1}{R}\sqrt{\frac{L}{C}}=\frac{1}{2}\sqrt{\frac{10\times10^{-3}}{4\times10^{-6}}}=25$

23

$R=$ 10[Ω], $L=$ 10[mH], $C=$ 1[μF]인 직렬회로에 100[V]의 전압을 인가할 때 공진의 첨예도 Q는?

① 1 ② 10 ③ 100 ④ 1000

해설 Chapter – 02 – 10

$Q=\frac{1}{R}\sqrt{\frac{L}{C}}=\frac{1}{10}\sqrt{\frac{10\times10^{-3}}{10^{-6}}}=10$

24

R–L–C 직렬회로에서 전원 전압을 V라 하고 L 및 C에 걸리는 전압을 각각 V_L 및 V_c라 하면 선택도 Q를 나타내는 것은 어느 것인가? (단, 공진 각주파수는 ω_r이다.)

① $\frac{CL}{R}$ ② $\frac{\omega_r R}{L}$

③ $\frac{V_L}{V}$ ④ $\frac{V}{V_c}$

해설 Chapter – 02 – 10

$Q=\frac{V_L}{V}=\frac{V_c}{V}=\frac{\omega L}{R}=\frac{1}{R\omega C}=\frac{1}{R}\sqrt{\frac{L}{C}}$

25

어떤 R–L–C 병렬회로가 병렬 공진되었을 때 합성 전류는?

① 최소가 된다. ② 최대가 된다.

③ 전류는 흐르지 않는다. ④ 전류는 무한대가 된다.

해설 Chapter – 02 – 10

정답 22 ① 23 ② 24 ③ 25 ①

26 **저항 $R=15[\Omega]$과 인덕턴스 $L=3[mH]$를 병렬로 접속한 회로의 서셉턴스의 크기는 약 몇 [℧]인가? (단, $\omega=2\pi\times10^5$)**

① 3.2×10^{-2} ② 8.6×10^{-3} ③ 5.3×10^{-4} ④ 4.9×10^{-5}

해설 Chapter 02 – 07

합성 어드미턴스 $Y=Y_1+Y_2=\frac{1}{R}-j\frac{1}{\omega L}$에서 $\frac{1}{\omega L}$이 서셉턴스가 되므로,

$\therefore B=\frac{1}{\omega L}=\frac{1}{2\pi\times10^5\times3\times10^{-3}}$
$=5.3\times10^{-4}[℧]$

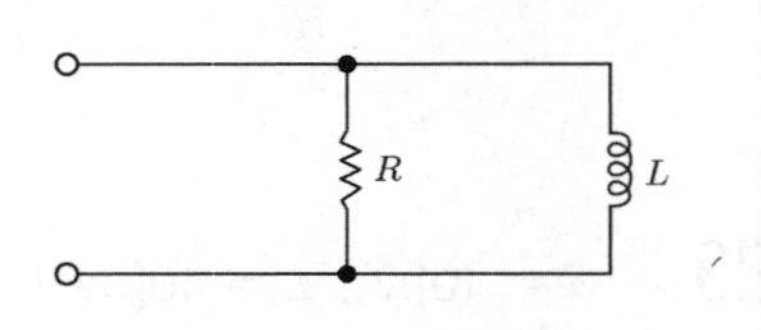

27 **커패시터와 인덕터에서 물리적으로 급격히 변화할 수 없는 것은?**

① 커패시터와 인덕터에서 모두 전압
② 커패시터와 인덕터에서 모두 전류
③ 커패시터에서 전류, 인덕터에서 전압
④ 커패시터에서 전압, 인덕터에서 전류

해설 Chapter 02

기본정리

$v=L\cdot\frac{di}{dt}$(인덕턴스는 전류)

$i=C\cdot\frac{dv}{dt}$(커패시터는 전압)

28 **R=100[Ω], X_C=100[Ω]이고 L만을 가변할 수 있는 RLC 직렬회로가 있다. 이때 f < 500[Hz], E=100[V]를 인가하여 L을 변화시킬 때 L의 단자전압 E_L의 최댓값은 몇 [V]인가? (단, 공진회로이다.)**

① 50 ② 100 ③ 150 ④ 200

해설 Chapter 02 – 10

RLC 직렬회로의 공진조건은

$\omega L=\frac{1}{\omega C}$, $X_L=X_C=100[\Omega]$이며

전류 $I=\frac{V}{R}=\frac{100}{100}=1[A]$이다.

그러므로 L의 단자전압 $E_L=X_L\times I=100\times1=100[V]$

정답 26 ③ 27 ④ 28 ②

요점정리

■ R 만의 회로

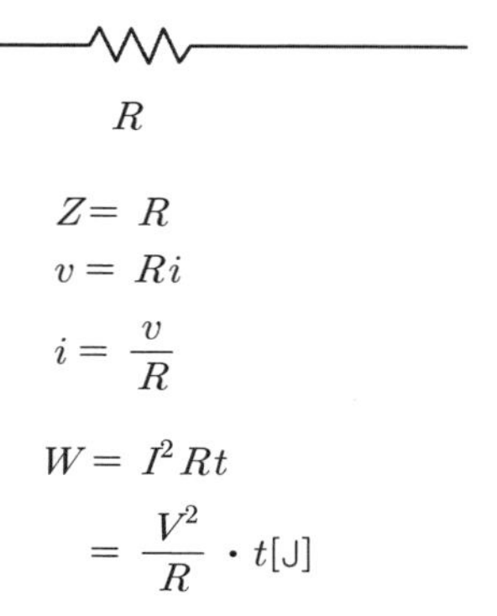

$$Z = R$$
$$v = Ri$$
$$i = \frac{v}{R}$$
$$W = I^2 Rt = \frac{V^2}{R} \cdot t[\mathrm{J}]$$

■ L 만의 회로

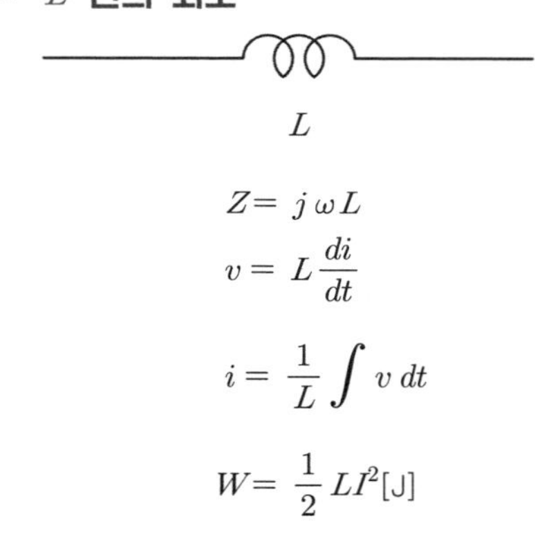

$$Z = j\omega L$$
$$v = L\frac{di}{dt}$$
$$i = \frac{1}{L}\int v\,dt$$
$$W = \frac{1}{2}LI^2[\mathrm{J}]$$

■ C 만의 회로

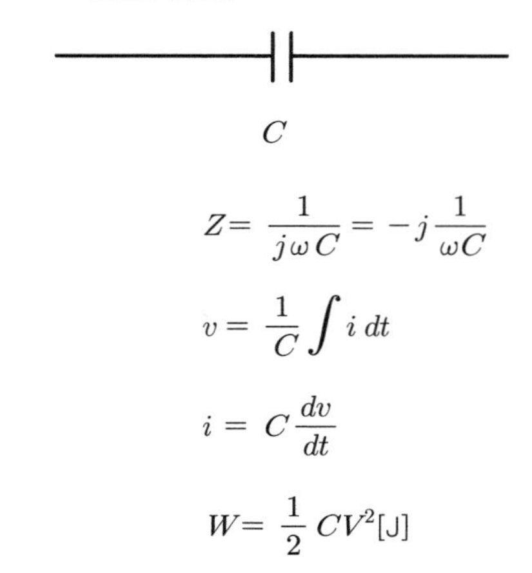

$$Z = \frac{1}{j\omega C} = -j\frac{1}{\omega C}$$
$$v = \frac{1}{C}\int i\,dt$$
$$i = C\frac{dv}{dt}$$
$$W = \frac{1}{2}CV^2[\mathrm{J}]$$

(1) R 만의 회로

$$i = \frac{v}{Z} = \frac{v}{R}$$

$$= \frac{V_m}{R}\sin\omega t[\text{A}]$$

(2) L 만의 회로

$$Z = j\omega L = \omega L \angle 90°$$

$$i = \frac{v}{Z} = \frac{V_m \sin\omega t}{\omega L \angle 90°}$$

$$= \frac{V_m}{\omega L}\sin(\omega t - 90°)$$

(3) C 만의 회로

$$Z = \frac{1}{j\omega C} = -j\frac{1}{\omega C} = \frac{1}{\omega C}\angle -90°$$

$$i = \frac{v}{Z} = \frac{V_m \sin\omega t}{\frac{1}{\omega C}\angle -90°}$$

$$= \omega C V_m \sin(\omega t + 90°)$$

(4) $R-L$ 직렬회로

$$Z = R + j\omega L = \sqrt{R^2 + (\omega L)^2}\angle \tan^{-1}\frac{\omega L}{R}$$

$$i = \frac{v}{Z} = \frac{V_m \sin\omega t}{\sqrt{R^2 + (\omega L)^2}\angle \tan^{-1}\frac{\omega L}{R}}$$

$$= \frac{V_m}{\sqrt{R^2 + (\omega L)^2}}\sin\left(\omega t - \tan^{-1}\frac{\omega L}{R}\right)$$

$$\cos\theta = \frac{R}{|Z|} = \frac{R}{\sqrt{R^2 + (\omega L)^2}}$$

$$\sin\theta = \frac{\omega L}{|Z|} = \frac{\omega L}{\sqrt{R^2 + (\omega L)^2}}$$

$$v = Ri + L\frac{di}{dt}$$

$$= \sqrt{{V_R}^2 + {V_L}^2}$$

(5) $R-C$ 직렬회로

$$Z= R-j\frac{1}{\omega C}$$

$$=\sqrt{R^2+\left(\frac{1}{\omega C}\right)^2}\angle -\tan^{-1}\frac{1}{R\omega C}$$

$$i=\frac{V}{Z}$$

$$=\frac{V_m \sin\omega t}{\sqrt{R^2+\left(\frac{1}{\omega C}\right)^2}\angle -\tan^{-1}\frac{1}{R\omega C}}$$

$$=\frac{V_m}{\sqrt{R^2+\left(\frac{1}{\omega C}\right)^2}}$$

- $\sin\left(\omega t+\tan^{-1}\frac{1}{R\omega C}\right)$

$$\cos\theta=\frac{R}{|Z|}=\frac{R}{\sqrt{R^2+\left(\frac{1}{\omega C}\right)^2}}$$

$$\sin\theta=\frac{\frac{1}{\omega C}}{|Z|}=\frac{\frac{1}{\omega C}}{\sqrt{R^2+\left(\frac{1}{\omega C}\right)^2}}$$

$$v= Ri+\frac{1}{C}\int i\,dt=\sqrt{V_R^2+V_C^2}$$

(6) $R-L-C$ 직렬회로

① $\omega L>\frac{1}{\omega C}$

$$Z= R+j\left(\omega L-\frac{1}{\omega C}\right)$$

$$=\sqrt{R^2+\left(\omega L-\frac{1}{\omega C}\right)^2}$$

$$\angle\tan^{-1}\frac{\omega L-\frac{1}{\omega C}}{R} \qquad i=\frac{v}{Z}$$

$$= \frac{V_m \sin\omega t}{\sqrt{R^2 + \left(\omega L - \frac{1}{\omega C}\right)^2} \angle \tan^{-1} \frac{\omega L - \frac{1}{\omega C}}{R}}$$

$$= \frac{V_m}{R^2 + \left(\omega L - \frac{1}{\omega C}\right)^2}$$

• $\sin\left(\omega t - \tan^{-1} \frac{\omega L - \frac{1}{\omega C}}{R}\right)$

• $\cos\theta = \frac{R}{|Z|} = \frac{R}{\sqrt{R^2 + \left(\omega L - \frac{1}{\omega C}\right)^2}}$

(7) $R - L$ 병렬회로

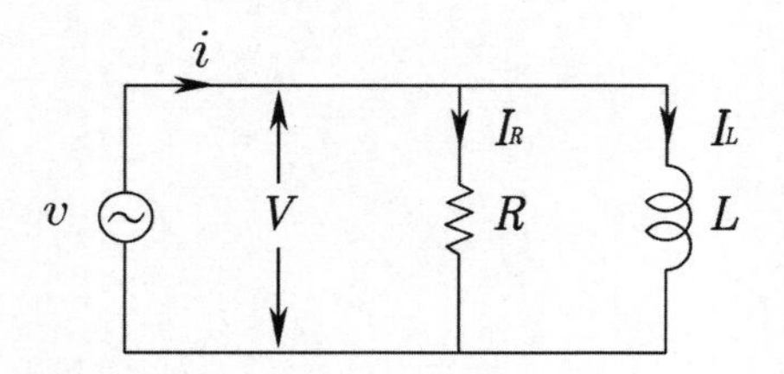

$$Y = \frac{1}{R} - j\frac{1}{\omega L}$$

$$\cos\theta = \frac{\frac{1}{R}}{|Y|} = \frac{\frac{1}{R}}{\sqrt{\left(\frac{1}{R}\right)^2 + \left(\frac{1}{\omega L}\right)^2}}$$

$$= \frac{\omega L}{\sqrt{R^2 + (\omega L)^2}}$$

$$\sin\theta = \frac{\frac{1}{\omega L}}{|Y|} = \frac{\frac{1}{\omega L}}{\sqrt{\left(\frac{1}{R}\right)^2 + \left(\frac{1}{\omega L}\right)^2}}$$

$$= \frac{R}{\sqrt{R^2 + (\omega L)^2}}$$

※ 전류

$$I = I_R + I_L$$
$$= \frac{V}{R} - j\frac{V}{\omega L}$$
$$= \frac{V}{R} - j\frac{V}{XL}$$

(8) $R-C$ 병렬회로

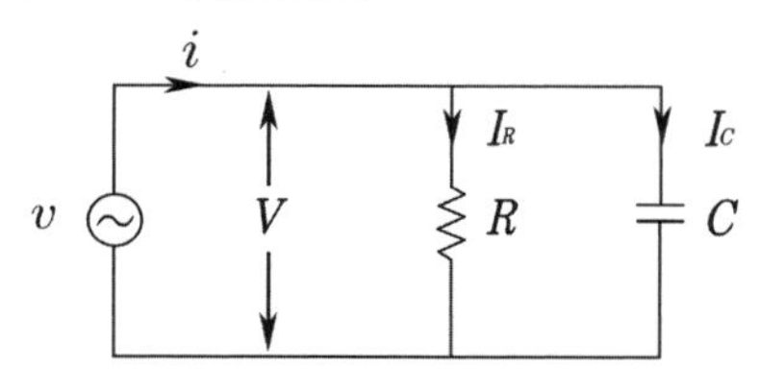

$$Y = \frac{1}{R} + j\omega C$$

$$\cos\theta = \frac{\frac{1}{R}}{|Y|} = \frac{\frac{1}{R}}{\sqrt{\left(\frac{1}{R}\right)^2 + (\omega C)^2}}$$

$$= \frac{\frac{1}{\omega C}}{\sqrt{R^2 + \left(\frac{1}{\omega C}\right)}}$$

$$\sin\theta = \frac{\omega C}{|Y|}$$

$$= \frac{\omega C}{\sqrt{\left(\frac{1}{R}\right)^2 + (\omega C)^2}}$$

$$= \frac{R}{\sqrt{R^2 + \left(\frac{1}{\omega C}\right)^2}}$$

※ 전류

$$I = I_R + I_C = \frac{V}{R} + j\frac{V}{\frac{1}{\omega C}}$$
$$= \frac{V}{R} + j\frac{V}{X_C}$$

(9) $R-L-C$ 병렬회로

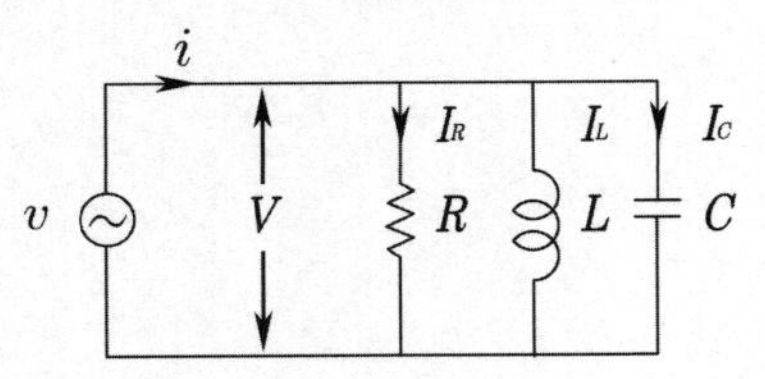

$$Z = R + j\left(\omega L - \frac{1}{\omega C}\right)$$

$$Y = \frac{1}{R} + j\left(\omega C - \frac{1}{\omega L}\right)$$

$$I = I_R + I_L + I_C$$

$$= \frac{V}{R} + j\left(\frac{V}{X_C} - \frac{V}{X_L}\right)$$

(10) 공진

① 직렬 공진

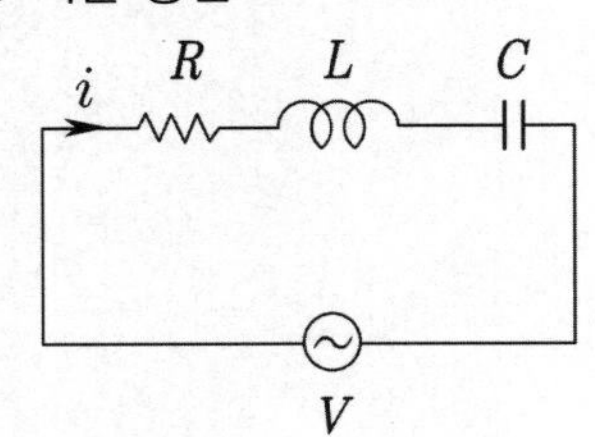

$$Z = R + j\left(\omega L - \frac{1}{\omega C}\right)$$ (공진 : 허수부 = 0)

$$f = \frac{1}{2\pi\sqrt{LC}}$$

선택도 $Q = \frac{f_r}{f_2 - f_1} = \frac{\omega_r}{\omega_2 - \omega_1}$

$$= \frac{V_L}{V} = \frac{V_C}{V} = \frac{\omega L}{R}$$

$$= \frac{1}{R\omega C} = \frac{1}{R}\sqrt{\frac{L}{C}}$$

※ 직렬 공진 조건

㉠ 전압과 전류가 동상이다.

㉡ 역률이 1이다.

㉢ 전류가 최대가 된다.

② 병렬 공진

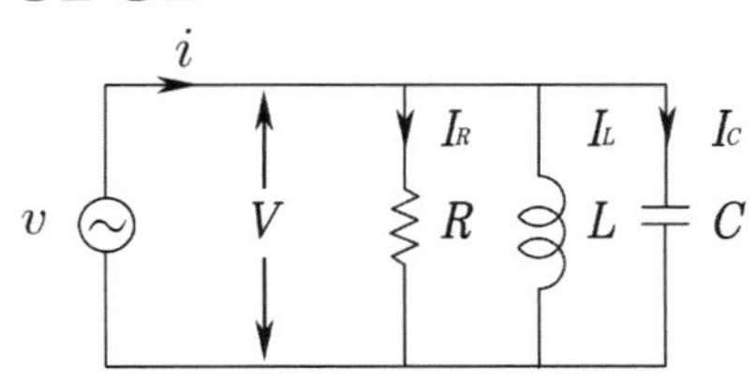

$$I = Y \cdot V$$

$$Y = \frac{1}{R} + j\left(\omega C - \frac{1}{\omega L}\right)$$

(공진 : 허수부 = 0)

$$\omega C = \frac{1}{\omega L}$$

$$\therefore\ f = \frac{1}{2\pi\sqrt{LC}} \quad \left(I = \frac{V}{Z} = Y \cdot V\right)$$

선택도

$$Q = \frac{f_r}{f_2 - f_1} = \frac{\omega_r}{\omega_2 - \omega_1}$$

$$= \frac{I_L}{I} = \frac{I_C}{I}$$

$$= \frac{R}{\omega L} = R\omega C = R\sqrt{\frac{C}{L}}$$

※ 병렬 공진 조건

㉠ 전압과 전류가 동상이다.
㉡ 역률이 1이다.
㉢ 전류가 최소가 된다.

③ 일반적인 공진

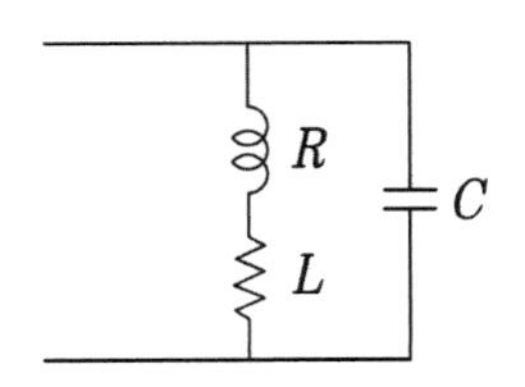

$$Y = j\omega C + \frac{1}{R + j\omega L} = j\omega C + \frac{R - j\omega L}{R^2 + (\omega L)^2}$$

(공진 : 허수부 = 0)

$$= \frac{R}{R^2 + (\omega L)^2} + \left(\omega C - \frac{\omega L}{R^2 + (\omega L)^2}\right)$$

$$\omega C = \frac{\omega L}{R^2 + (\omega L)^2}$$

㉠ $C = \dfrac{L}{R^2 + (\omega L)^2} \left(\dfrac{1}{R^2 + (\omega L)^2} = \dfrac{C}{L}\right)$

㉡ $X_C = \dfrac{1}{\omega C} = \dfrac{R^2 + (\omega L)^2}{\omega L}$

㉢ $Y = \dfrac{R}{R^2 + (\omega L)^2} = \dfrac{C}{L} R$

$R^2 + (\omega L)^2 = \dfrac{L}{C}$, $\omega L = \sqrt{\dfrac{L}{C} - R^2}$

㉣ $\omega = \sqrt{\dfrac{1}{LC} - \left(\dfrac{R}{L}\right)^2}$

㉤ $f = \dfrac{1}{2\pi} \sqrt{\dfrac{1}{LC} - \left(\dfrac{R}{L}\right)^2}$

$= \dfrac{1}{2\pi\sqrt{LC}} \sqrt{1 - \dfrac{C}{L} R^2}$

chapter 03

교류 전력

03 CHAPTER 교류 전력

✦ 기초정리

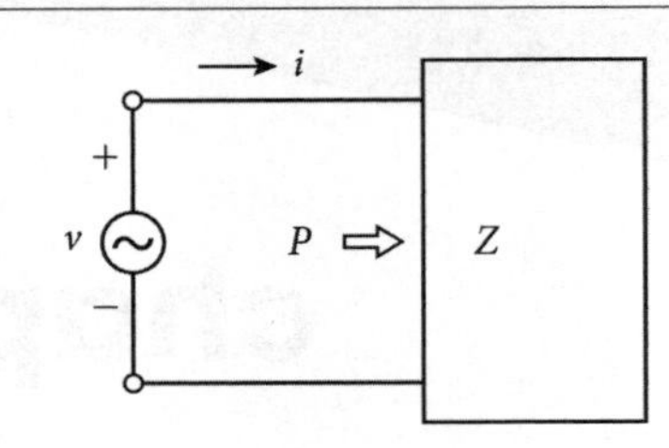

$$v(t) = \sqrt{2} \cdot V\sin wt \qquad = V\angle 0^\circ$$
$$i(t) = \sqrt{2}\ V\sin(wt - \theta) \qquad = I\angle -\theta$$

• **피상전력 :** $P_a = \overline{V} \cdot I$

$$= V\angle 0^\circ \cdot I\angle -\theta$$
$$= VI\angle -\theta$$
$$= VI(\cos\theta - j\sin\theta)$$
$$= P - jP_r$$

(1) 단상 교류 전력

① 유효전력

$$P = VI\cos\theta$$
$$= \frac{V_m \cdot I_m}{2}\cos\theta$$
$$= I^2 \cdot R\ (\text{유효분})$$
$$= \frac{V^2}{R}$$
$$= P_a\cos\theta\,[\mathrm{W}]$$

② 무효전력

$$P_r = VI\sin\theta$$
$$= \frac{V_m I_m}{2}\sin\theta$$
$$= I^2 \cdot X\ (\text{무효분})$$
$$= \frac{V^2}{X}$$
$$= P_a\sin\theta\,[\mathrm{Var}]$$

③ 피상전력

$$P_a = VI = I^2 \cdot Z = \sqrt{P^2 + P_r^2}\ [\text{VA}]$$

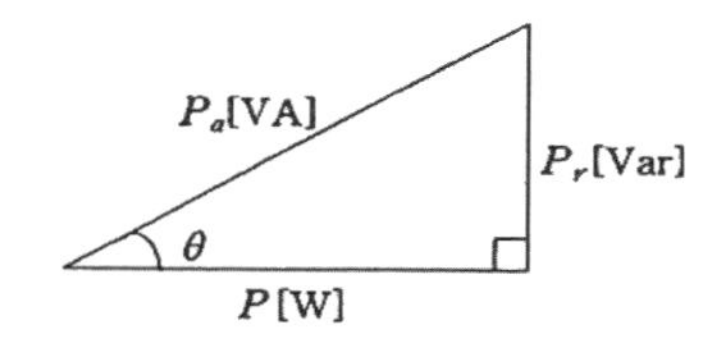

▸ 전력의 벡터 위치 해석

(2) 복소 전력

$$V = V_1 + jV_2$$

$$I = I_1 + jI_2$$

$$P_a = \overline{V} \cdot I = (V_1 - jV_2)(I_1 + jI_2)$$

$$= \underbrace{(V_1 I_1 + V_2 I_2)}_{P} + \underbrace{j(V_1 I_2 - V_2 I_1)}_{P_r}$$

$$= P + jP_r$$

($P_r > 0$: 용량성, $P_r < 0$: 유도성)

(3) 역률과 무효율

① 역률(Power factor)

$$\cos\theta = \frac{P}{P_a} = \frac{P}{VI} = \frac{P}{\sqrt{P^2 + P_r^2}}$$

$$= \frac{R}{|Z|} = \frac{G}{|Y|} = \frac{G}{B}\sin\theta$$

② 무효율(reactive factor)

$$\sin\theta = \frac{P_r}{P_a} = \frac{P_r}{VI} = \frac{P_r}{\sqrt{P^2 + P_r^2}}$$

$$= \frac{X}{|Z|} = \frac{B}{|Y|} = \frac{B}{G}\sin\theta$$

(4) 최대 전력 공급 조건

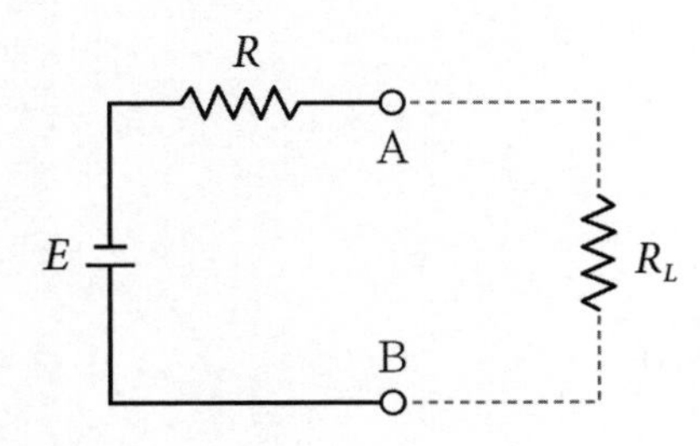

회로에 흐르는 전류 $I = \dfrac{E}{R_L + R}$ 이므로

부하전력 $P_L = I^2 R_L = \dfrac{E^2 R_L}{(R_L + R)^2}$

최대공급전력은 $\dfrac{dP_L}{dR_L} = 0$ (평형조건)이 성립하므로

부하전력 $P_L = I^2 R_L = \dfrac{E^2 R_L}{(R_L + R)^2}$

최대공급전력은 $\dfrac{dP_L}{dR_L} = 0$ (평형조건)이 성립하므로

$$\frac{dP_L}{dR_L} = \frac{d}{dR_L}\ \frac{E^2 R_L}{(R_L + R)^2} = \frac{(E^2 \cdot R_L) \cdot (R_L + R)^2 - E^2 \cdot R_L[(R_L + R)^2]}{(R_L + R)^4}$$

$$= \frac{E^2(R_L + R)^2 - E^2 R_L 2(R_L + R)}{(R_L + R)^4}$$

$$= \frac{E^2\,(R_L + R - 2R_L)}{(R_L + R)^3} = 0$$

따라서 $R_L + R - 2R_L = 0 \ \rightarrow \ R_L = R$이 된다.

$\therefore$ 부하측 Z = 입력측 Z ($Z_L = \overline{Z_g}$)

① $Z_g = R_g + jX_g$

$Z_L = \overline{Z_g} = R_g - jX_g$일 때 최대 전력 공급된다.

② $P = I^2 \cdot R_g$

$$= \left(\frac{V}{R_g + jX_g + R_g - jX_g}\right)^2 \times R_g$$

$$= \left(\frac{V}{2R_g}\right)^2 \times R_g$$

$$= \frac{V^2}{4R_g}$$

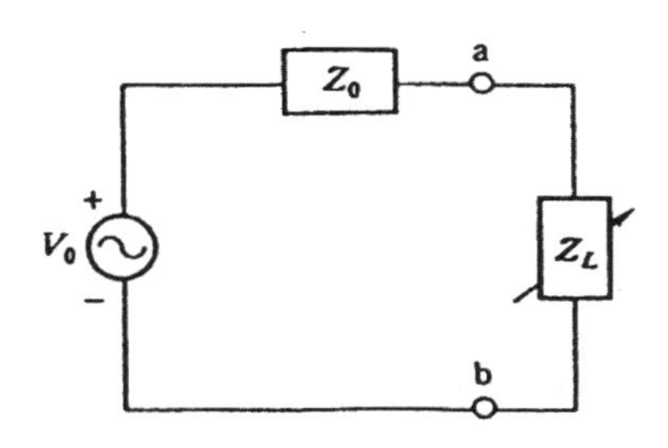

$$\therefore P_{max} = \frac{V^2}{4R_g}[\text{V}]$$

※ 입력측이 C만의 회로인 경우

$$P_{max} = \frac{V^2}{2X_c}[\text{W}]$$

03 CHAPTER 출제예상문제

01 $V = 100\angle 60^{\circ}$ [V], $I = 20\angle 30^{\circ}$ [A]일 때 유효 전력[W]은 얼마인가?

① $1000\sqrt{2}$ ② $1000\sqrt{3}$ ③ $\frac{2000}{\sqrt{2}}$ ④ 2000

해설 Chapter – 03 – 01

$P = VI\cos\theta$ [W] $= 100\times 20\cos 30^{\circ} = 1000\sqrt{3}$ [W]

02 어떤 회로에 전압 v와 전류 i 각각 $v = 100\sqrt{2}\sin\left(377t + \frac{\pi}{3}\right)$[V], $i = \sqrt{8}\sin\left(377t + \frac{\pi}{6}\right)$[A]일 때 소비 전력[W]은?

① 100 ② $200\sqrt{3}$ ③ 300 ④ $100\sqrt{3}$

해설 Chapter – 03 – 01

$P = VI\cos\theta = 100\times 2\times\cos 30^{\circ} = 100\sqrt{3}$ ($\because$ $\sqrt{8} = 2\sqrt{2}$)

03 어떤 회로에 전압 $v(t) = V_m\cos(\omega t + \theta)$를 가했더니 전류 $i(t) = I_m\cos(\omega t + \theta + \phi)$가 흘렀다. 이때 회로에 유입하는 평균 전력은?

① $\frac{1}{4}V_m I_m\cos\phi$ ② $\frac{1}{2}V_m I_m\cos\phi$

③ $\frac{V_m I_m}{\sqrt{2}}$ ④ $V_m I_m\sin\phi$

해설 Chapter – 03 – 01

04 어떤 부하에 $v = 100\sin\left(100\pi t + \frac{\pi}{6}\right)$[V]의 기전력을 가하니 $i = 10\cos\left(100\pi t - \frac{\pi}{3}\right)$[A]이었다. 이 부하의 소비 전력은 몇 [W]인가?

① 250 ② 433 ③ 500 ④ 866

해설 Chapter – 03 – 01

$$P = \frac{V_m I_m}{2}\cos\theta[\text{W}]$$

$$= \frac{100\times 10}{2}\cos 0^{\circ} = 500\,[\text{W}]$$

정답 01 ② 02 ④ 03 ② 04 ③

05

어느 회로의 전압과 전류가 각각 $v = 50\sin(\omega t + \theta)$ [V], $i = 4\sin(\omega t + \theta - 30^\circ)$ [A]일 때, 무효 전력[Var]은 얼마인가?

① 100 ② 86.6 ③ 70.7 ④ 50

해설 Chapter – 03 – 01

$$P_r = \frac{V_m I_m}{2}\sin\theta\,[\text{Var}] = \frac{50\times4}{2}\sin30^\circ = 50[\text{Var}]$$

06

$V = 100 + j30$ [V]의 전압을 어떤 회로에 인가하니 $I = 16 + j3$ [A]의 전류가 흘렀다. 이 회로에서 소비되는 유효 전력[W] 및 무효 전력[Var]은?

① 1690, 180 ② 1510, 780 ③ 1510, 180 ④ 1690, 780

해설 Chapter – 03 – 02

$$P_a = \overline{V}\cdot I = (100 - j30)(16 + j3) = 1690 - j180$$

07

어떤 부하에 $V = 80 + j60$ [V]의 전압을 가하여 $I = 4 + j2$ [A]의 전류가 흘렀을 경우, 이 부하의 역률과 무효율은?

① 0.8, 0.6 ② 0.894, 0.448
③ 0.916, 0.401 ④ 0.984, 0.179

해설

복소 전력 $P_a = \overline{V}\cdot I = (80 - j60)(4 + j2) = 440 - j80 = 447.2\angle -10.3$

$\therefore \cos 10.3^\circ = 0.984$

$\sin 10.3^\circ = 0.179$

08

저항 $R = 3[\Omega]$과 유도 리액턴스 $X_L = 4[\Omega]$이 직렬로 연결된 회로에 $v = 100\sqrt{2}\sin\omega t$[V]인 전압을 가하였다. 이 회로에서 소비되는 전력[kW]은?

① 1.2 ② 2.2 ③ 3.5 ④ 4.2

해설 Chapter – 03 – 01

$$Z = \sqrt{3^2 + 4^2} = 5$$

$$I = \frac{V}{Z} = \frac{100}{5} = 20$$

$$P = I^2\cdot R = 20^2\times3 = 1200[\text{W}] = 1.2[\text{kW}]$$

정답 05 ④ 06 ① 07 ④ 08 ①

09 R = 40[Ω], L = 80[mH]의 코일이 있다. 이 코일에 100[V], 60[Hz]의 전압을 인가할 때 소비되는 전력[W]은?

① 100 ② 120 ③ 160 ④ 200

해설

$X_L = \omega_L = 2\pi f \cdot L = 2\pi \times 60 \times 80 \times 10^{-3} = 30$

$\therefore\ I = \dfrac{V}{Z} = \dfrac{V}{\sqrt{R^2 + {X_L}^2}} = \dfrac{100}{\sqrt{40^2 + 30^2}} = 2$

$\therefore\ P = I^2 \cdot R = 2^2 \times 40 = 160$

10 저항 R, 리액턴스 X와의 직렬회로에 전압 V가 가해졌을 때 소비 전력은?

① $\dfrac{R}{\sqrt{R^2 + X^2}}$ ② $\dfrac{X}{\sqrt{R^2 + X^2}}$

③ $\dfrac{R}{R^2 + X^2} V^2$ ④ $\dfrac{X}{R^2 + X^2} V^2$

해설 Chapter – 03 – 01

$P = I^2 \cdot R = \left(\dfrac{V}{Z}\right)^2 \cdot R = \left(\dfrac{V}{\sqrt{R^2 + X^2}}\right)^2 \cdot R$

11 역률 0.8, 부하 800[kW]를 2시간 사용할 때의 소비 전력량[kWh]은?

① 1000 ② 1200 ③ 1400 ④ 1600

해설

$W = P \cdot t$[Wh] $= 800 \times 2 = 1600$[kWh]

12 역률 0.8, 소비 전력 800[W]인 단상 부하에서 30분간의 무효 전력량[Var · h]은?

① 200 ② 300 ③ 400 ④ 800

해설

$P = 800,\ P_r = 600$

$W_r = P_r \cdot t$ [Var · h]$= 600 \times \dfrac{1}{2} = 300$[Var · h]

정답 09 ③ 10 ③ 11 ④ 12 ②

13 다음의 회로에서 $I_1 = 2e^{-j\pi/3}$, $I_2 = 5e^{j\pi/3}$, $I_3 = 1$이다. 이 단상회로에서의 평균전력[W] 및 무효전력[Var]은?

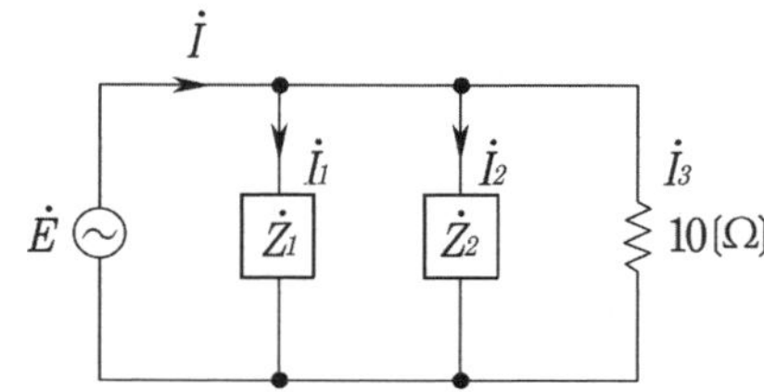

① 10[W], −9.75[Var]
② 20[W], 19.5[Var]
③ 20[W], −19.5[Var]
④ 45[W], 26[Var]

해설 Chapter − 03 − 02

- $I_1 = 2\angle\frac{-\pi}{3} = 2(\cos60^\circ - j\sin60^\circ) = 1 - j\sqrt{3}$
- $I_2 = 5\angle\frac{\pi}{3} = 5(\cos60^\circ + j\sin60^\circ) = 2.5 + j2.5\sqrt{3}$
- $I_3 = 1$

  $E = R_3 I_3 = 10 \times 1 = 10$

  $I = I_1 + I_2 + I_3 = 4.5 + j2.6$

  $\therefore\ P_a = \overline{E} \cdot I = 10(4.5 + j2.6) = 45 + j26$

  $P = 45,\ P_r = 26$

14 내부 저항 r [Ω]인 전원이 있다. 부하 R에 최대 전력을 공급하기 위한 조건은?

① $r = 2R$　② $R = r$　③ $R = 2\sqrt{r}$　④ $R = r^2$

해설 Chapter − 03 − 04

$R = r$

15 전원의 내부임피던스가 순저항 R과 리액턴스 X로 구성되고 외부에 부하저항 R_L을 연결하여 최대 전력을 전달하려면 R_L의 값은?

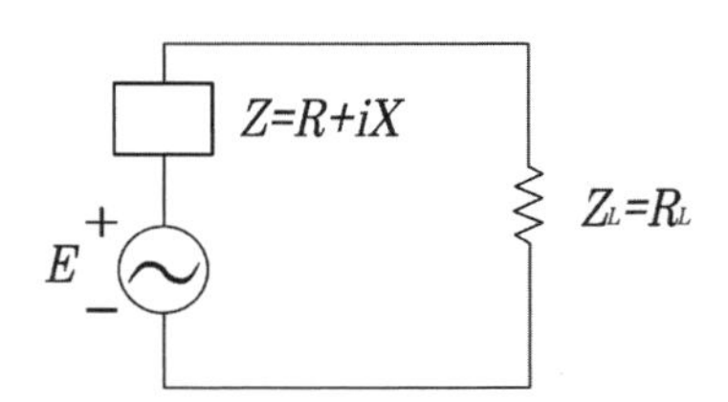

① $R_L = R + X$
② $R_L = \sqrt{R^2 - X^2}$
③ $R_L = R$
④ $R_L = \sqrt{R^2 + X^2}$

해설

Z_L (부하측 $Z = \overline{Z_g}$ (입력측 Z))일 때 최대 전력을 전달한다.

그러나, 부하측이 실수부만 존재한다면 입력측 Z와 크기가 같으면 최대 전력이 공급된다.

$Z_L = R_L = \sqrt{R^2 + X^2}$

정답 13 ④ 14 ② 15 ④

16

그림과 같이 전압 E와 저항 R로 된 회로의 단자 a, b 사이에 적당한 저항 R_L을 접속하여 R_L에서 소비되는 전력을 최대로 하게 했다. 이때 R_L에서 소비되는 전력은?

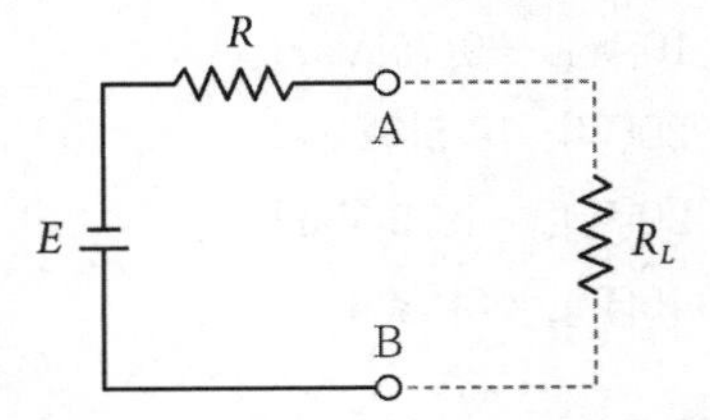

① 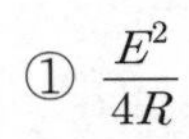 $\frac{E^2}{4R}$　② $\frac{E^2}{2R}$

③ $\frac{E^2}{3R_L}$　④ $\frac{E}{R_L}$

해설 Chapter – 03 – **04**

$$P = I^2 \cdot R_L = \left(\frac{E}{R+R_L}\right)^2 \cdot R_L$$

$(\because R_L = R)$

$$P_{\max} = \left(\frac{E}{R+R}\right)^2 \times R = \frac{E^2}{4R}$$

17

최댓값 V_0, 내부 임피던스 $Z_0 = R_0 + jX_0$ $(R_0 > 0)$인 전원에서 공급할 수 있는 최대 전력은?

① $\frac{V_0^2}{8R_0}$　② $\frac{V_0^2}{4R_0}$　③ $\frac{V_0^2}{2R_0}$　④ $\frac{V_0^2}{2\sqrt{2R_0}}$

해설

$$P_{\max} = \frac{V^2}{4R_0} = \frac{\left(\frac{V_0}{\sqrt{2}}\right)^2}{4R_0} = \frac{V_0^2}{8R_0}$$

18

부하 저항 R_L이 전원의 내부 저항 R_0의 3배가 되면 부하 저항 R_L에서 소비되는 전력 P_L은 최대 전송 전력 P_m의 몇 배인가?

① 0.89　② 0.75　③ 0.5　④ 0.3

19

그림과 같은 교류 회로에서 저항 R을 변화시킬 때 저항에서 소비되는 최대 전력[W]은?

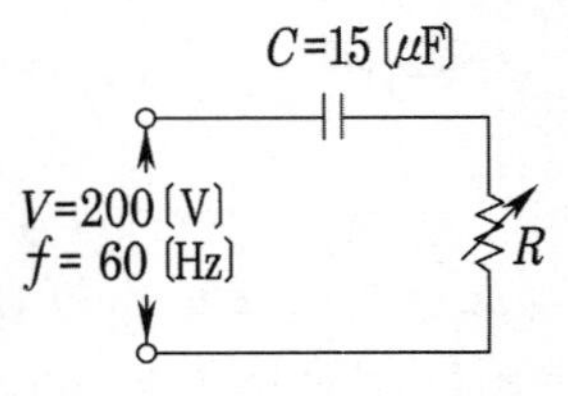

① 95　② 113

③ 134　④ 154

해설

$$P_{\max} = \frac{V^2}{2X_c} = \frac{1}{2}WCV^2$$

$$= \frac{1}{2} = 2\pi \times 60 \times 15 \times 10^{-6} \times 200^2 = 113[\text{W}]$$

정답 16 ①　17 ①　18 ②　19 ②

20 그림과 같이 전류계 A_1, A_2, A_3, 25[Ω]의 저항 R를 접속하였더니, 전류계의 지시는 $A_1 = 10$[A], $A_2 = 4$[A], $A_3 = 7$[A]이다. 부하의 전력[W]과 역률을 구하면?

① P=437.5, $\cos\theta = 0.625$

② P=437.5, $\cos\theta = 0.547$

③ P=487.5, $\cos\theta = 0.647$

④ P=507.5, $\cos\theta = 0.747$

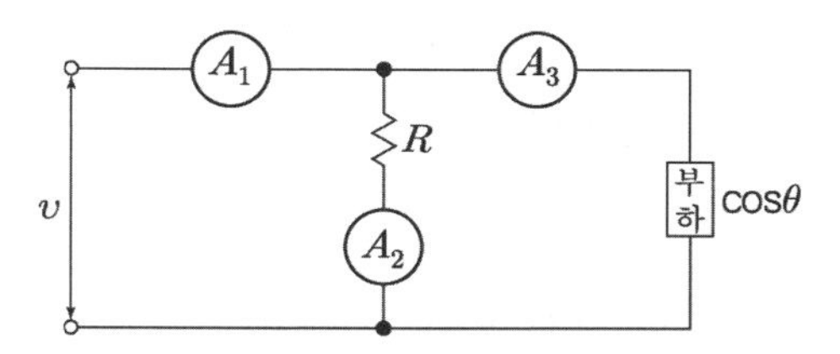

해설

$$P = VI\cos\theta$$

$$= R \cdot I_2 \cdot I_3 \times \frac{I_1^2 - I_2^2 - I_3^2}{2I_2 I_3}$$

$$= \frac{R}{2} = (I_1^2 - I_2^2 - I_3^2)$$

$$= \frac{25}{2} = (10^2 - 4^2 - 7^2) = 437.5[\text{W}]$$

$$= \cos\theta = \frac{I_1^2 - I_2^2 - I_3^2}{2I_2 I_3} = \frac{10^2 - 4^2 - 7^2}{2 \times 4 \times 7} = 0.625$$

21 그림과 같은 회로에서 전압계 3개로 단상 전력을 측정하고자 할 때의 유효전력은?

① $\frac{1}{2R}(V_3^2 - V_1^2 - V_2^2)$

② $\frac{1}{2R}(V_3^2 - V_1^2)$

③ $\frac{R}{2}(V_3^2 - V_1^2 - V_2^2)$

④ $\frac{R}{2}(V_2^2 - V_1^2 - V_3^2)$

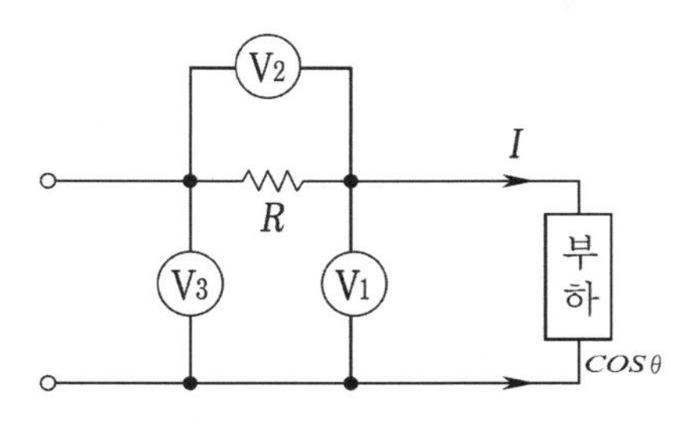

해설

$$P = VI\cos\theta$$

$$= V_1 \cdot \frac{V_2}{R} \times \frac{V_3^2 - V_2^2 - V_1^2}{2V_1V_2}$$

$$= \frac{1}{2R}(V_3^2 - V_2^2 - V_1^2)$$

$$(\because I = \frac{V_2}{R},\ V_3 = \sqrt{V_1^2 + V_2^2 + 2V_1V_2\cos\theta},\ \cos\theta = \frac{V_3^2 - V_2^2 - V_1^2}{2V_1V_2})$$

정답 20 ① 21 ①

요점정리

(1) 단상교류의 전력

$$P = VI\cos\theta$$

$$= I^2 R \text{ (직렬)} = \frac{V^2}{R} \text{ (병렬)}$$

$$= P_a \cdot \cos\theta \text{[W]}$$

$$P_r = V \cdot I\sin\theta$$

$$= I^2 \cdot X \text{ (직렬)}$$

$$= \frac{V^2}{X} \text{ (병렬)}$$

$$= P_a \cdot \sin\theta \text{ [Var]}$$

(2) 복소 전력

$$V = V_1 + jV_2$$

$$I = I_1 + jI_2$$

$$P_a = \overline{V}I = (V_1 - jV_2)(I_1 + jI_2)$$

$$= (V_1 I_1 + V_2 I_2) + j(V_1 I_2 - V_2 I_1)$$

$$= P + jP_r$$

(3) 역률과 무효율

$$\cos\theta = \frac{P}{P_a} = \frac{P}{VI} = \frac{P}{\sqrt{P^2 + P_r^2}}$$

$$= \frac{R}{|Z|} = \frac{G}{|Y|}$$

$$\sin\theta = \frac{P_r}{P_a} = \frac{P_r}{VI} = \frac{P_r}{\sqrt{P^2 + P_r^2}}$$

(4) 최대전력 공급조건

1) $Z_g = R_g$, $Z_L = R_L$,

$R_L = R_g$

2) $Z_g = R_g + jX_g$

$Z_L = \overline{Z_g} = R_g - jX_g$

3) $P_{\max} = \frac{V^2}{4R}$ [W]

※ 입력측이 L 또는 C 인 회로

$$P_{\max} = \frac{V^2}{2X_L} = \frac{V^2}{2X_C}$$

chapter

04

상호유도회로 및 브리지 회로

상호유도회로 및 브리지 회로

✦ 기초정리

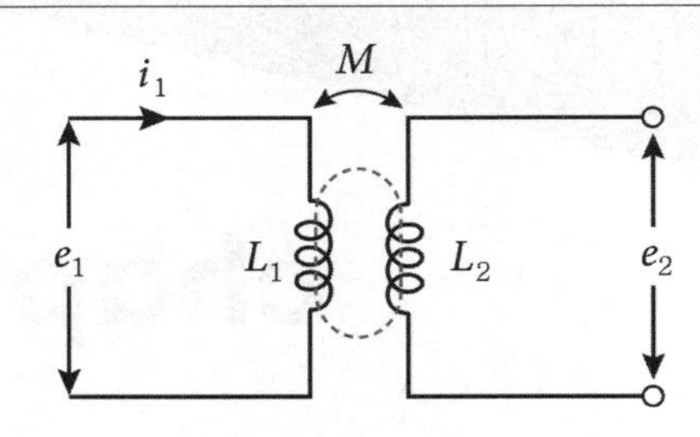

$$e_1 = -L_1\frac{di}{dt}$$

$$e_2 = -M\frac{di}{dt}$$

$M = k\sqrt{L_1 L_2}$: 2차측에서는 L 대신 M이 사용된다.

L_1 , L_2 = 자기 Inductance
M = 상호 Inductance
k = 결합계수
: 1차측에 쇄교된 자속이 2차측에 얼마만큼 수용되었다.

(1) 인덕턴스의 직렬연결

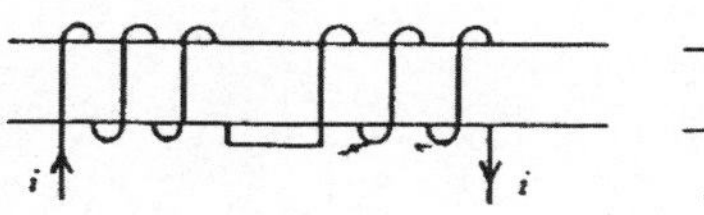

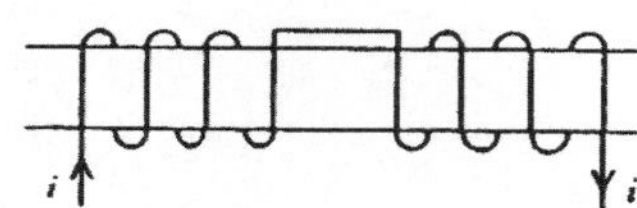

(가동 결합)

(차동 결합)

$$L = L_1 + L_2 \pm 2M$$
$$= L_1 + L_2 \pm 2k\sqrt{L_1 \cdot L_2}$$
$$(\because M = k\sqrt{L_1 \cdot L_2})$$

⊕ 가동결합 • 이 같은 방향
⊖ 차동결합 • 이 다른 방향

(2) 인덕턴스의 병렬연결

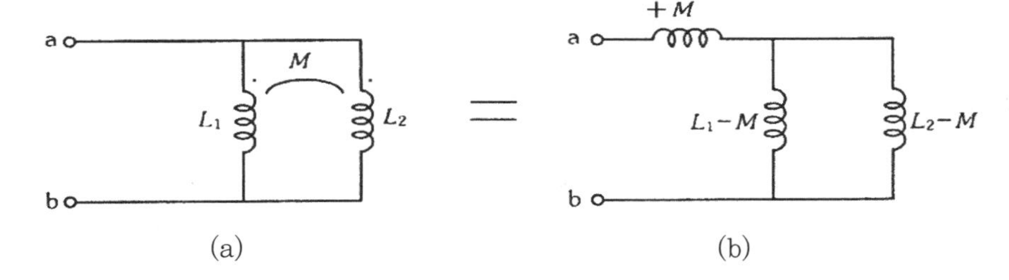

(a) (b)

합성 인덕턴스

$$L_0 = M + \frac{(L_1 - M)\cdot(L_1 - M)}{(L_1 - M) + (L_1 - M)}$$
$$= M + \frac{L_1L_2 - M(L_1 + L_2) + M^2}{L_1 + L_2 - 2M}$$
$$= \frac{M(L_1 + L_2) - 2M^2 + L_1L_2 - M(L_1 + L_2)}{L_1 + L_2 - 2M}$$
$$= \frac{L_1L_2 - M^2}{L_1 + L_2 \mp 2M}$$

(3) 권수비

$$n = \frac{n_1}{n_2} = \frac{V_1}{V_2} = \frac{I_2}{I_1}$$
$$= \frac{L_1}{M} = \frac{M}{L_2} = \sqrt{\frac{L_1}{L_2}}$$
$$= \sqrt{\frac{Z_1}{Z_2}} = \sqrt{\frac{R_1}{R_2}}$$

(4) 브리지 회로의 평형 조건

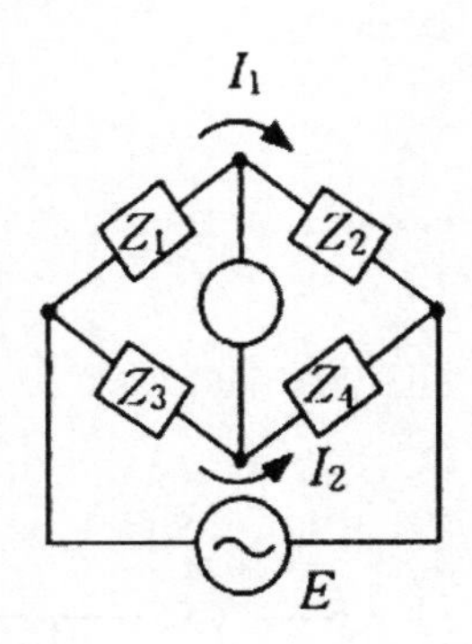

- 평형 조건

$$V_a = \frac{Z_1}{Z_1 + Z_4}\ V, \qquad V_b = \frac{Z_2}{Z_2 + Z_3}\ V$$

평행 상태의 의미

$\because V_a = V_b$ 면 전위차는 없다.

$$\frac{Z_1}{Z_1 + Z_4}\ V = \frac{Z_2}{Z_2 + Z_3}\ V$$

$$Z_1Z_2 + Z_1Z_3 = Z_1Z_2 + Z_2Z_4$$

$$\therefore\ Z_1Z_4 = Z_2Z_3$$

CHAPTER 04 출제예상문제

01 인덕턴스 L_1, L_2가 각각 3[mH], 6[mH]인 두 코일 간의 상호 인덕턴스 M이 4[mH]라고 하면 결합 계수 k는?

① 약 0.94　　② 약 0.44　　③ 약 0.89　　④ 약 1.12

해설

$$k = \frac{M}{\sqrt{L_1 L_2}} = \frac{4}{\sqrt{3 \times 6}} = 0.94$$

02 그림과 같은 회로에서 $i_1 = I_m \cos\omega t$[A]일 때 개방된 2차 단자에 나타나는 유기 기전력 e_2는 얼마인가?

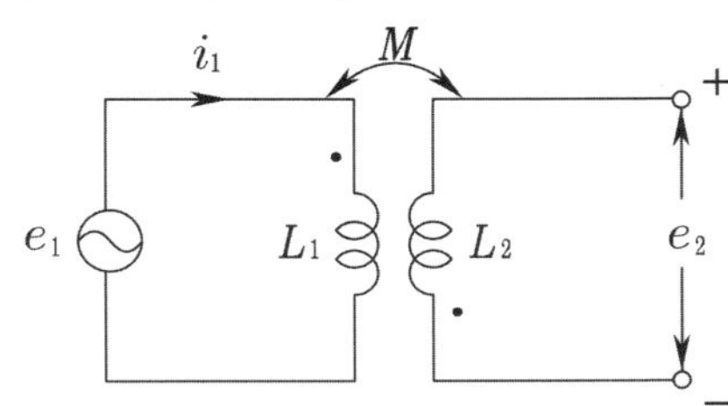

① $\omega M I_m \cos\omega t$

② $\omega M I_m \sin(\omega t - 90^\circ)$

③ $\omega M I_m \sin(\omega t + 90^\circ)$

④ $\omega M I_m \sin\omega t$

해설

$$e_2 = -M\frac{di}{dt}$$
$$= -M\frac{d}{dt}(I_m \cos\omega t)$$
$$= \omega M I_m \sin\omega t$$

03 그림과 같은 회로에서 $i_1 = I_m \sin\omega t$[A]일 때, 개방된 2차 단자에 나타나는 유기기전력 e_2는 얼마인가?

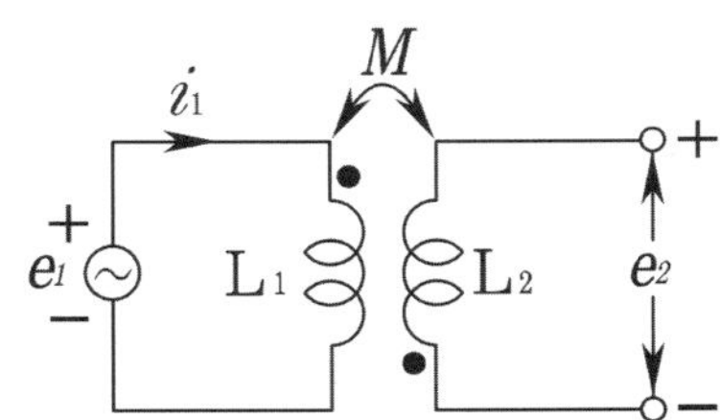

① $\omega M \sin\omega t$ [V]

② $\omega M \cos\omega t$ [V]

③ $\omega M I_m \sin(\omega t - 90°)$ [V]

④ $\omega M I_m \sin(\omega t + 90°)$ [V]

해설

$$e_2 = -M\frac{di}{dt} = -M\frac{d}{dt}(I_m \sin\omega t) = -\omega M I_m \cdot \cos\omega t$$
$$= -\omega M I_m \sin(\omega t + 90^\circ) = \omega M I_m \sin(\omega t - 90^\circ)$$

정답 01 ① 02 ④ 03 ③

04 그림과 같은 인덕터 전체의 자기 인덕턴스 L [H]은?

① 1
② 3
③ 7
④ 13

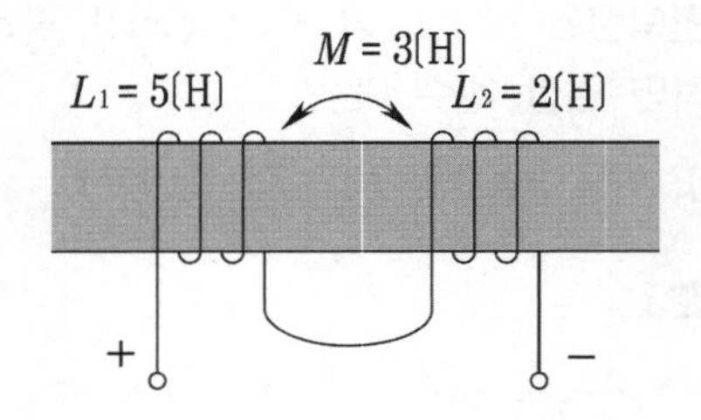

해설 Chapter − 04 − 01

직렬 가동 결합이므로

$L_0 = L_1 + L_2 + 2M$

$= 5 + 2 + 2 \times 3 = 13$[H]

05 다음 회로의 A, B 간의 합성 임피던스 Z_0 를 구하면?

① $R_1 + R_2 - j\omega M$
② $R_1 + R_2 - 2j\omega M$
③ $R_1 + R_2 + j\omega(L_1 + L_2 - 2M)$
④ $R_1 + R_2 + j\omega(L_1 + L_2 + 2M)$

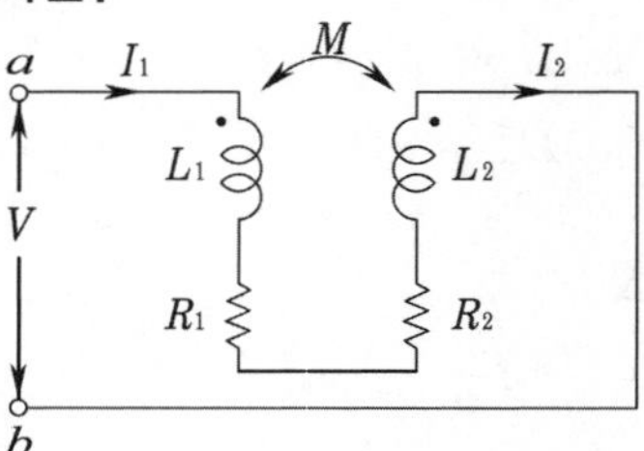

해설 Chapter − 04 − 01

06 10[mH]의 두 자기인덕턴스가 있다. 결합계수를 0.1로부터 0.9까지 변화시킬 수 있다면 이것을 접속시켜 얻을 수 있는 합성 인덕턴스의 최댓값과 최솟값의 비는 얼마인가?

① 9 : 1
② 13 : 1
③ 16 : 1
④ 19 : 1

해설

C$L_0 = L_1 + L_2 \pm 2k\sqrt{L_1 \cdot L_2}$

최대 조건(가동 결합) $L_0 = L_1 + L_2 + 2k\sqrt{L_1 L_2} = 10 + 10 + 2 \times 0.9\sqrt{10 \times 10} = 38$

최소 조건(차동 결합) $L_0 = L_1 + L_2 = 2k\sqrt{L_1 L_2} = 10 + 10 - 2 \times 0.9\sqrt{10 \times 10} = 2$

(Tip : 최고 큰 값과 최소 작은 값을 나타내는 비율이 답)

정답 04 ④ 05 ③ 06 ④

07 그림과 같은 회로에서 합성 인덕턴스는?

① $\dfrac{L_1 L_2 + M^2}{L_1 + L_2 - 2M}$ ② $\dfrac{L_1 L_2 - M^2}{L_1 + L_2 - 2M}$

③ $\dfrac{L_1 L_2 + M^2}{L_1 + L_2 + 2M}$ ④ $\dfrac{L_1 L_2 - M^2}{L_1 + L_2 + 2M}$

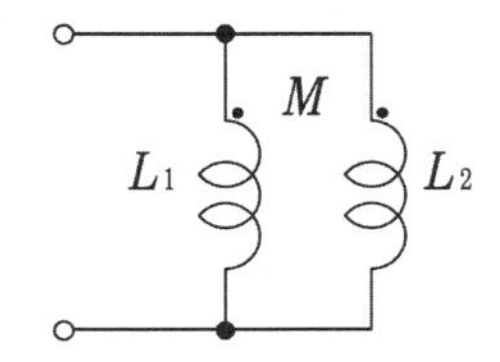

해설 Chapter – 04 – 02

병렬 가극성

$$M + \frac{(L_1 - M)(L_2 - M)}{(L_1 - M) + (L_2 - M)} = \frac{L_1 L_2 - M^2}{L_1 + L_2 - 2M}$$

08 25[mH]와 100[mH]의 두 인덕턴스가 병렬로 연결되어 있다. 합성 인덕턴스의 값[mH]은 얼마인가? (단, 상호 인덕턴스는 없는 것으로 한다.)

① 125 ② 20 ③ 50 ④ 75

해설 Chapter – 04 – 02

$$L_0 = \frac{L_1 L_2}{L_1 + L_2}(M = 0)$$

$$= \frac{25 \times 100}{25 + 100} = 20$$

09 그림과 같은 이상 변압기에 대하여 성립되지 않는 식은? (단, n_1 , n_2는 1차 및 2차 코일의 권수이다.)

① $v_1 i_1 = v_2 i_2$ ② $\dfrac{v_2}{v_1} = \dfrac{n_2}{n_1} = \dfrac{1}{n}$

③ $\dfrac{i_2}{i_1} = \dfrac{n_1}{n_2} = n$ ④ $n = \sqrt{\dfrac{L_2}{L_1}}$

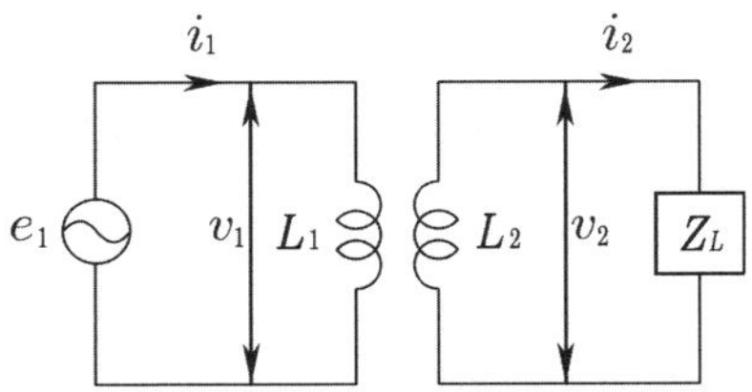

해설 Chapter – 04 – 04

$$n = \frac{n_1}{n_2} = \frac{L_1}{M} = \frac{M}{L_2} = \sqrt{\frac{R_1}{R_2}} = \sqrt{\frac{L_1}{L_2}} = \sqrt{\frac{Z_1}{Z_2}}$$

정답 07 ② 08 ② 09 ④

10 그림과 같은 회로(브리지 회로)에서 상호 인덕턴스 M을 조정하여 수화기 T에 흐르는 전류를 0으로 할 때 주파수는?

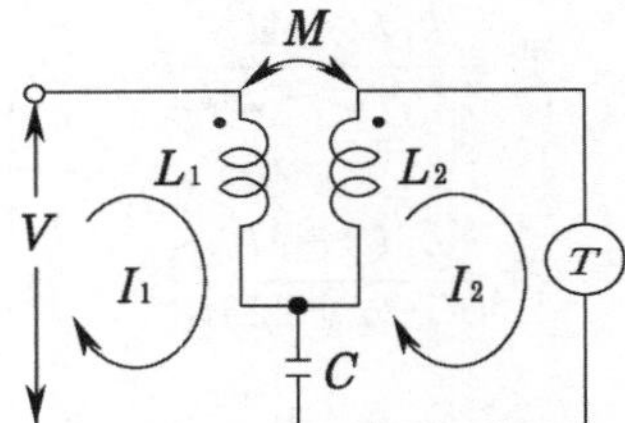

① $\frac{1}{2\pi MC}$ ② $\sqrt{\frac{1}{2\pi MC}}$

③ $2\pi MC$ ④ $\frac{1}{2\pi}\sqrt{\frac{1}{MC}}$

해설

$\omega M = \frac{1}{\omega C}$

$\omega^2 = \frac{1}{MC}$

$\omega = \frac{1}{\sqrt{MC}}$

$f = \frac{1}{2\pi\sqrt{MC}}$

11 그림과 같은 캠벨 브리지(Campbell bridge) 회로에서 I_2가 0이 되기 위한 C의 값은?

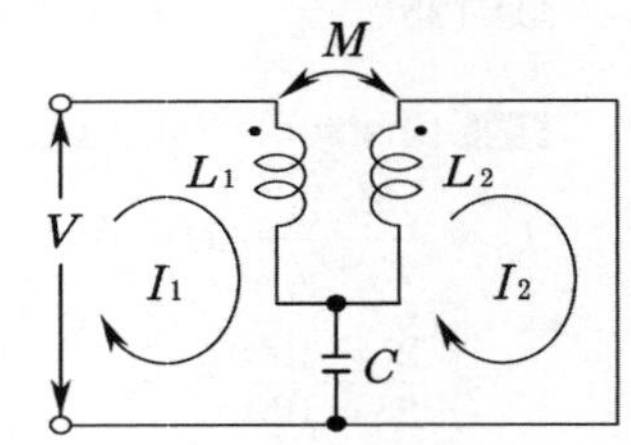

① $\frac{1}{\omega L}$ ② $\frac{1}{\omega^2 L}$

③ $\frac{1}{\omega M}$ ④ $\frac{1}{\omega^2 M}$

해설

공진조건

$\omega M = \frac{1}{\omega C}$

$C = \frac{1}{\omega^2 M}$

12 그림과 같은 회로에서 접점 a와 접점 b의 전압이 같을 조건은?

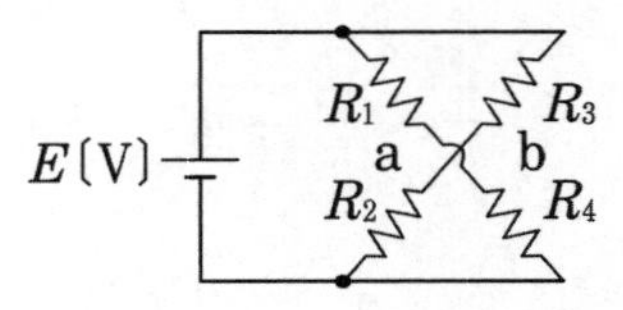

① $R_1 R_2 = R_3 R_4$ ② $R_1 + R_3 = R_2 R_4$

③ $R_1 R_3 = R_2 R_4$ ④ $R_1 R_2 = R_3 + R_4$

해설

등가회로를 그리면

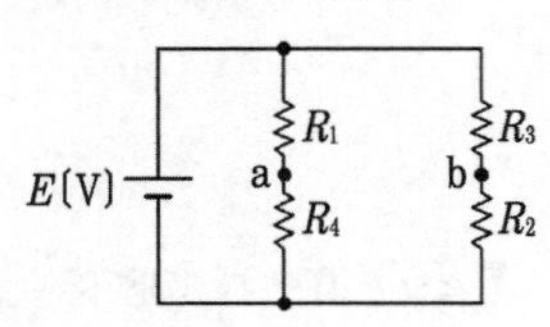

접점 a와 접점 b의 전압이 같으려면 브리지 평형상태이므로

$R_1 R_2 = R_3 R_4$

정답 10 ④ 11 ④ 12 ①

chapter

05

벡터 궤적

05 CHAPTER 벡터 궤적

(1) $Z = R + jX_L$

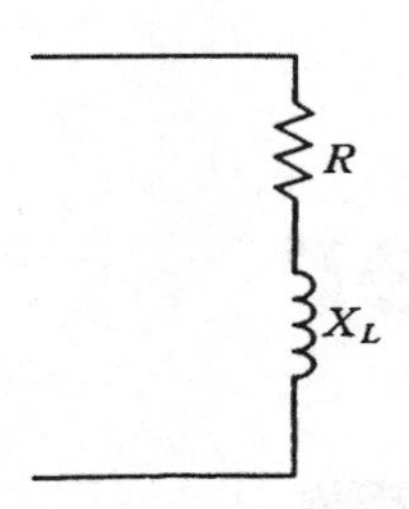

① $Z = R + jX_L$

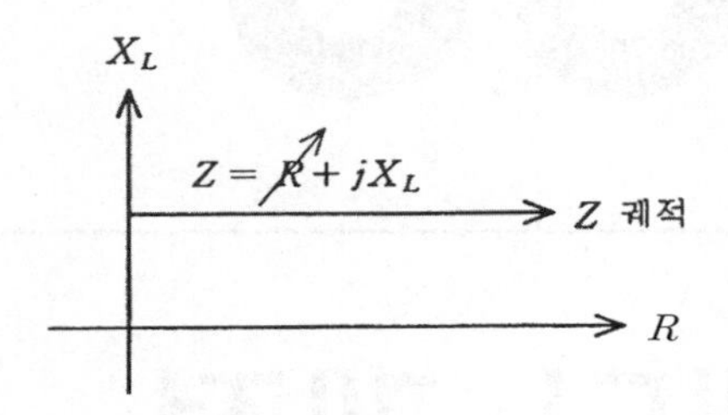

② $Z = R + jX_L$

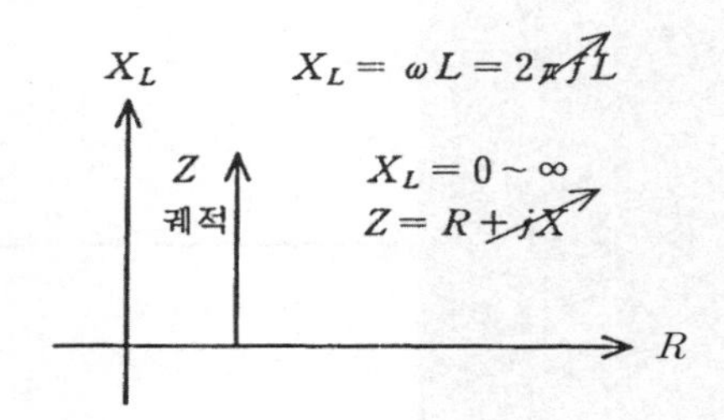

(2) $Z = R - jX_C$

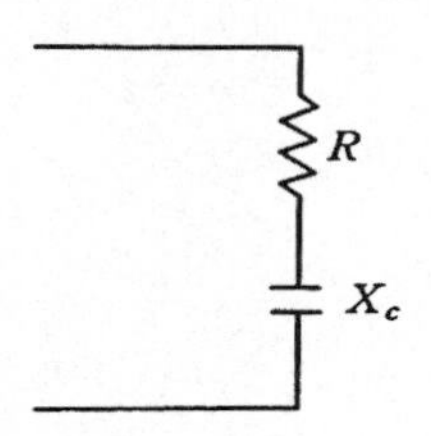

① $Z = R - jX_L$

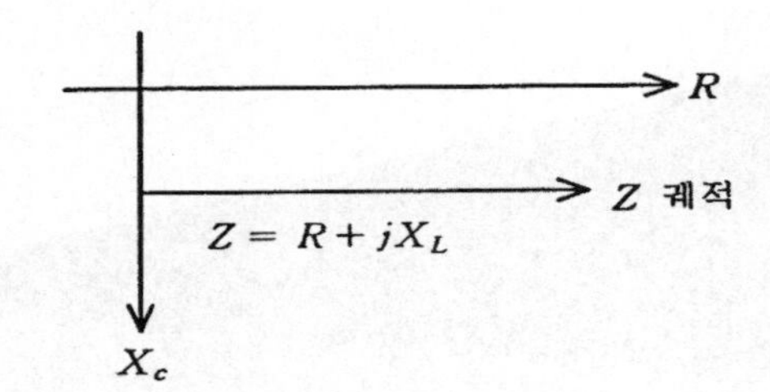

② $Z = R - jX_L$

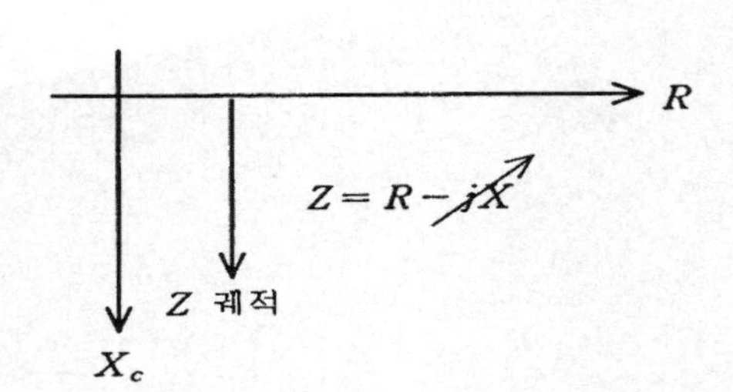

(3) $Z = R + j(X_L - X_C)$

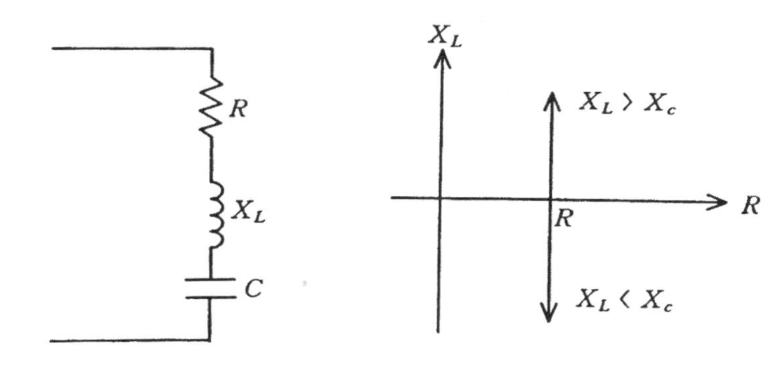

$$Y = \frac{1}{Z} = \frac{1}{R + jX} = \frac{1}{\sqrt{R^2 + X^2} \angle \theta}$$

$$Y = \frac{1}{\sqrt{R^2 + X^2}} \angle -\theta$$

$X = 0 \quad : \quad |Y| = \frac{1}{R} \qquad \theta = 0$

$X = 0 \quad : \quad |Y| = \frac{1}{\sqrt{2}R} \qquad \theta = 0$

$X = 0 \quad : \quad |Y| = 0 \qquad \theta = 0$

Z 역궤적 = $Y = \frac{1}{Z}$

Y 역궤적 = $Z = \frac{1}{Y}$

◎ $V = Z \cdot I$ ▷ Z 궤적은 V 궤적과 같다.

◎ $I = \frac{1}{Z} \cdot V = Y \cdot V$ ▷ Y 궤적은 I 의 궤적

※ Z 궤적(직렬) ⇒ V 궤적
Y 궤적(병렬) ⇒ I 궤적

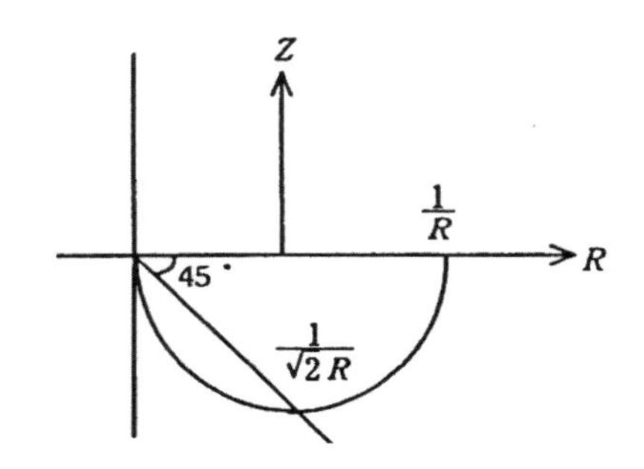

▸ 직선의 역궤적은 동그라미(원)

> $R-L$, $R-C$ 회로의 임피던스 및 어드미턴스 궤적도 <

회로의 종류	임피던스 궤적	어드미턴스 궤적
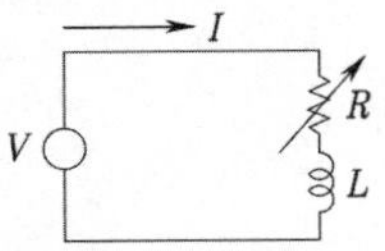 I, V, R, L	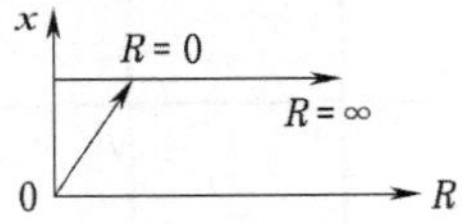 x, $R=0$, $R=\infty$, 0, R	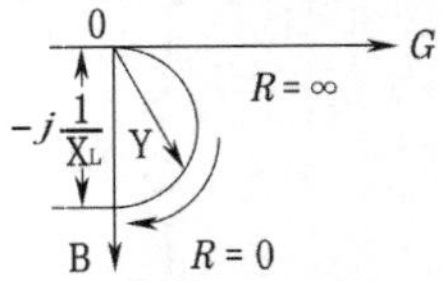 0, G, $R=\infty$, $-j\frac{1}{X_L}$, Y, B, $R=0$
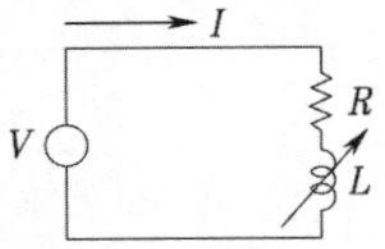 I, V, R, L	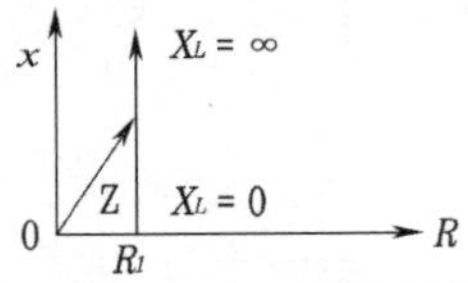 x, $X_L=\infty$, Z, $X_L=0$, 0, R_1, R	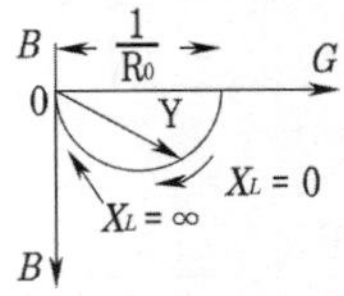 B, $\frac{1}{R_0}$, G, 0, Y, $X_L=0$, $X_L=\infty$, B
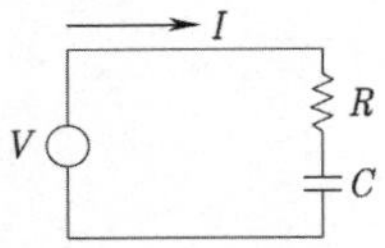 I, V, R, C	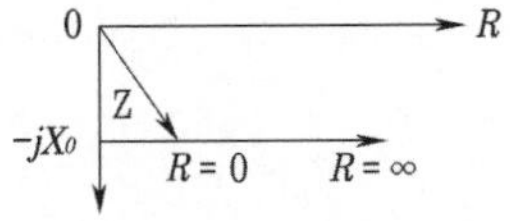 0, R, Z, $-jX_0$, $R=0$, $R=\infty$	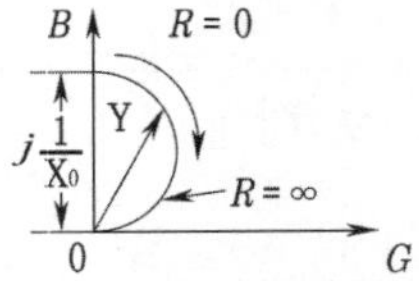 B, $R=0$, Y, $j\frac{1}{X_0}$, $R=\infty$, 0, G
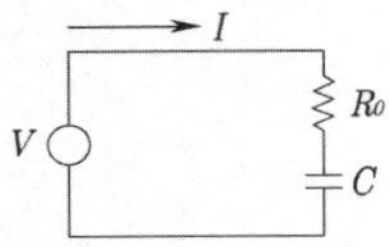 I, V, R_0, C	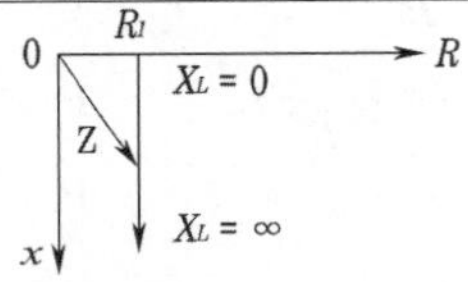 0, R_1, R, $X_L=0$, Z, x, $X_L=\infty$	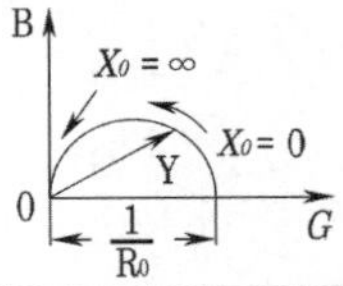 B, $X_0=\infty$, $X_0=0$, Y, 0, $\frac{1}{R_0}$, G
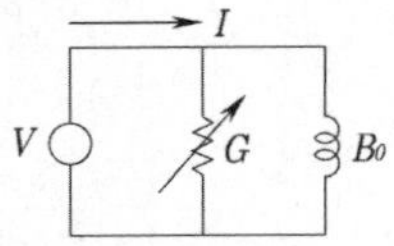 I, V, G, B_0	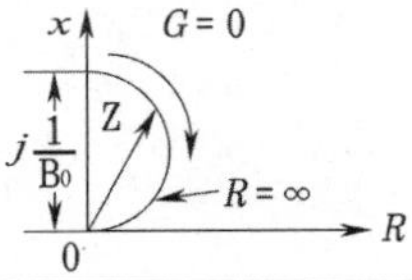 x, $G=0$, Z, $j\frac{1}{B_0}$, $R=\infty$, R, 0	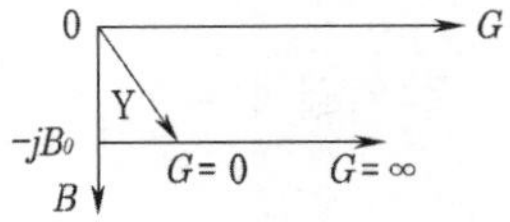 0, G, Y, $-jB_0$, $G=0$, $G=\infty$, B
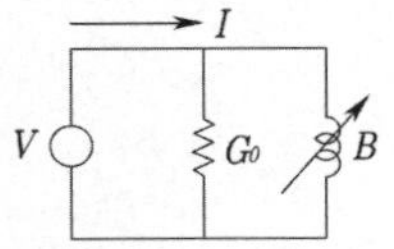 I, V, G_0, B	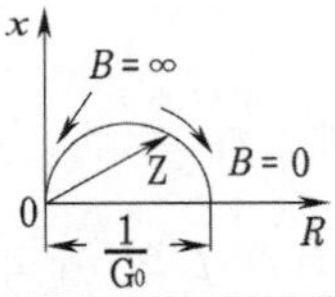 x, $B=\infty$, Z, $B=0$, 0, $\frac{1}{G_0}$, R	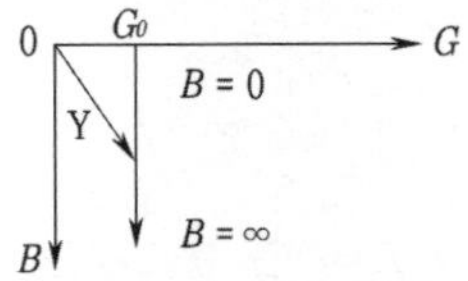 0, G_0, G, $B=0$, Y, B, $B=\infty$
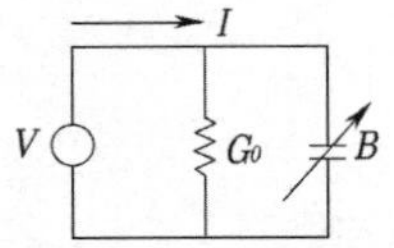 I, V, G_0, B	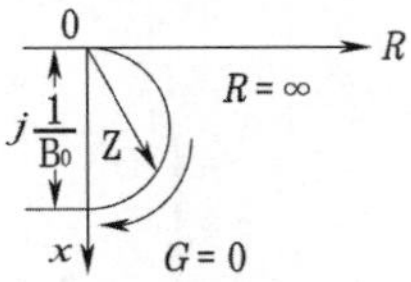 0, R, $R=\infty$, $j\frac{1}{B_0}$, Z, x, $G=0$	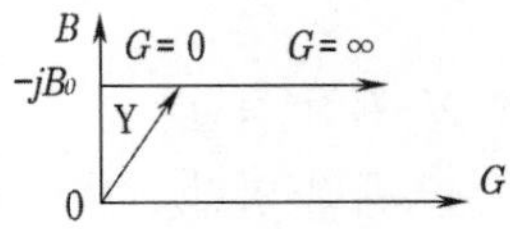 B, $G=0$, $G=\infty$, $-jB_0$, Y, 0, G
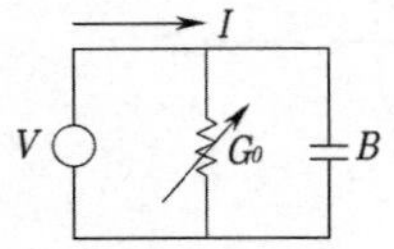 I, V, G_0, B	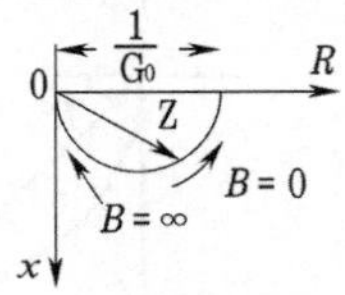 $\frac{1}{G_0}$, 0, R, Z, $B=\infty$, $B=0$, x	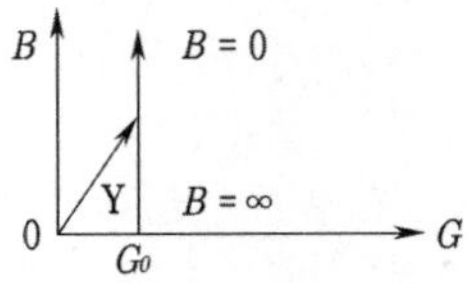 B, $B=0$, Y, $B=\infty$, 0, G_0, G

05 CHAPTER

출제예상문제

01 **그림의 역궤적은?**

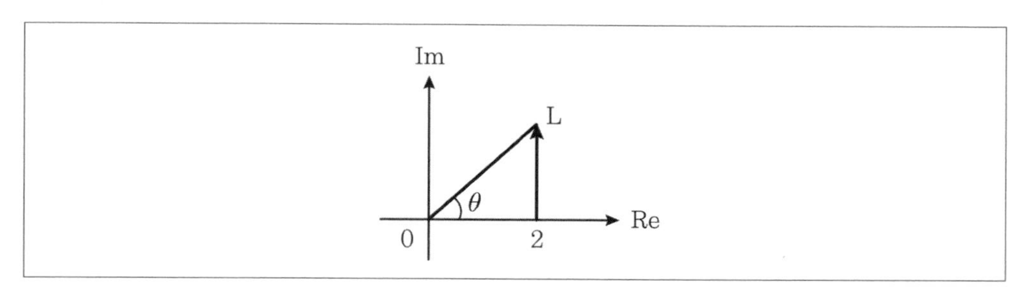

①
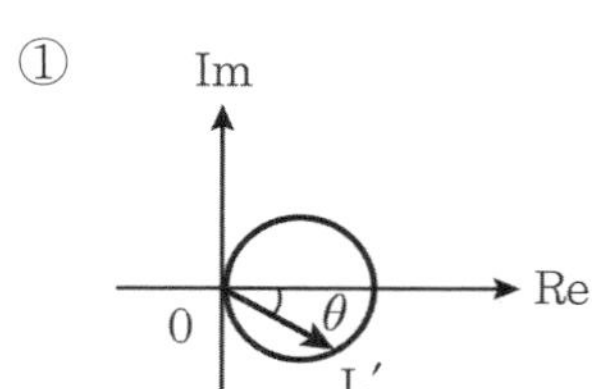

②
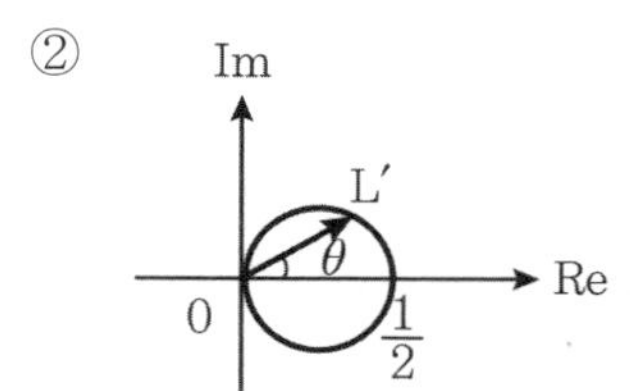

③
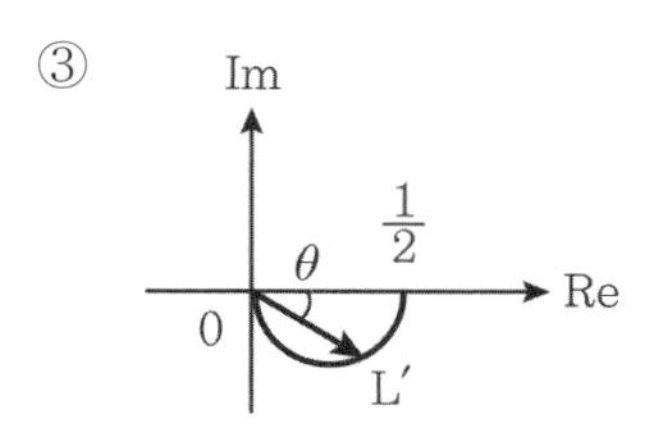

④
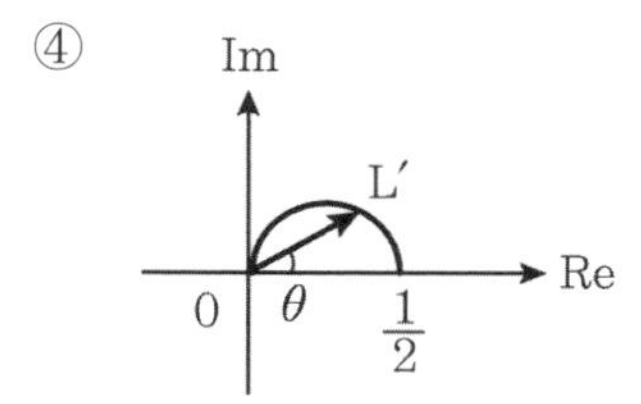

해설

그림의 역궤적은 지름을 $\frac{1}{2}$로 하는 4상한 내의 반원이다.

02 **RLC 직렬회로에서 각주파수 ω를 변화시켰을 때 어드미턴스 Y의 궤적은?**

① 원점을 지나는 반원
② 원점을 지나는 원
③ 원점을 지나지 않는 직선
④ 원점을 지나지 않는 원

해설

$$Z = R + j(\omega L - \frac{1}{\omega C}) = R + jX$$

$$Y = \frac{1}{Z} = \frac{1}{R+jX} = \frac{R}{R^2+X^2} - j\frac{X}{R^2+X^2} = P + jQ$$

정답 01 ③ 02 ②

$$P^2+Q^2=\frac{R^2}{(R^2+X^2)^2}+\frac{X^2}{(R^2+X^2)^2}=\frac{R^2+X^2}{(R^2+X^2)^2}=\frac{1}{R^2+X^2}=\frac{P}{R}$$

$$\therefore (P-\frac{1}{2R})^2+Q^2=(\frac{1}{2R})^2$$

중심은 $(\frac{1}{2R},\ 0)$ 반지름 $\frac{1}{2R}$인 원의 방정식

03 R-L 직렬회로에서 주파수가 변화할 때 어드미턴스 궤적은?

①

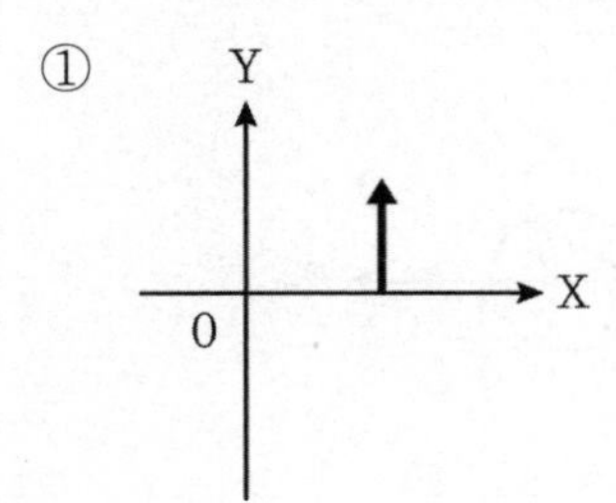

②

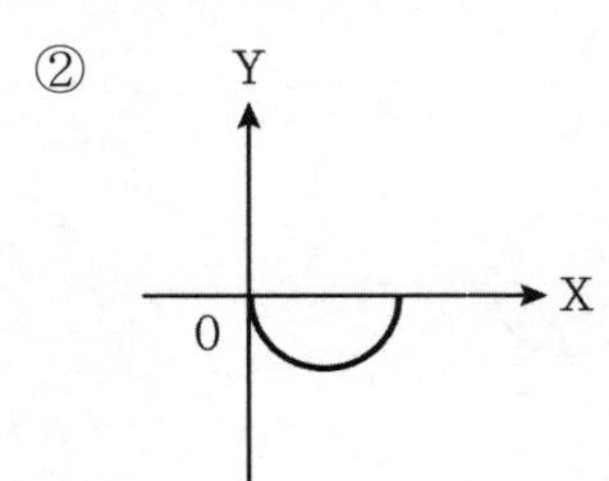

③

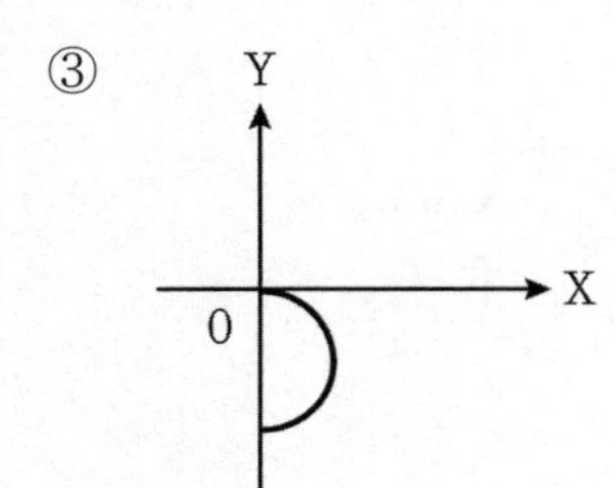

④

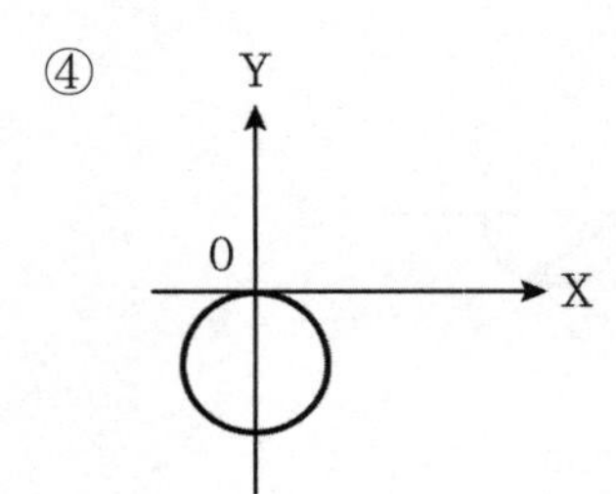

해설

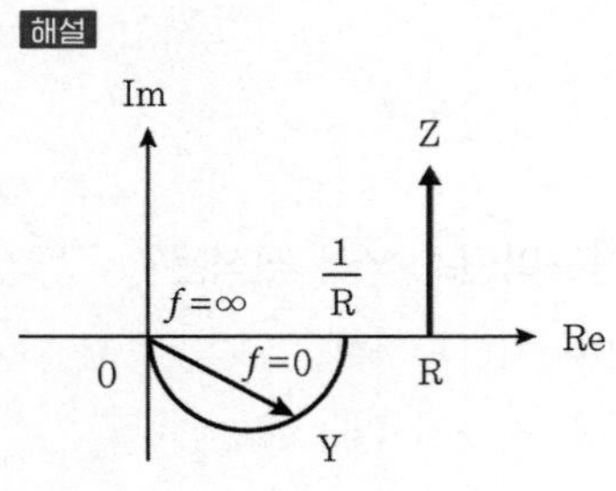

$$Y=\frac{1}{Z}=\frac{1}{R+j\omega L}$$

그림과 같이 Z의 궤적은 R이 상수이고 $j\omega L$이 변수이므로 1상한 내의 반직선이 되고, 그 역도형인 Y궤적은 지름을 $\frac{1}{R}$로 4상한 내의 반원이 된다.

정답 03 ②

04 그림과 같은 R–C 직렬회로에서 R을 고정시키고 X_c를 0에서 ∞까지 변화시킬 때의 어드미턴스 궤적은? (단, R>0이다.)

① 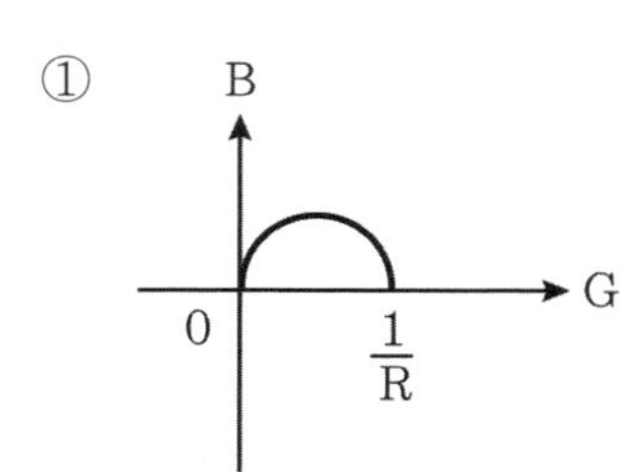

② 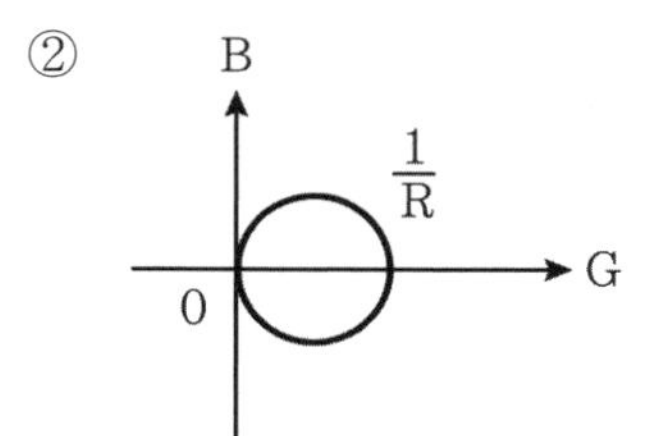

③ 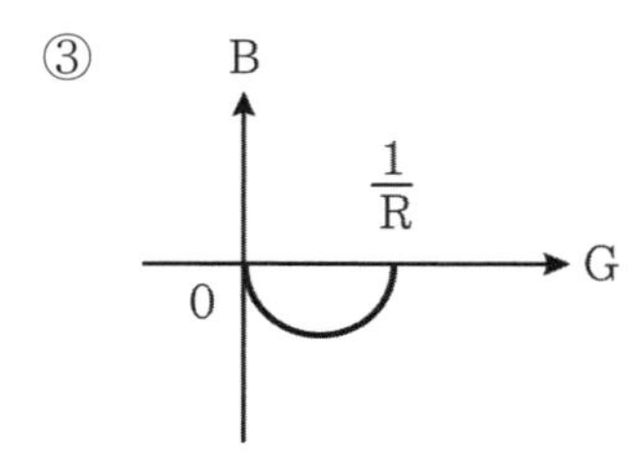

④ 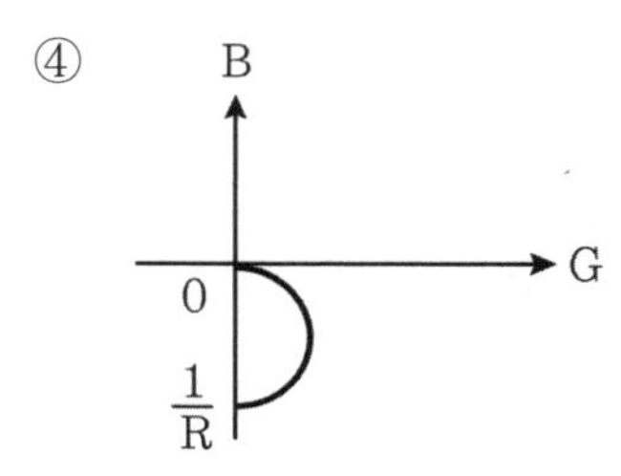

해설

$$Y = \frac{1}{Z} = \frac{1}{R - j\frac{1}{\omega C}} = \frac{1}{R - jX_c}$$

Z의 궤적은 R이 상수이고 $-jX_c$가 변수이므로 4상한 내의 반직선이 되고, 그 역도형인 Y궤적은 지름을 $\frac{1}{R}$로 하는 1상한 반원이 된다.

정답 04 ①

05 그림과 같은 R과 C의 병렬회로에서 C가 변화할 때의 임피던스 Z의 벡터 궤적은 어떻게 되는가?

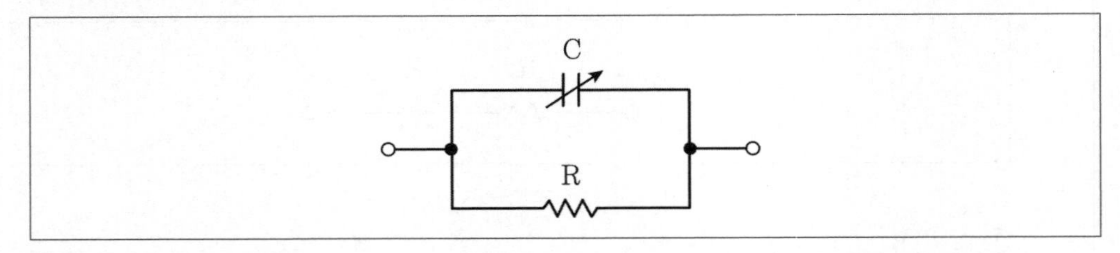

① 원점을 통하는 반원
② 원점을 통하지 않는 반원
③ 원점을 지나는 직선
④ 원점을 통과하지 않는 직선

해설

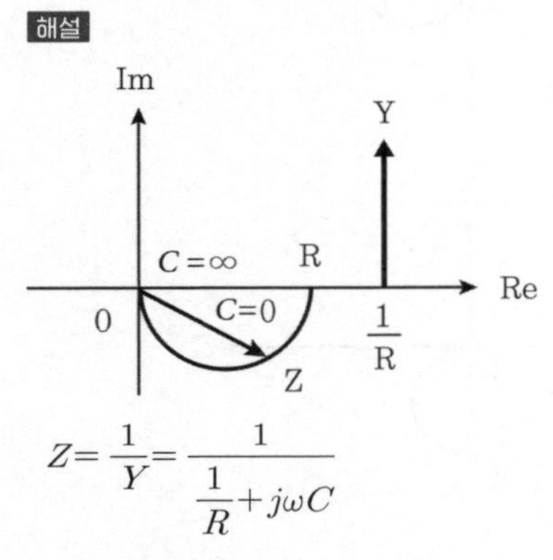

$$Z=\frac{1}{Y}=\frac{1}{\frac{1}{R}+j\omega C}$$

그림과 같이 Y의 궤적은 $\frac{1}{R}$의 상수이고 $j\omega C$가 변수이므로 1상한 내의 반직선이 되고, 그 역도형인 Z궤적은 R을 지름으로 하는 4상한 내의 반원이 된다.

06 저항 R과 인덕턴스 L의 직렬회로에서 전원 주파수 f가 변할 때 전류 궤적은?

① 원점을 지나는 반원
② 1상한 내의 직선
③ 원점을 지나는 원
④ 1상한과 4상한을 지나는 직선

해설

전류 궤적은 어드미턴스 궤적과 같다.

정답 05 ① 06 ①

chapter

06

일반선형 회로망

일반선형 회로망

✦ 기초정리

(1) 회로망 기하학

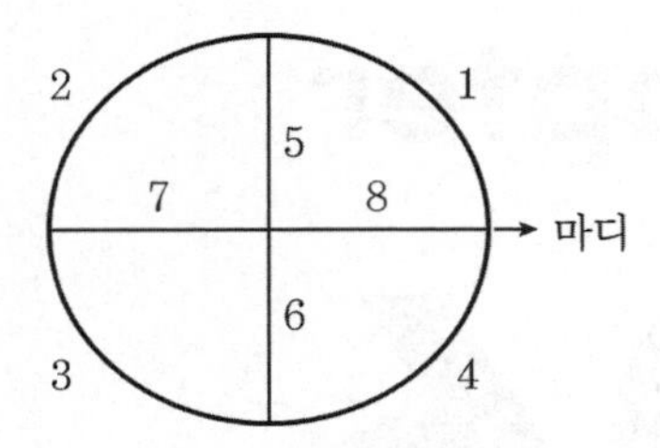

① 나무 : 모든 마디를 연결하면서 폐루프를 이루지 않는 가지의 집합

(1, 5, 6, 3)　　　　　　(5, 6, 7, 8)

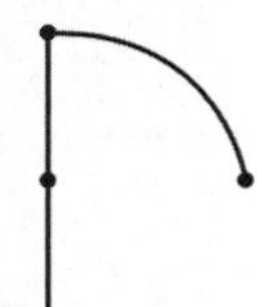

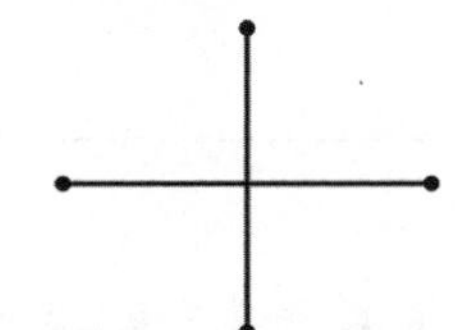

② 컷셋 : 회로를 두 부분으로 나누는 가지의 최소 집합(마디 1개 이상 집합)

(1, 2, 5)

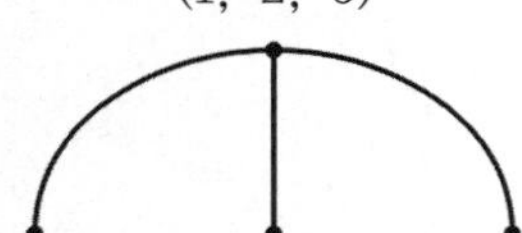

③ 보목 : 나무의 가지를 제외한 나머지 가지의 집합

(2, 4, 7, 8)　　　(1, 2, 3, 4)

④ 기본 컷셋 : 나뭇가지 1개만 포함하는 컷셋

(2, 3, 7)

⑤ 기본 루프 : 보목가지 1개만 포함하는 폐루프

(2) 전압원 · 전류원

- 전압원(전압원과 내부저항은 직렬)

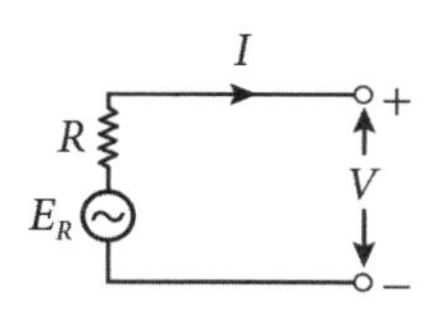

(a) 전압원 회로

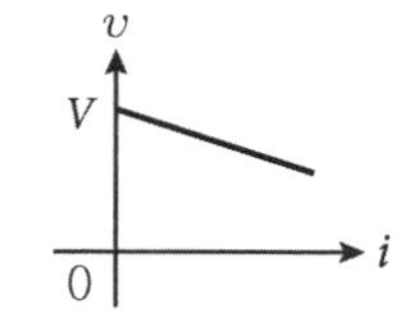

(b) 실제 전압원의 특성

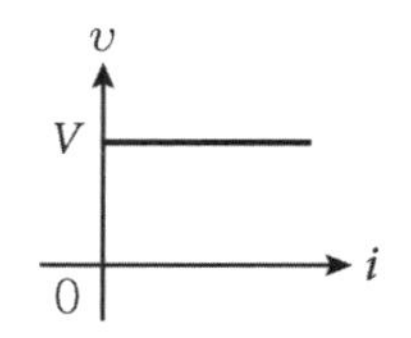

(c) 이상 전압원의 특성

- 전류원(전류원의 내부저항은 병렬)

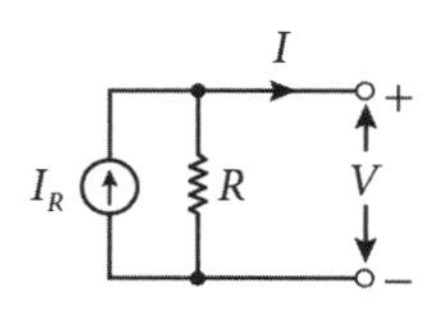

(a) 전압원 회로

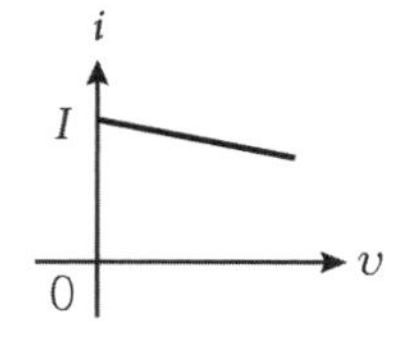

(b) 실제 전압원의 특성

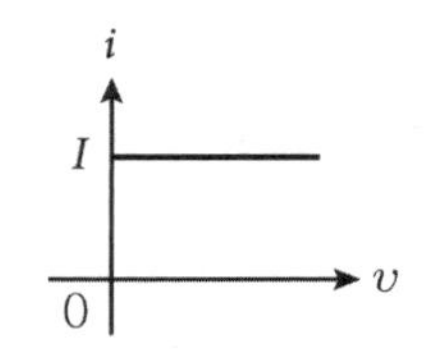

(c) 이상 전압원의 특성

(3) 이상적인 전압원은 내부저항이 0

⇒ 전압원을 제거할 때에는 전압원을 단락(short)시킨다.

(4) 이상적인 전류원은 내무저항이 ∞

⇒ 전류원을 제거할 때에는 전류전원을 개방(open)시킨다.

(5) 전압원과 전류원

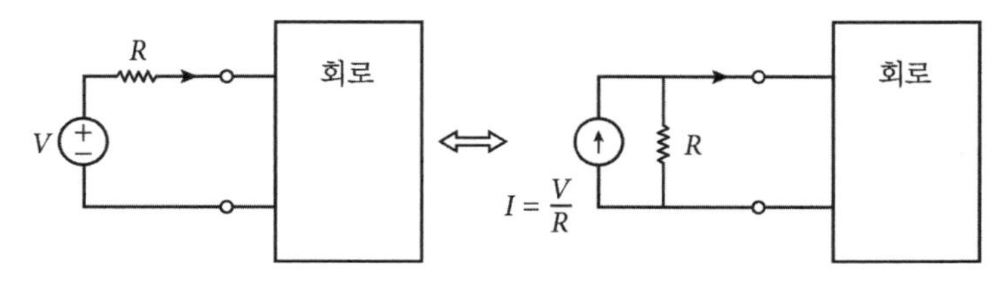

- 선형 소자 : 전압과 전류가 변해도 소자 자체에는 변화가 없다.(R · L · C)

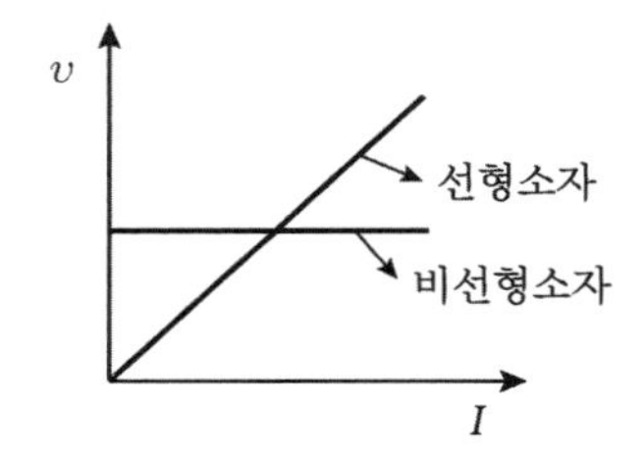

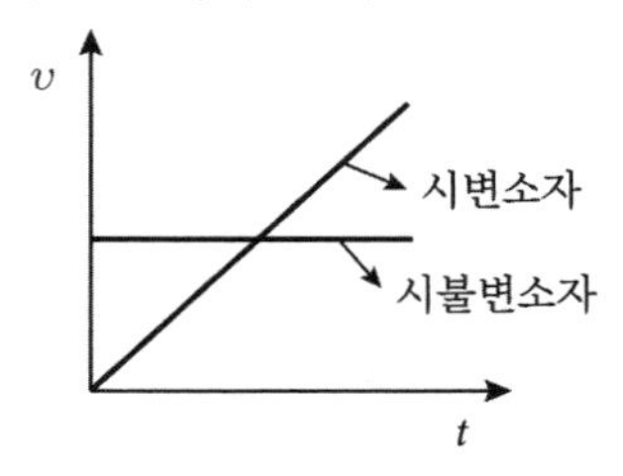

(1) 중첩의 원리 ▶ 전압원, 전류원 섞어나오면 중첩의 원리 적용

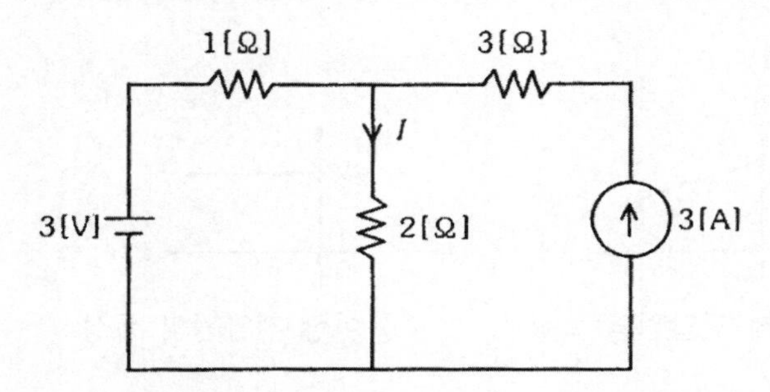

: 전압원 또는 전류원이 2개 이상 존재할 경우 각각 단독으로 존재했을 때 흐르는 전류의 합

① 전류원 개방

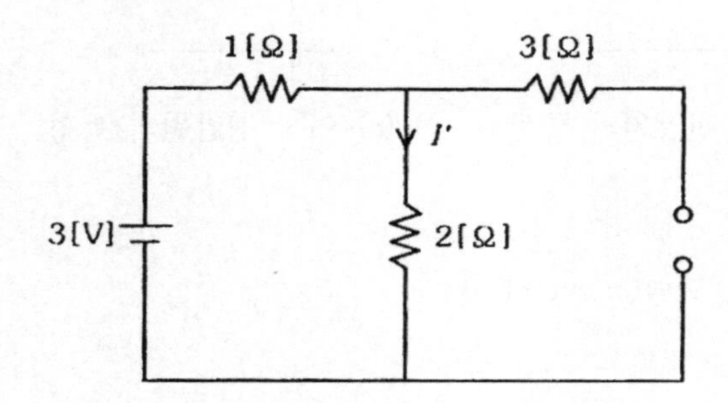

$$I' = \frac{V}{R_0} = \frac{3}{1+2} = 1[A]$$

② 전압원 단락

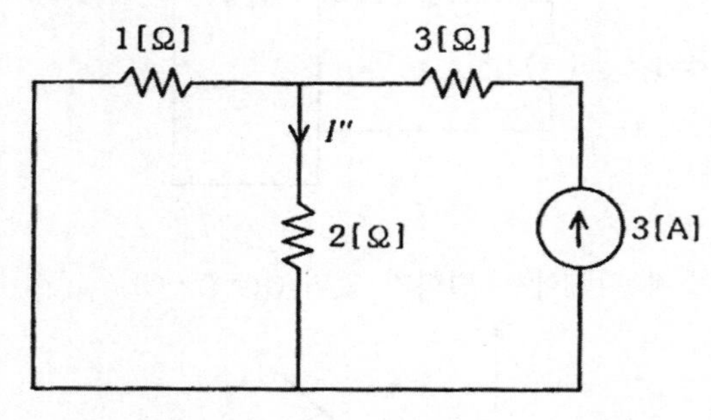

$$I'' = \frac{1}{1+2} \times 3 = 1[A]$$

$$\therefore\ I = I' + I'' = 1 + 1 = 2[A]$$

(2) 테브난의 정리

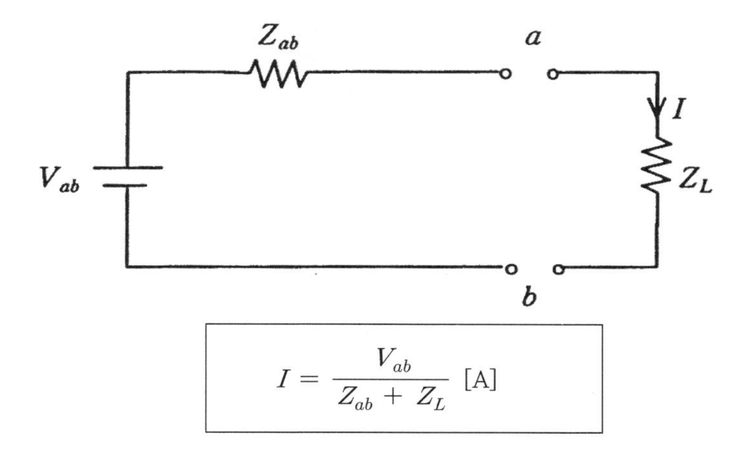

$$I = \frac{V_{ab}}{Z_{ab} + Z_L} \text{ [A]}$$

- V_{ab} : $a \cdot b$측에 걸리는 전압
- Z_{ab} : $a \cdot b$측에서 본 입력측 Z
- Z_L : $a \cdot b$측에서 본 부하측 Z

기출문제연습

01

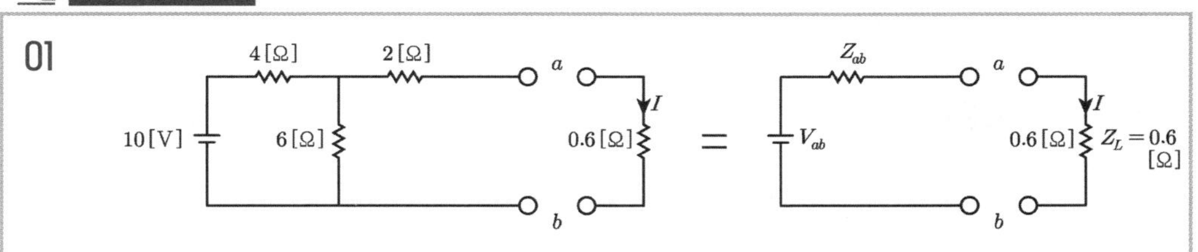

해설

- $V_{ab} = \dfrac{6}{4+6} \times 10 = 6\text{[V]}$
- $Z_{ab} = 2 + \dfrac{4 \times 6}{4+6} = 4.4[\Omega]$

$\therefore \; I = \dfrac{V_{ab}}{Z_{ab} + Z_L} = \dfrac{6}{4.4 + 0.6} = 1.2\text{[A]}$

02

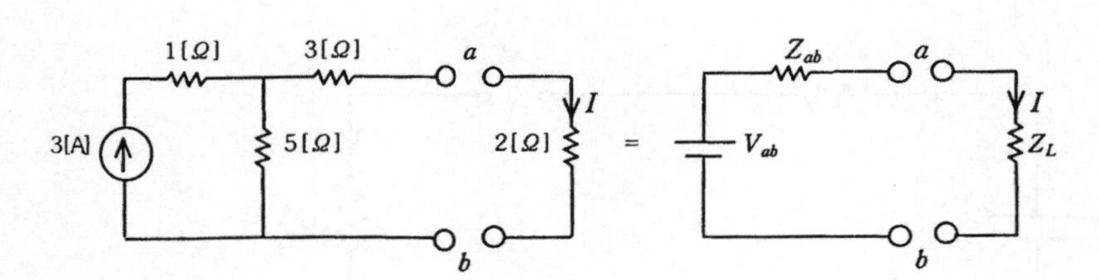

해설

- $V_{ab} = 5 \times 3 = 15[\text{V}]$
- $Z_{ab} = 5 + 3 = 8[\Omega]$

$\therefore \; I = \dfrac{V_{ab}}{Z_{ab} + Z_L} = \dfrac{15}{8+2} = 1.5[\text{A}]$

03

해설

- $V_{ab} = V_3 - V_2 = 3 - 2 = 1[\text{V}]$
- $Z_{ab} = \dfrac{3 \times 2}{3+2} + \dfrac{2 \times 3}{2+3} = 2.4[\Omega]$

$\therefore \; I = \dfrac{V_{ab}}{Z_{ab} + Z_L} = \dfrac{1}{2.4 + 2.6} = 0.2[\text{A}]$

(3) 밀만의 정리

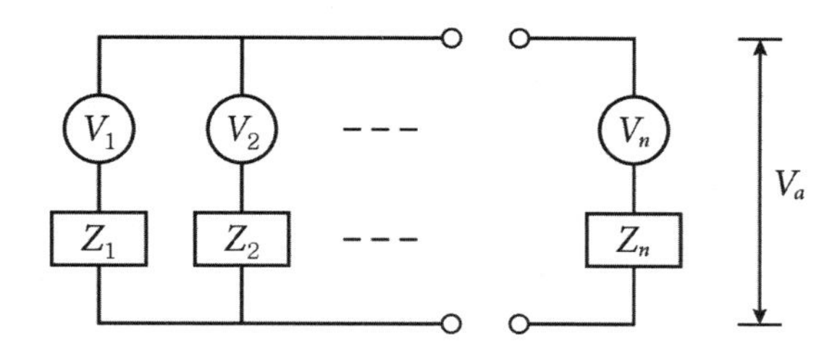

$$V_{ab} = \frac{\frac{V_1}{Z_1} + \frac{V_2}{Z_2} + \cdot \cdot \cdot \cdot + \frac{V_n}{Z_n}}{\frac{1}{Z_1} + \frac{1}{Z_2} + \cdot \cdot \cdot \cdot + \frac{1}{Z_n}}$$

$$= \frac{Y_1 V_1 + Y_2 V_2 + \cdot \cdot \cdot \cdot + Y_n V_n}{Y_1 + Y_2 + \cdot \cdot \cdot \cdot + Y_n}$$

기출문제연습

01

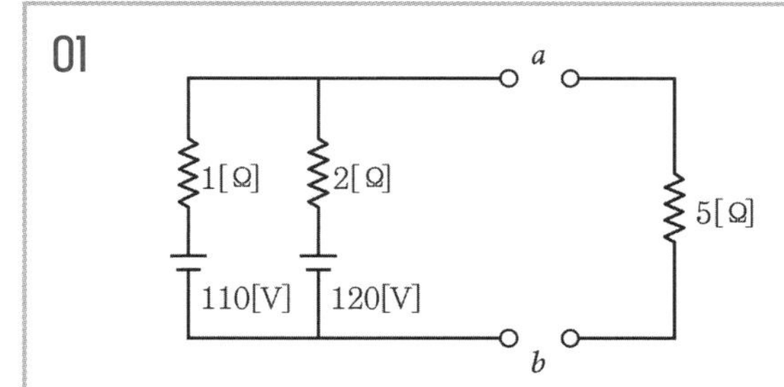

해설

- $V_{ab} = \frac{\frac{110}{1} + \frac{120}{2} + \frac{0}{5}}{\frac{1}{1} + \frac{1}{2} + \frac{1}{5}} = \frac{1100 + 600}{10 + 5 + 2} = 100\ [V]$

(4) 가역정리

$$V_1 I_1 = V_2 I_2$$

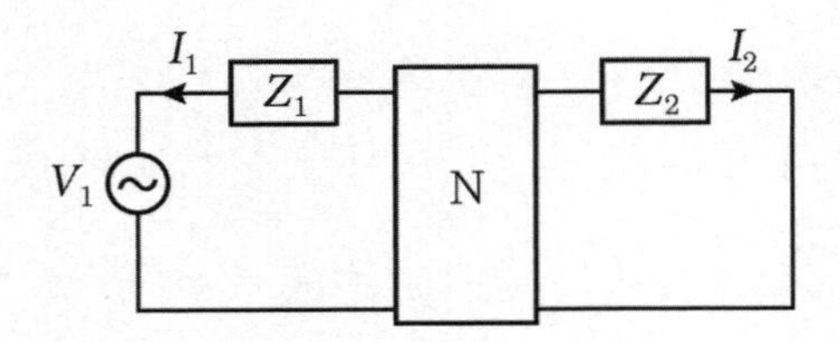

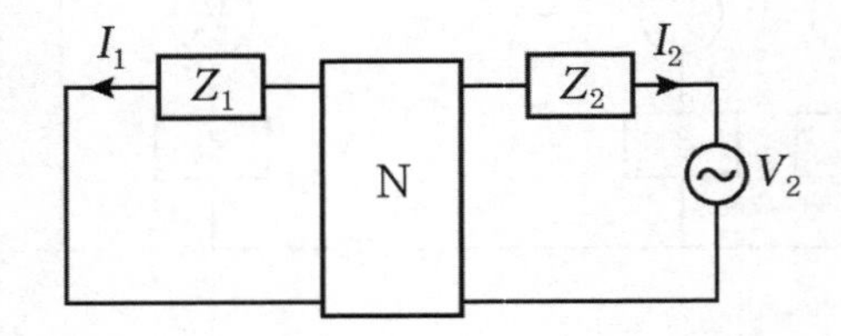

기출문제연습

01 $I = ?$

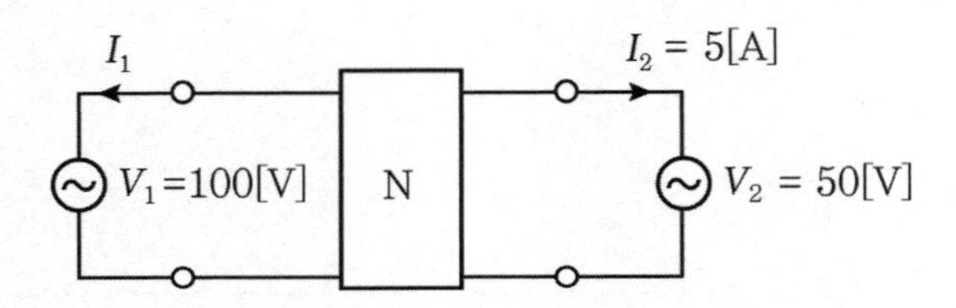

해설

- $V_1 I_1 = V_2 I_2$

  $I_1 = \dfrac{V_2}{V_1} I_2 = \dfrac{50}{100} \times 5 = 2.5[\mathrm{A}]$

06
CHAPTER

출제예상문제

01 그림에서 10[Ω]의 저항에 흐르는 전류는 몇 [A]인가?

① 2
② 12
③ 30
④ 32

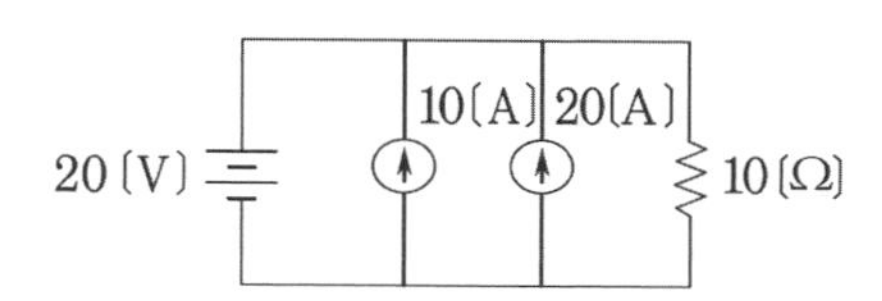

해설
(Tip : 중첩의 원리로 풀이해야 하나 전압원을 단락하면 전류원에 의한 전류는 발생치 않으므로 전압원 단독회로와 같은 회로가 된다.)

$I = \frac{V}{R} = \frac{20}{10} = 2$ [A]

02 키르히호프의 전압 법칙의 적용에 대한 서술 중 옳지 않은 것은?

① 이 법칙은 집중 정수 회로에 적용된다.
② 이 법칙은 회로 소자의 선형, 비선형에는 관계를 받지 않고 적용된다.
③ 이 법칙은 회로 소자의 시변, 시불변성에 구애를 받지 않는다.
④ 이 법칙은 선형 소자로만 이루어진 회로에 적용된다.

해설
키르히호프의 법칙은 선형, 비선형에 무관하게 성립된다.

03 그림의 (a), (b)가 등가가 되기 위한 I_g [A], R [Ω]의 값은?

① 0.5, 10
② 0.5, $\frac{1}{10}$
③ 5, 10
④ 10, 10

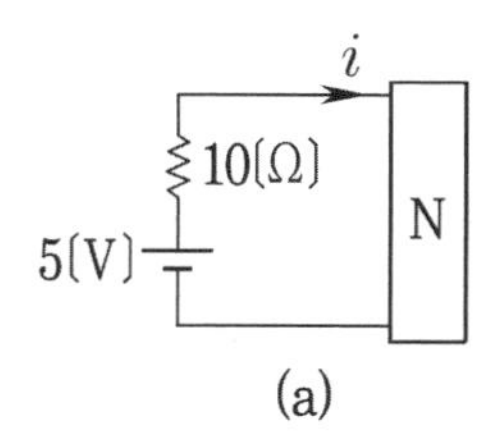

(a)

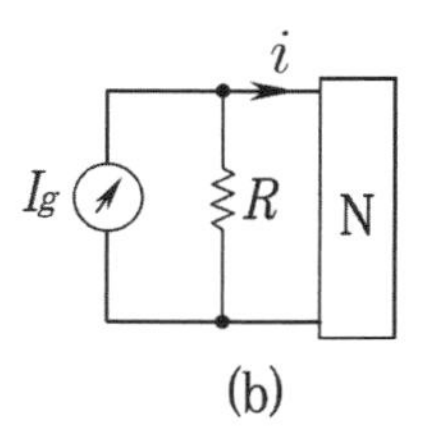

(b)

해설 Chapter – 06 – 02

$I_g = \frac{V}{R} = \frac{5}{10} = 0.5$

$R = 10$

정답 01 ① 02 ④ 03 ①

04 그림과 같은 회로에서 전압 v[V]는?

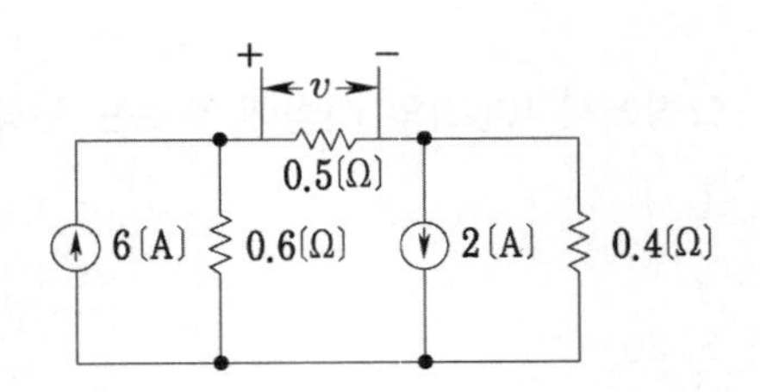

① 약 0.93
② 약 0.6
③ 약 1.47
④ 약 1.5

해설

0.6[Ω] 0.5[Ω] 0.4[Ω]
I
3.6[V]
0.8[V]

※ 중첩의 원리를 이용해서 풀이하는 것이 아니라, 전압원 · 전류원 등가변환을 통해서 해석한다. 즉, 왼쪽 그림에서처럼 6[A]의 전류와 병렬저항 0.6[Ω]을 하나의 전류원으로 보고 전압원으로 변경하는 것이다. 그럼 3.6[V]의 전압과 직렬저항 0.6[Ω]으로 변경된다. 오른쪽 회로도 마찬가지로 변경한다.

$$I = \frac{V_0}{R_0} = \frac{4.4}{1.5} = 2.93\,[\text{A}]$$

$$V = I \cdot R = 2.93 \times 0.5 \fallingdotseq 1.47$$

05 이상적인 전압 전류원에 관하여 옳은 것은?

① 전압원 내부 저항은 ∞ 이고 전류원의 내부 저항은 0이다.
② 전압원의 내부 저항은 0 이고 전류원의 내부 저항은 ∞이다.
③ 전압원, 전류원의 내부 저항은 흐르는 전류에 따라 변한다.
④ 전압원의 내부 저항은 일정하고 전류원의 내부 저항은 일정하지 않다.

06 그림의 회로에서 a, b 사이의 단자 전압[V]은?

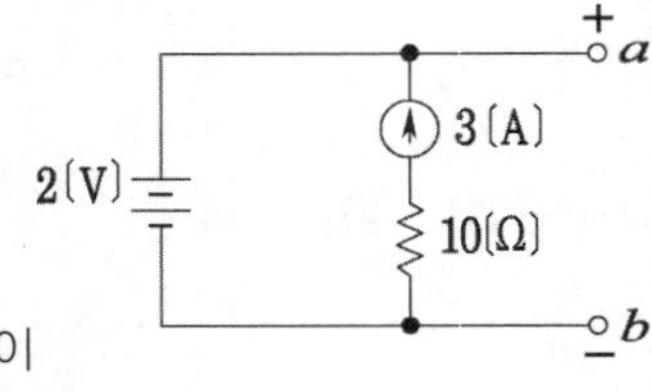

① +2　　② −2
③ +5　　④ −5

해설

중첩의 원리에 따라 전류원 2[V]에 의해 +2[V]이며 전류원 3[A]에 대해서는 전압원이 단락되었으므로 0[V]이다. 따라서 +2[V]가 된다.

정답 04 ③ 05 ② 06 ①

07 그림의 회로에서 저항 20[Ω]에 흐르는 전류[A]는?

① 0.4　　② 1
③ 3　　④ 3.4

해설 Chapter – 06 – 01

중첩의 원리에 의하여

1) 전류원 개방

10[V]에 의한 전류 : $I' = \dfrac{10}{5+20} = 0.4$[A]

2) 전압원 단락

3[A]에 의한 전류 : $I'' = \dfrac{5}{5+20} \times 3 = 0.6$[A]

$\therefore\ I = I' + I'' = 0.4 + 0.6 = 1.0$[A]

08 그림과 같은 회로에서 2[Ω]의 단자전압[V]은?

① 3　　② 4
③ 6　　④ 8

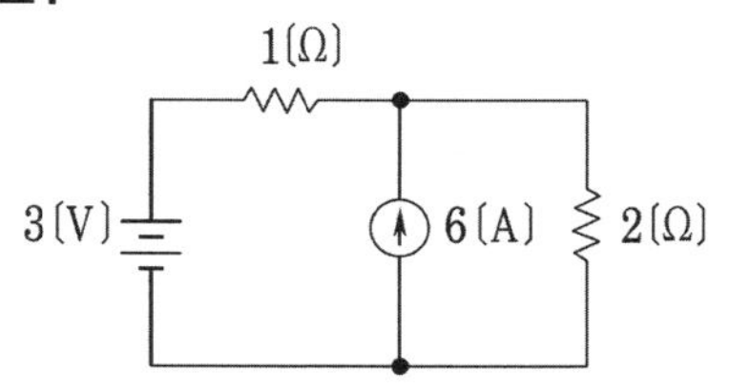

해설 Chapter – 06 – 01

중첩의 원리

1) 전류원 개방시

$I' = \dfrac{V}{R} = \dfrac{3}{3} = 1$[A]

2) 전압원 단락시

$I' = \dfrac{1}{1+2} \times 6 = 2$[A]

$\therefore\ I = I' + I'' = 3$[A]

$V = I \cdot R = 3 \times 2 = 6$[V]

09 그림과 같은 회로에서 전류 I[A]는?

① 1　　② 3
③ −2　　④ 2

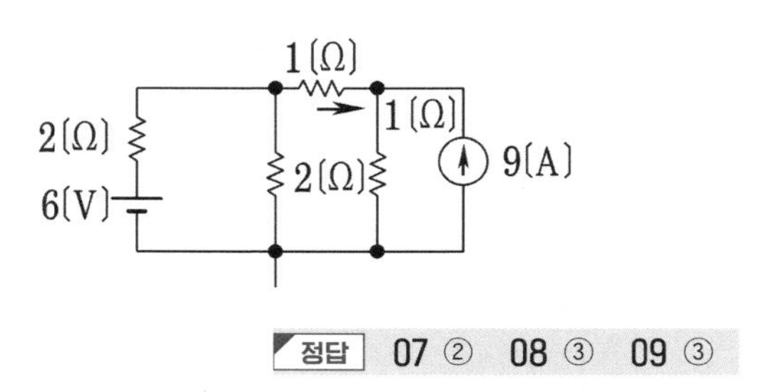

정답 07 ② 08 ③ 09 ③

해설 Chapter – 06 – 01

① 전류원 개방시

$$I = \frac{6}{3} = 2[\text{A}]$$

$$I' = \frac{2}{2+2} \times 2 = 1[\text{A}]$$

② 전압원 단락시(Tip : 주어진 전류 방향에 유의)

$$I'' = \frac{1}{1+2} \times 9 = -3[\text{A}]$$

$$\therefore\ I' + I'' = -2[\text{A}]$$

10 그림과 같은 회로에서 20[Ω]의 저항이 소비하는 전력[W]은?

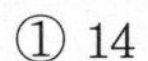

① 14　　② 27

③ 40　　④ 80

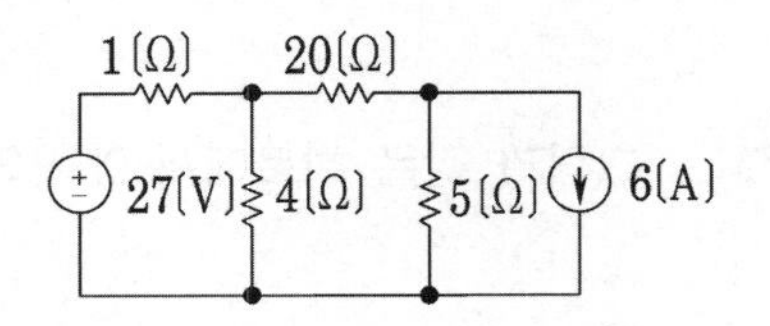

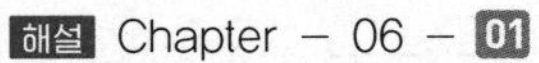

해설 Chapter – 06 – 01

저항 20[Ω]의 전류

$I = I_1 + I_2 = 2[\text{A}]$

$P = I^2 \cdot R = 2^2 \times 20 = 80[\text{W}]$

11 테브난의 정리를 이용하여 그림 (a)의 회로를 (b)와 같은 등가 회로로 만들려고 할 때 V와 R의 값은?

① 20[V], 3[Ω]　　② 12[V], 3[Ω]

③ 20[V], 10[Ω]　　④ 12[V], 10[Ω]

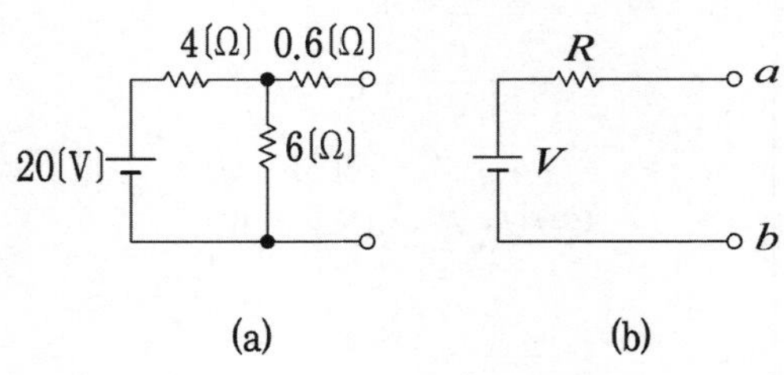

(a)　　(b)

해설 Chapter – 06 – 02

테브난의 정리

$$V_{ab} = V = \frac{6}{4+6} \times 20 = 12[\text{V}]$$

$$Z_{ab} = R = 0.6 + \frac{4 \cdot 6}{4+6} = 3[\Omega]$$

정답 10 ④ 11 ②

12 그림과 같은 회로에서 a, b 단자에 나타나는 전압 V_{ab} 는 몇 [V]인가?

① 10 ② 12

③ 8 ④ 6

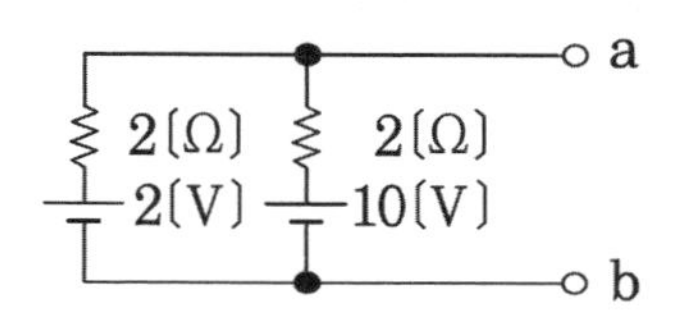

해설 Chapter – 06 – 03

밀만의 정리 $V_{ab} = \dfrac{\dfrac{2}{2} + \dfrac{10}{2}}{\dfrac{1}{2} + \dfrac{1}{2}} = 6[\text{V}]$

13 그림과 같은 회로에서 $V_1 = 110[\text{V}]$, $V_2 = 120[\text{V}]$, $R_1 = 1[\Omega]$, $R_2 = 2[\Omega]$일 때 a, b 단자에 5[Ω]의 R_3를 접속하면 a, b 간의 전압 V_{ab} [V]는?

① 85

② 90

③ 100

④ 105

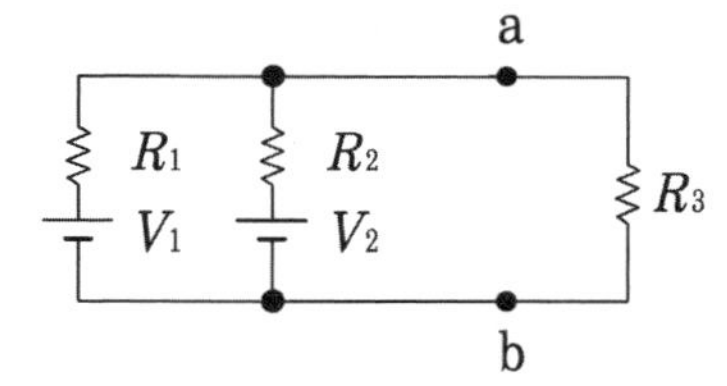

해설 Chapter – 06 – 03

$$V_{ab} = \frac{\dfrac{110}{1} + \dfrac{120}{2}}{\dfrac{1}{1} + \dfrac{1}{2} + \dfrac{1}{5}} = 100[\text{V}]$$

14 그림과 같은 회로망에서 Z_a 지로에 300[V]의 전압을 가했을 때, Z_b 지로에 30[A]의 전류가 흘렀다. Z_b 지로에 200[V]의 전압을 가했을 때 Z_a 지로에 흐르는 전류[A]는?

① 10

② 20

③ 30

④ 40

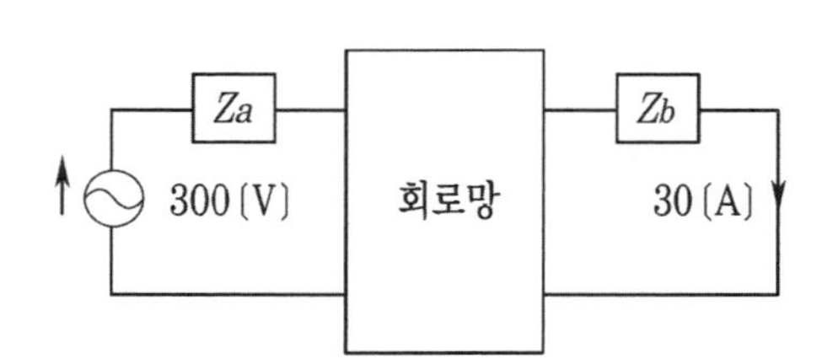

해설 Chapter – 06 – 04

$E_a I_a = E_b I_b \qquad I_a = \dfrac{E_b \cdot I_b}{E_a} = \dfrac{30 \times 200}{300} = 20[\text{A}]$

정답 12 ④ 13 ③ 14 ②

15 **그림과 같은 회로에서 $E_1 = 1$[V], $E_2 = 0$[V]일 때의 I_2와 $E_1 = 0$[V], $E_2 = 1$[V]일 때의 I_1을 비교하였을 때 옳은 것은?**

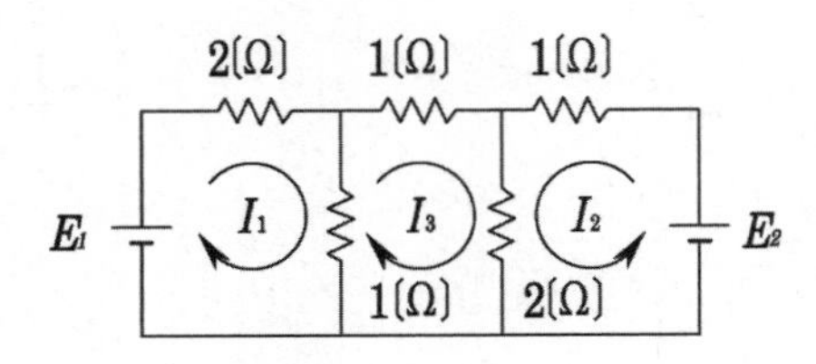

① $I_1 > I_2$
② $I_1 < I_2$
③ $I_1 = I_2$
④ $I_1 < I_3 < I_2$

해설 Chapter – 06 – 04

가역정리에 의하여 I_1과 I_2는 같다.

16 **회로의 단자 a, b 사이에 나타나는 전압 V_{ab}는 몇 [V]인가?**

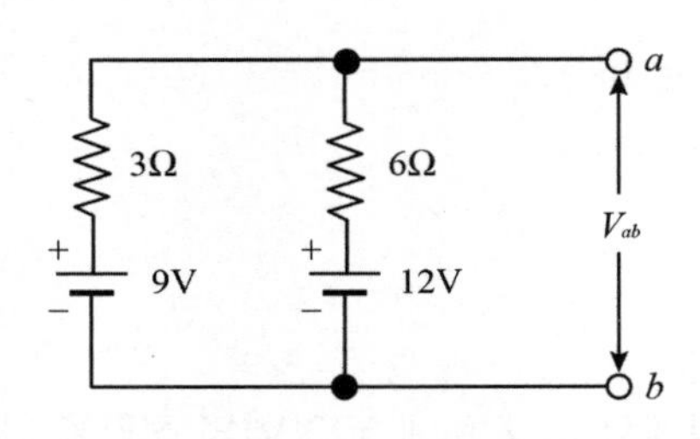

① 3
② 9
③ 10
④ 12

해설 Chapter 06 – 03

밀만의 정리

$$V_{ab} = \frac{\frac{V_1}{R_1}+\frac{V_2}{R_2}}{\frac{1}{R_1}+\frac{1}{R_2}} = \frac{\frac{9}{3}+\frac{12}{6}}{\frac{1}{3}+\frac{1}{6}} = 10[\text{V}]$$

정답 15 ③ 16 ③

요점정리

(1) 회로망 기하학

(2) 전압, 전류원

　전압원 ↔ 전류원

　직렬연결 ↔ 병렬연결

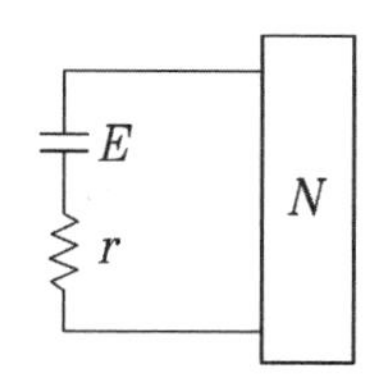

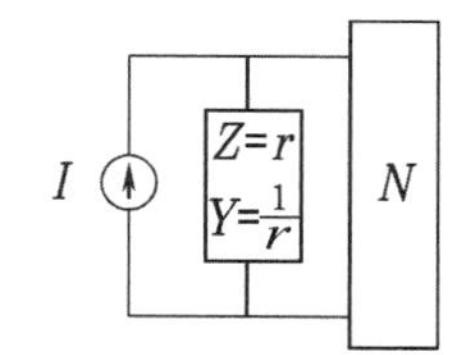

※ 이상적인 전압원의 내부저항은 0이고
　이상적인 전류원의 내부저항은 ∞이다.

∴ 전압원 : 단락 (0)
　전류원 : 개방 (∞)

(1) 중첩의 원리

전압원 또는 전류원이 2개 이상 존재할 경우, 각각 단독으로 존재했을 때 흐르는 전류의 합

ex.

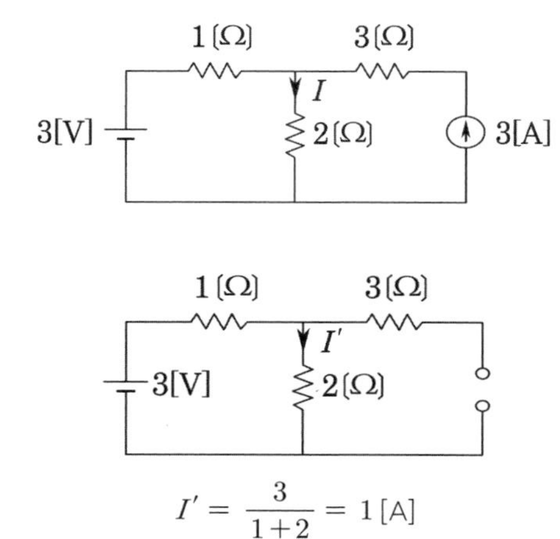

$$I' = \frac{3}{1+2} = 1\,[\mathrm{A}]$$

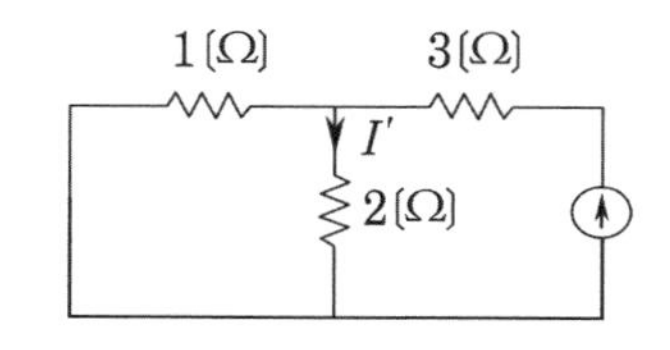

$$I'' = \frac{1}{1+2} \times 3 = 1\,[\mathrm{A}]$$

$$\therefore\ I = I' + I'' = 1 + 1 = 2[\mathrm{A}]$$

(2) 테브난의 정리

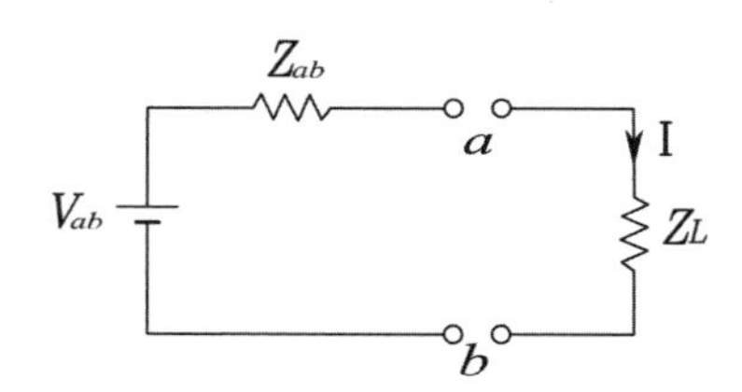

$$I = \frac{V_{ab}}{Z_{ab} + Z_L}[\mathrm{A}]$$

V_{ab} : a , b 측에 걸리는 전압

ex.

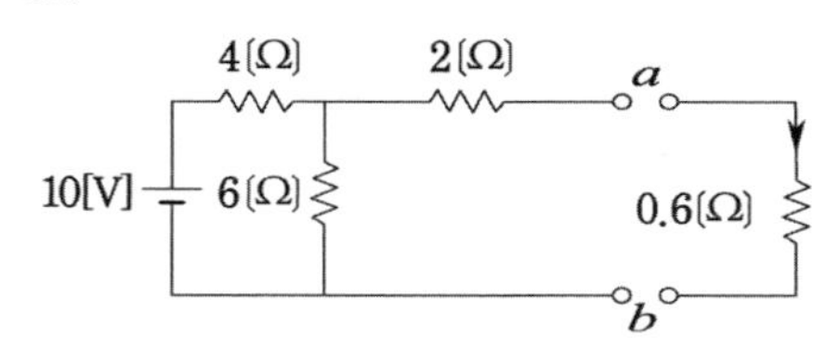

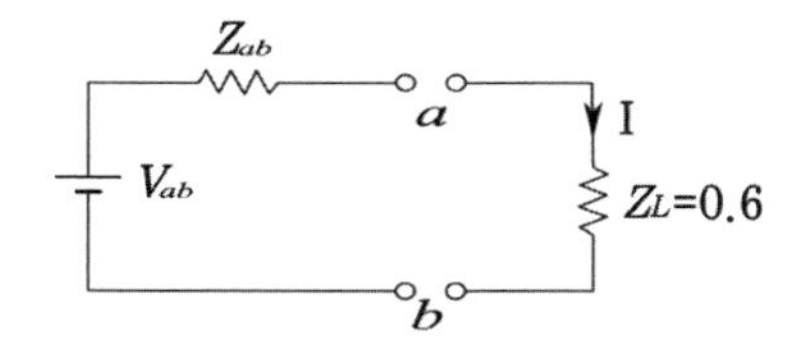

Z_{ab} : a , b 측에서 본 입력측 임피던스

$$V_{ab} = \frac{6}{4+6} \times 10 = 6[\text{V}]$$

$$Z_{ab} = 2 + \frac{4 \times 6}{4+6} = 4.4[\Omega]$$

$$I = \frac{V_{ab}}{Z_{ab} + Z_L} = \frac{6}{4.4+0.6} = 1.2[\text{A}]$$

ex.

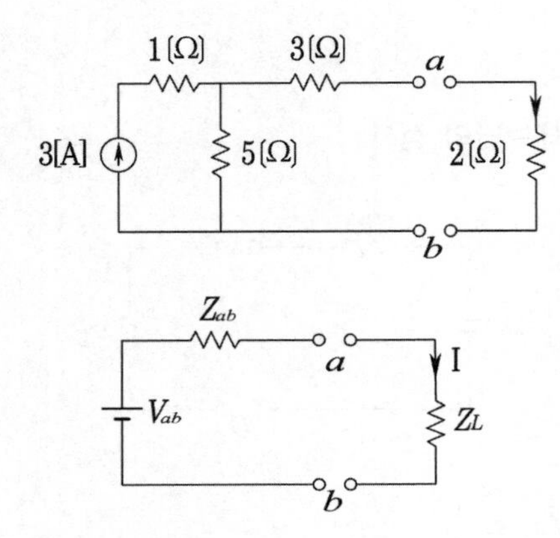

$$V_{ab} = 5 \times 3 = 15[\text{A}]$$

$$Z_{ab} = 3 + 5 = 8[\Omega]$$

$$I = \frac{V_{ab}}{Z_{ab} + Z_L} = \frac{15}{8+2} = 1.5[\text{A}]$$

(3) 밀만의 정리

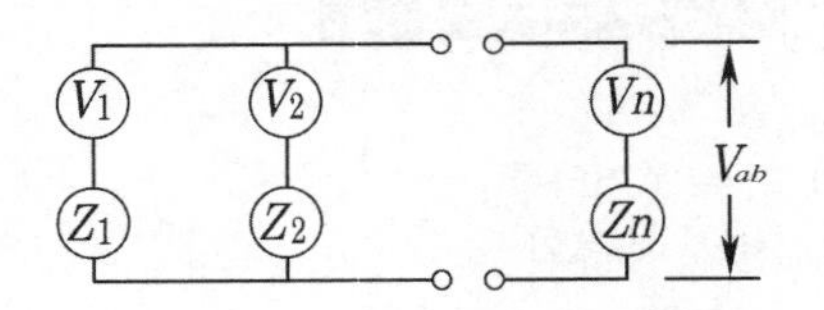

$$◎ \ V_{ab} = \frac{\frac{V_1}{Z_1} + \frac{V_2}{Z_2} + \cdot \cdot \cdot + \frac{V_n}{Z_n}}{\frac{1}{Z_1} + \frac{1}{Z_2} + \cdot \cdot \cdot + \frac{1}{Z_n}}$$

$$= \frac{Y_1 V_1 + Y_2 V_2 + \cdot \cdot \cdot \ Y_n V_n}{Y_1 + Y_2 + \cdot \cdot \cdot + Y_n}$$

(4) 가역정리

$$V_1 I_1 = V_2 I_2$$

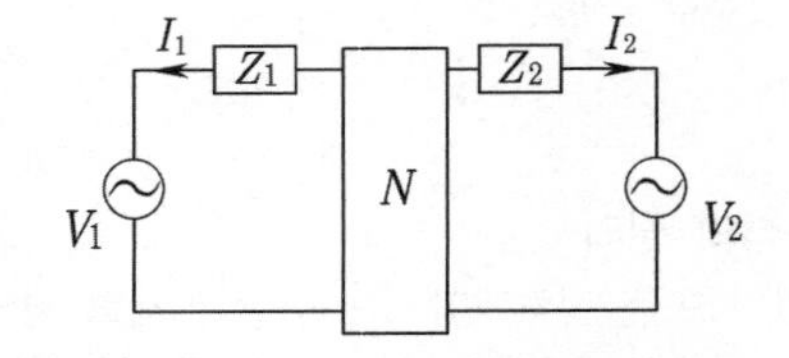

chapter

07

다상교류

07 CHAPTER 다상교류

01 3상 교류

(1) Y결선(성형결선, 스타결선)

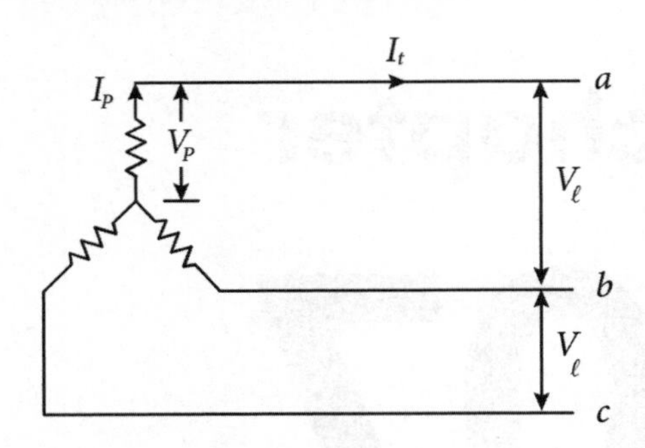

- $V_\ell = \sqrt{3}\,V_p \qquad \left(V_P = \dfrac{V_\ell}{\sqrt{3}}\right)$
- $I_\ell = I_P$ (3상 Y결선에서 전류가 나오면 무조건 상전류)
- V_ℓ은 V_p보다 위상이 30° 앞선다.

〈벡터도〉 $V_{ab} = V_a - V_b = \sqrt{3}\,V_a \angle 30°$

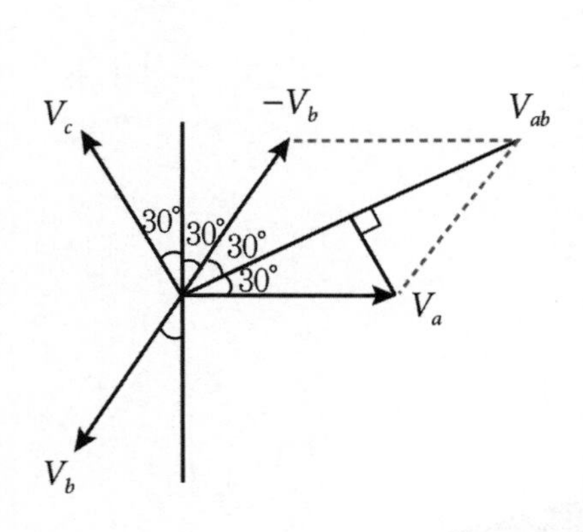

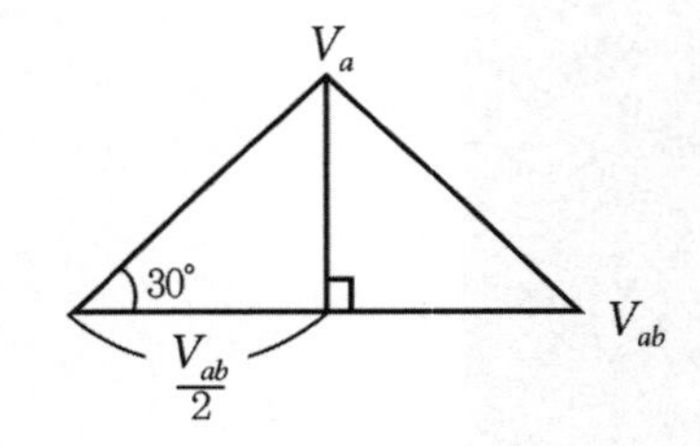

$$\cos 30° = \frac{\frac{V_{ab}}{2}}{V_a} = \frac{V_{ab}}{2\,V_a}$$

$$\therefore\ V_{ab} = 2\,V_a \times \cos 30° = \sqrt{3}\,V_a \angle 30°$$

※ $V_{ab} = \sqrt{3}\,V_a \angle 30°$

(선간 전압은 상전압보다 위상이 30° 앞서고 $\sqrt{3}$ 배 크다.)

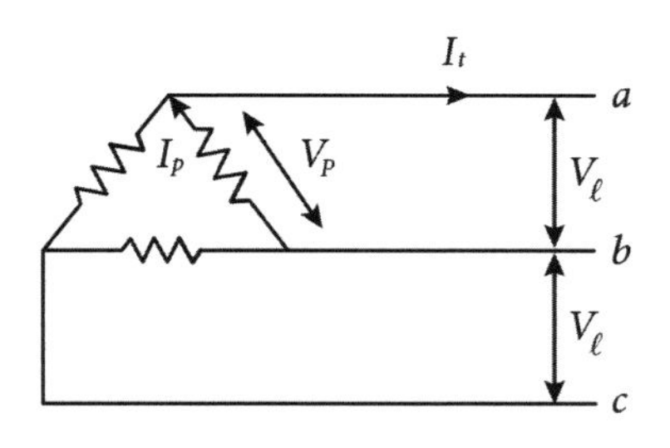

별해 $V_{ab} = V_p(1\angle 0^\circ - 1\angle -120^\circ)$

$$= V_p\left(\frac{3}{2} + j\frac{\sqrt{3}}{2}\right) = \sqrt{3}\ V_p\left(\frac{\sqrt{3}}{2} + j\frac{1}{2}\right)$$

$\therefore\ V_\ell = \sqrt{3}\ V_p \angle 30^\circ$

(2) Δ 결선(환상결선)

- $V_\ell = V_P$ (Δ 결선에서 전압이 나오면 상전압을 이용)
- $I_\ell = \sqrt{3}\, I_P$
- I_ℓ은 I_P보다 위상이 30° 뒤진다.

〈벡터도〉 $I_a = I_{ab} - I_{ca} = \sqrt{3}\, I_{ab} \angle -30^\circ$

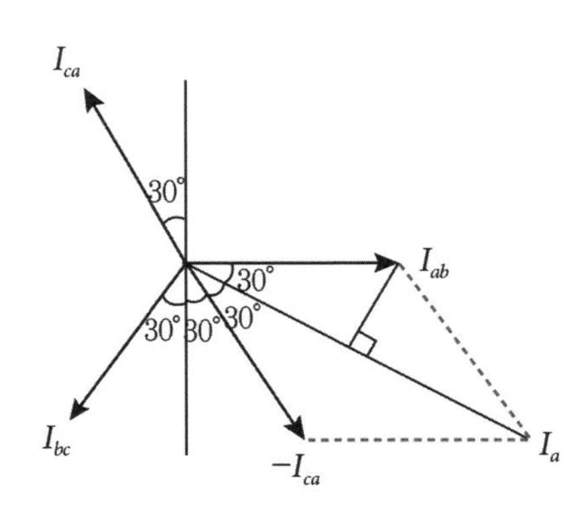

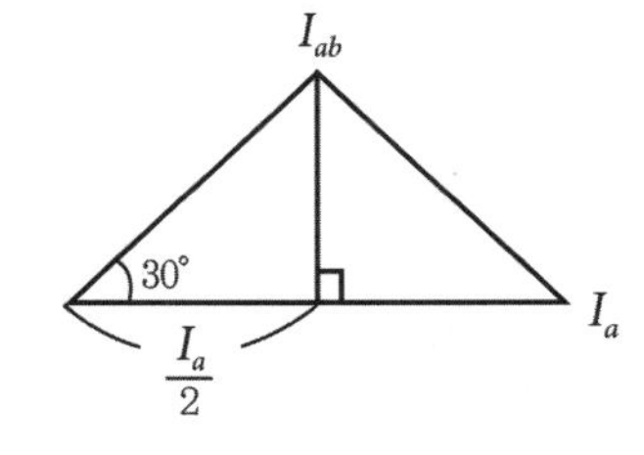

$$\cos 30^\circ = \frac{\frac{I_a}{2}}{I_{ab}} = \frac{I_a}{2\, I_{ab}}$$

$$\therefore\ I_a = 2\, I_{ab} \times \cos 30^\circ = \sqrt{3}\, I_{ab}$$

※ 선전류 I_a는 상전류 I_{ab}보다 크기는 $\sqrt{3}$ 배이며 위상은 30° 뒤진다.

(3) 3상 전력(Y결선, Δ결선 모두 같다.)

① 유효 전력 P[W]

$$P = 3 \cdot V_P I_P \cdot \cos\theta$$

$$= \sqrt{3}\, V_\ell I_\ell \cos\theta = 3 \cdot \frac{V_P^2}{R}$$

$$= 3I_P^2 \cdot R = P_a \cdot \cos\theta [\mathrm{W}]$$

- 임피던스 Z 주어질 때 이용 → $= 3\left(\frac{V_P}{Z}\right)^2 \cdot R$

② 무효 전력 P_r[Var]

$$P_r = 3\, V_P I_P \sin\theta$$

$$= \sqrt{3}\, V_\ell I_\ell \sin\theta = 3 \cdot \frac{V_P^2}{X}$$

$$= 3I_P^2 \cdot X = P_a \cdot \cos\theta [\mathrm{Var}]$$

02 n상 (다상)

(1) $V_\ell = \left(2 \cdot \sin\frac{\pi}{n}\right) \cdot V_P$ → Y결선일 때

(2) $I_\ell = \left(2 \cdot \sin\frac{\pi}{n}\right) \cdot I_P$ → Δ결선일 때

(3) 위상차 $\theta = \frac{\pi}{2} - \frac{\pi}{n} = \frac{\pi}{2}\left(1 - \frac{2}{n}\right)$

ex. $n = 3$이면

$$V_\ell = \left(2 \cdot \sin\frac{\pi}{n}\right) \cdot V_p = 2 \times \left(\frac{\sqrt{3}}{2}\right) V_p = \sqrt{3}\, V_p$$

(4) n상 전력

① 유효 전력 P[W]

$$P = n \cdot V_P I_P \cos\theta$$

$$= \frac{n}{2 \cdot \sin\frac{\pi}{n}} V_\ell \cdot I_\ell \cos\theta$$

$$= n \cdot I_P^2 \cdot R [\mathrm{W}]$$

② 무효 전력 P_r[Var]

$$P_r = n \cdot V_P \cdot I_P \sin\theta$$

$$= \frac{n}{2 \cdot \sin\frac{\pi}{n}} V_\ell I_\ell \sin\theta$$

$$= n \cdot {I_P}^2 \cdot X \text{[Var]}$$

03 임피던스의 변환

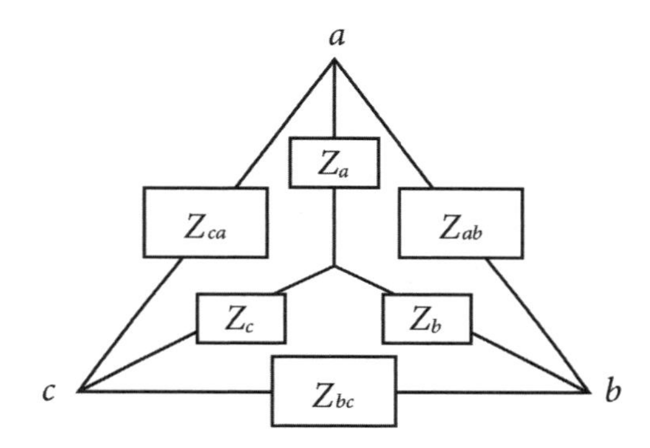

(1) Δ 결선 → Y결선

- $Z_a = \dfrac{Z_{ab} \cdot Z_{ca}}{Z_{ab} + Z_{bc} + Z_{ca}} = \dfrac{Z_\Delta^2}{3Z_\Delta} = \dfrac{Z_\Delta}{3}$

- $Z_b = \dfrac{Z_{ab} \cdot Z_{bc}}{Z_{ab} + Z_{bc} + Z_{ca}}$

- $Z_c = \dfrac{Z_{bc} \cdot Z_{ca}}{Z_{ab} + Z_{bc} + Z_{ca}}$

※ $\Delta \rightarrow Y$로 변환

Z : $\frac{1}{3}$배

선전류 : $\frac{1}{3}$배

소비전력 : $\frac{1}{3}$배

(2) Y결선 → Δ 결선

- $Z_{ab} = \dfrac{Z_a \cdot Z_b + Z_b \cdot Z_c + Z_c \cdot Z_a}{Z_c} = \dfrac{3Z_Y^2}{Z_Y} = 3Z_Y$

- $Z_{bc} = \dfrac{Z_a \cdot Z_b + Z_b \cdot Z_c + Z_c \cdot Z_a}{Z_a}$

- $Z_{ca} = \dfrac{Z_a \cdot Z_b + Z_b \cdot Z_c + Z_c \cdot Z_a}{Z_b}$

※ Y → Δ로 변환
Z : 3배
선전류 : 3배
소비전력 : 3배

- 비대칭 다상교류가 만드는 회전 자계 : 타원형 회전자계
- 대칭 다상교류가 만드는 회전 자계 : 원형 회전자계

04 2 전력계법

$P_1 = VI\cos(30^\circ - \theta)$
$P_2 = VI\cos(30^\circ + \theta)$

(유효전력)
$P = P_1 + P_2 = \sqrt{3}\,VI\cos\theta[\text{W}]$

(무효전력)
$P_r = \sqrt{3}(P_1 - P_2) = \sqrt{3}\,VI\sin\theta[\text{Var}]$

- $\cos\theta = \dfrac{P}{P_a} = \dfrac{P}{\sqrt{P^2 + P_r^2}}$

$$= \frac{P_1 + P_2}{\sqrt{(P_1 + P_2)^2 + \left\{\sqrt{3}(P_1 - P_2)\right\}^2}}$$

$$= \frac{P_1 + P_2}{2\sqrt{P_1^2 + P_2^2 - P_1 P_2}}$$

05 V결선 [P_V [kVA]]

→ 변압기 2대로 3ϕ을 공급할 수 있는 방법

(1) $P_V = \sqrt{3}\,P_a$(kVA)(V결선시 출력)

(2) 이용률 : $\dfrac{\sqrt{3}\,P_a}{2P_a} = \dfrac{\sqrt{3}}{2} = 0.866$

(3) 출력비 : $\dfrac{\sqrt{3}\,P_a}{3P_a} = \dfrac{1}{\sqrt{3}} = 0.577$

기출문제연습

- 2 전력계법의 응용 -

01 **하나의 전력계가 다른 전력계의 2배를 지시했다. 이때의 역률은?**

해설

$P_1 = P \quad P_2 = 2P$

$$\cos\theta = \frac{P+2P}{2\sqrt{P^2+(2P)^2-2P^2}} = \frac{3P}{2\sqrt{3P^2}} = \frac{\sqrt{3}}{2} = 0.866$$

02 **하나의 전력계 지시값이 '0'이다. 이때의 역률은?**

해설

$$\cos\theta = \frac{1}{2} = 0.5$$

07 CHAPTER

출제예상문제

01 **그림과 같이 순저항으로 된 회로에 대칭 3상 전압을 가했을 때 각 선에 흐르는 전류가 같으려면 R의 값[Ω]은?**

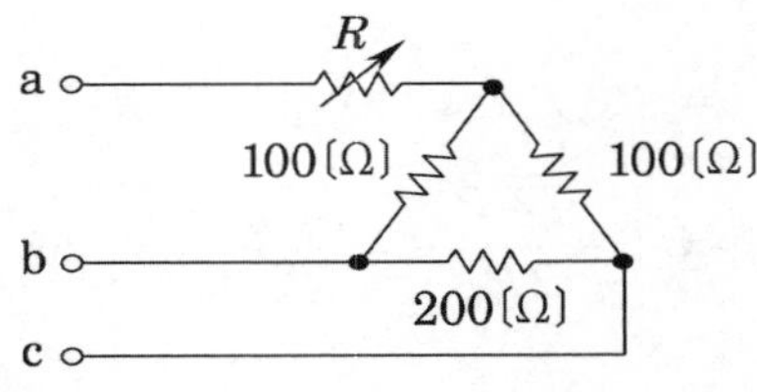

① 20 ② 25
③ 30 ④ 35

해설

Y로 변환 해석시 $P_a = \dfrac{100 \times 100}{100+100+200} = 25[\Omega]$

$R_b = R_c$로서 50[A]이 된다. 따라서 각 선에 흐르는 전류가 같으려면 저항이 같아야 하므로 25[Ω]이 된다.

02 **R[Ω]인 3개의 저항을 같은 전원에 Δ 결선으로 접속시킬 때와 Y결선으로 접속시킬 때 선전류의 크기비 $\left(\dfrac{I_\Delta}{I_Y}\right)$는?**

① $\dfrac{1}{3}$ ② $\sqrt{6}$ ③ $\sqrt{3}$ ④ 3

해설

$\dfrac{I_\triangle}{I_Y} = \dfrac{3}{1} = 3$

03 **Δ 결선된 부하를 Y결선으로 바꾸면 소비전력은 어떻게 되겠는가? (단, 선간전압은 일정하다.)**

① 3배 ② 9배 ③ $\dfrac{1}{9}$배 ④ $\dfrac{1}{3}$배

해설

$\Delta \rightarrow Y$ 변환하면 소비전력은 $\dfrac{1}{3}$배

04 **평형 3상 회로에서 임피던스를 Y결선에서 Δ 결선으로 하면 소비전력은 몇 배가 되는가?**

① 3 ② $\dfrac{1}{\sqrt{3}}$ ③ $\sqrt{3}$ ④ $\dfrac{1}{3}$

해설

Y를 Δ로 변환 시 소비전력은 3배가 된다.

정답 01 ② 02 ④ 03 ④ 04 ①

05

각 상의 임피던스가 $Z = 6 + j8[\Omega]$인 평형 Y부하에 선간전압 220[V]인 대칭 3상 전압이 가해졌을 때 선전류는 약 몇 [A]인가?

① 11.7 ② 12.7 ③ 13.7 ④ 14.7

해설

$$I_\ell = I_p = \frac{V_p}{Z} = \frac{\frac{220}{\sqrt{3}}}{10} = \frac{22}{\sqrt{3}} = 12.7$$

06

각 상의 임피던스가 $Z = 16 + j12[\Omega]$인 평형 3상 Y부하에 정현파 상전류 10[A]가 흐를 때, 이 부하의 선간전압의 크기[V]는?

① 200 ② 600 ③ 220 ④ 346

해설

$3\psi(Y)$

$$\left.\begin{matrix} Z = 16 + j12 = 20 \\ I_p = 10 \end{matrix}\right) V_p = Z \cdot I_p = 200$$

$$\therefore V_\ell = \sqrt{3}\ V_p = 200\sqrt{3} = 346$$

07

전원과 부하가 다같이 Δ 결선된 3상 평형 회로가 있다. 전원 전압이 200[V], 부하 임피던스가 $6 + j8[\Omega]$인 경우 선전류[A]는?

① 20 ② $\frac{20}{\sqrt{3}}$ ③ $20\sqrt{3}$ ④ $10\sqrt{3}$

해설

$3\phi(\Delta$ 결선) $I_\ell = \sqrt{3}\, I_p = \sqrt{3} \times \frac{V_p}{Z} = \sqrt{3} \times \frac{200}{10} = 20\sqrt{3}$

08

$Z = 8 + j6\,[\Omega]$인 평형 Y부하에 선간전압 200[V]인 대칭 3상 전압을 인가할 때 선전류[A]는?

① 5.5 ② 7.5 ③ 10.5 ④ 11.5

정답 05 ② 06 ④ 07 ③ 08 ④

해설

3ϕ(Y)

$Z = 8 + j6$

$V_\ell = 200$

$$I_p = \frac{V_p}{Z} = \frac{\frac{200}{\sqrt{3}}}{10} = \frac{20}{\sqrt{3}}$$

$$\therefore\ I_\ell = I_p = \frac{20}{\sqrt{3}} = 11.6\,[\text{A}]$$

09 **성형 결선의 부하가 있다. 선간전압 300[V]의 3상 교류를 인가했을 때 선전류가 40[A]이고 그 역률이 0.8이라면 리액턴스[Ω]는?**

① 16628
② 4.3
③ 3561
④ 2.598

해설

3ϕ(Y결선)

$$Z = \frac{V_p}{I} = \frac{\frac{300}{\sqrt{3}}}{40} = 4.33[\Omega]$$

$$= 4.33(\cos\theta + j\sin\theta) = 4.33(0.8 + j0.6) = 3.464 + j\,2.598$$

$$\therefore\ R = 3.464,\ X = 2.598$$

10 **3상 유도 전동기의 출력이 5[HP], 전압 200[V], 효율 90[%], 역률 85[%]일 때, 이 전동기에 유입되는 선전류는 약 몇 [A]인가?**

① 4
② 6
③ 8
④ 14

해설

$$I_\ell = \frac{P}{\sqrt{3}\ V_\ell \cos\theta\,\eta} = \frac{5\times 746}{\sqrt{3}\times 200\times 0.85\times 0.9} = 14$$

정답 09 ④ 10 ④

11

부하 단자 전압이 220[V]인 15[kW]의 3상 평형 부하에 전력을 공급하는 선로 임피던스 $3+j2$[Ω]일 때, 부하가 뒤진 역률 80[%]이면 선전류[A]는?

① 약 $26.2 - j19.7$　② 약 $39.36 - j52.48$

③ 약 $39.37 - j29.53$　④ 약 $19.7 + j26.4$

해설

3ϕ　　$\therefore P = \sqrt{3}\, VI\cos\theta$

$V = 220$　　$I = \dfrac{15\times 10^3}{\sqrt{3}\times 220\times 0.8} = 49.2$ [A]

$P = 15$[kW]　　$\dot{I} = \mathrm{I}(\cos\theta - j\sin\theta) = 49.2(0.8 - j\,0.6) = 39.39 - j\,29.54$

$Z = 3 + j\,2$　　(∵ (−)인 이유 : 뒤진 역률이므로)

$\cos\theta = 0.8$

12

3상 평형 부하에 선간전압 200[V]의 평형 3상 정현파 전압을 인가했을 때 선전류는 8.6[A]가 흐르고 무효전력이 1788[var]이었다. 역률은 얼마인가?

① 0.6　② 0.7　③ 0.8　④ 0.9

해설

$(3\phi)\ P_a = \sqrt{3}\ VI = \sqrt{3}\times 200\times 8.6 = 2980$[VA]

$P_r = P_a \times \sin\theta$

$\therefore\ \sin\theta = \dfrac{P_r}{P_a} = \dfrac{1788}{2980} = 0.6$

$\therefore\ \cos\theta = \sqrt{1-\sin^2\theta} = 0.8$

13

$Z = 24 + j7$[Ω]의 임피던스 3개를 그림과 같이 성형으로 접속하여 a, b, c 단자에 200[V]의 대칭 3상 전압을 인가했을 때 흐르는 전류[A]와 전력[W]은?

① $I \fallingdotseq 4.6,\ P = 1536$

② $I \fallingdotseq 6.4,\ P = 1636$

③ $I \fallingdotseq 5.0,\ P = 1500$

④ $I \fallingdotseq 6.4,\ P = 1346$

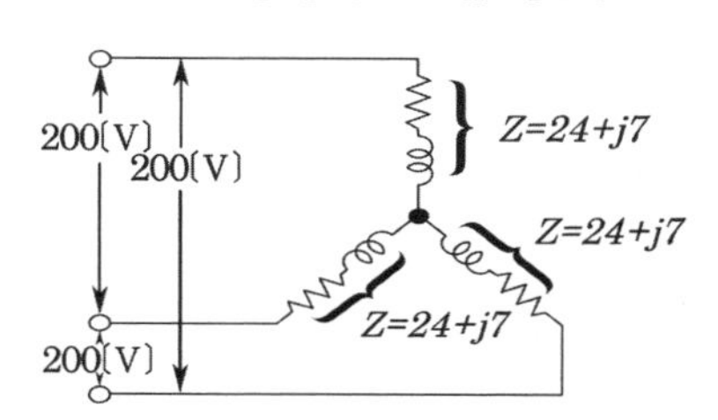

정답　11 ③　12 ③　13 ①

해설

$3\phi(Y)$

$Z = 24 + j7$

$V_\ell = 200$

$I_\ell = I_p = 4.61$

$$I_p = \frac{V_p}{Z} = \frac{\frac{200}{\sqrt{3}}}{25} = \frac{8}{\sqrt{3}} = 4.61[\text{A}]$$

$P = 3I_P^2 \cdot R = 3 \times 4.61^2 \times 24 = 1536[\text{W}]$

14 **한 상의 임피던스가 $Z = 20 + j10[\Omega]$인 Y결선 부하에 대칭 3상 선간전압 200[V]를 가할 때 유효 전력[W]은?**

① 1600 ② 1700 ③ 1800 ④ 1900

해설

$3\phi(Y)$

$Z = 20 + j10 = \sqrt{20^2 + 10^2} = \sqrt{500}$

$$I_p = \frac{V_p}{Z} = \frac{\frac{200}{\sqrt{3}}}{\sqrt{500}} = \frac{200}{\sqrt{1500}} = 5.16[\text{W}]$$

$\therefore P = 3I_P^2 \cdot R = 3 \times 5.16^2 \times 20 = 1600$

15 **대칭 n상에서 선전류와 상전류 사이의 위상차[rad]는?**

① $\frac{\pi}{2}\left(1 - \frac{2}{n}\right)$ ② $2\left(1 - \frac{2}{n}\right)$

③ $\frac{n}{2}\left(1 - \frac{2}{\pi}\right)$ ④ $\frac{\pi}{2}\left(1 - \frac{n}{2}\right)$

해설 Chapter – 07 – 02

정답 14 ① 15 ①

16 한 상의 임피던스가 6+j8[Ω]인 Δ 부하에 대칭 선간전압 200[V]를 인가할 때 3상 전력은 몇 [W]인가?

① 2,400 ② 3,600 ③ 7,200 ④ 10,800

해설

$3\phi(\Delta)$

$Z = 6 + j8$

$V_\ell = 200$

$I_p = \dfrac{V_p}{Z} = \dfrac{200}{10} = 20[A]$ ($\because Z = \sqrt{6^2+8^2} = 10$, Δ 결선이므로 $V_\ell = V_p = 200$)

$P = 3I_p^2 \cdot R = 3 \times 20^2 \times 6 = 7{,}200[W]$

17 다상 교류 회로의 설명 중 잘못된 것은? (단, n = 상수이다.)

① 평형 3상 교류에서 Δ 결선의 상전류는 선전류의 $\dfrac{1}{\sqrt{3}}$과 같다.

② n상 전력 $P = \dfrac{1}{2\sin\dfrac{\pi}{n}} V_l I_l \cos\theta$이다.

③ 성형 결선에서 선간전압과 상전압과의 위상차는 $\dfrac{\pi}{2}\left(1-\dfrac{2}{n}\right)$ [rad]이다.

④ 비대칭 다상 교류가 만드는 회전 자계는 타원 회전 자계이다.

해설 Chapter − 07 − 02

18 대칭 6상식의 성형 결선의 전원이 있다. 상전압이 100[V]이면 선간전압[V]은 얼마인가?

① 600 ② 300

③ 220 ④ 100

해설 Chapter − 07 − 02

$V_\ell = 2\sin\dfrac{\pi}{n} V_p$ $\therefore n = 6$이므로 $V_\ell = V_p = 100$[V]

정답 16 ③ 17 ② 18 ④

19 대칭 5상 기전력의 선간전압과 상전압의 위상차는 얼마인가?

① 27° ② 36°
③ 54° ④ 72°

해설 Chapter – 07 – 02

$n = 5$

$\theta = \frac{\pi}{2}\left(1 - \frac{2}{5}\right) = \frac{3}{10}\pi = 54°$

20 대칭 3상 전압을 그림과 같은 평형 부하에 인가할 때 부하의 역률은 얼마인가? (단, R = 9[Ω], $\frac{1}{\omega C}$ = 4[Ω]이다.)

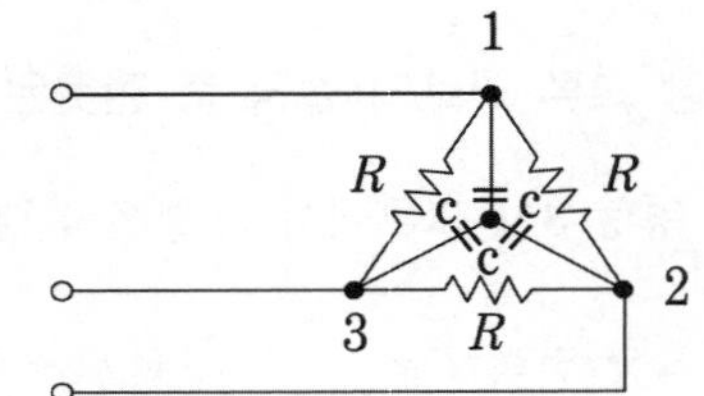

① 1 ② 0.96
③ 0.8 ④ 0.6

해설

$R - C$ 병렬

$Y = \frac{3}{R} + j\omega c = \frac{3}{R} + j\frac{1}{X_c}$

$= \frac{3}{9} + j\frac{1}{4} = \frac{1}{3} + j\frac{1}{4}$

$\cos\theta = \frac{\frac{1}{3}}{|Y|} = \frac{\frac{1}{3}}{\sqrt{\left(\frac{1}{3}\right)^2 + \left(\frac{1}{4}\right)^2}} = 0.8$

21 2전력계법을 써서 3상 전력을 측정하였더니 각 전력계가 + 500[W], + 300[W]를 지시하였다. 전전력[W]은?

① 800 ② 200 ③ 500 ④ 300

해설

$P = |W_1| + |W_2| = 500 + 300 = 800$

정답 19 ③ 20 ③ 21 ①

22

두 개의 전력계를 사용하여 평형 부하의 역률을 측정하려고 한다. 전력계의 지시가 각각 P_1, P_2라 할 때 이 회로의 역률은?

① $\dfrac{\sqrt{P_1+P_2}}{P_1+P_2}$

② $\dfrac{P_1+P_2}{P_1^2+P_2^2-2P_1P_2}$

③ $\dfrac{P_1+P_2}{2\sqrt{P_1^2+P_2^2-P_1P_2}}$

④ $\dfrac{2P_1P_2}{\sqrt{P_1^2+P_2^2-P_1P_2}}$

23

대칭 3상 전압을 공급한 3상 유도 전동기에서 각 계기의 지시는 다음과 같다. 유도 전동기의 역률은? (단, $W_1 = 2.36$[kW], $W_2 = 5.95$[kW], $V = 200$[V], $A = 30$[A]이다.)

① 0.60
② 0.80
③ 0.65
④ 0.86

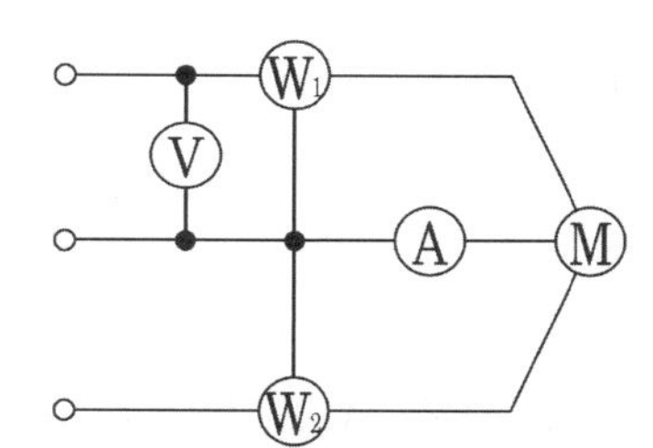

해설

$$\cos\theta = \frac{W_1 + W_2}{\sqrt{3}\ VI} = 0.799$$

$$= \frac{(2.36 + 5.95)}{\sqrt{3} \times 200 \times 30 \times 10^{-3}} = 0.799$$

24

3상 전력을 측정하는데 두 전력계 중에서 하나가 0이었다. 이때의 역률은 어떻게 되는가?

① 0.5 ② 0.8 ③ 0.6 ④ 0.4

해설

$$\cos\theta = \frac{P_1+P_2}{2\sqrt{{P_1}^2+{P_2}^2-P_1P_2}}$$ 에서 $P_1 = P$, $P_2 = 0$이면

$$\cos\theta = \frac{P}{2P} = \frac{1}{2} = 0.5$$

정답 22 ③ 23 ② 24 ①

25

단상 전력계 2개로 3상 전력을 측정하고자 한다. 전력계의 지시가 각각 200[W], 100[W]를 가리켰다고 한다. 부하의 역률은 약 몇 [%]인가?

① 94.8　　② 86.6
③ 50.0　　④ 31.6

해설

한 전력계가 다른 전력계의 2배인 경우 역률은 0.866

26

10[kVA]의 변압기 2대로 공급할 수 있는 최대 3상 전력[kVA]은?

① 20　　② 17.3
③ 14.1　　④ 10

해설

$P_v = \sqrt{3}\,P_\triangle$ 이므로 $P = \sqrt{3} \times 10 = 17.3$

27

단상 변압기 3대를 Δ 결선하여 부하에 전력을 공급하고 있다. 변압기 1대의 고장으로 V결선으로 한 경우 공급할 수 있는 전력과 고장 전 전력과의 비율[%]은?

① 57.7　　② 66.7
③ 75.0　　④ 86.6

해설

고장 전 전력비 $= \dfrac{\sqrt{3}\,P_\triangle}{3P_\triangle} = 0.577 = 57.7[\%]$

28

V결선 변압기 이용률[%]은?

① 57.7　　② 86.6
③ 80　　④ 100

해설

이용률 $= \dfrac{\sqrt{3}\,P_a}{2P_a} = 0.866 = 86.6[\%]$

정답 25 ② 26 ② 27 ① 28 ②

29 동일한 저항 $R[\Omega]$인 6개를 그림과 같이 결선하고 대칭 3상 전압 V[V]를 가하였을 때 전류 I[A]의 크기는?

① $\dfrac{V}{R}$　　② $\dfrac{V}{2R}$

③ $\dfrac{V}{4R}$　　④ $\dfrac{V}{5R}$

해설 Chapter 07 - 04

임피던스 변환

델타를 Y로 변환하여 해석하면 $R = \dfrac{R}{3}$이 된다.

한상의 $R = \dfrac{4}{3}R$이 된다.

따라서 $I_\ell = \dfrac{E}{R} = \dfrac{\dfrac{V}{\sqrt{3}}}{\dfrac{4}{3}R} = \dfrac{\sqrt{3}\,V}{4R}$

여기서 델타결선에 흐르는 상전류를 구하는 문제이므로 $I_P = \dfrac{I}{\sqrt{3}}$

$I_P = \dfrac{\sqrt{3}\,V}{4R} \times \dfrac{1}{\sqrt{3}} = \dfrac{V}{4R}$

30 그림과 같이 Δ 회로를 Y회로로 등가변환하였을 때 임피던스 $Z_a[\Omega]$는?

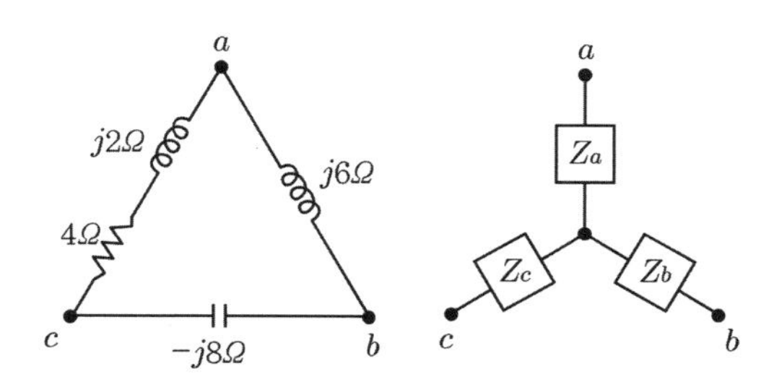

① 12　　② $-3+j6$

③ $4-j8$　　④ $6+j8$

해설 Chapter 07 - 03

$\Delta \rightarrow Y$ 변형시

$Z_a = \dfrac{(4+j2)\times j6}{4+j2+j6-j8} = -3+j6$

정답 29 ③ 30 ②

요점정리

(1) 3상

① Y결선

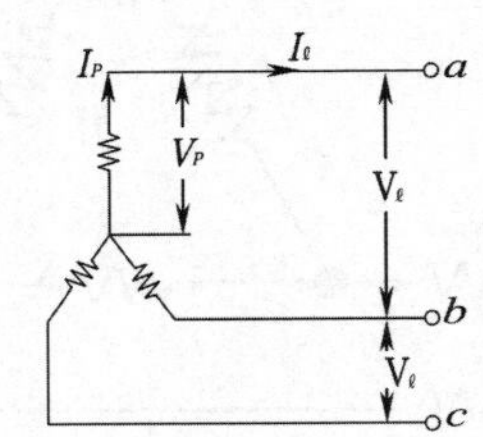

$V_\ell = \sqrt{3}\ V_P$,

$I_\ell = I_P$

V_ℓ은 V_P보다 위상이 30°만큼 앞선다.

② Δ 결선

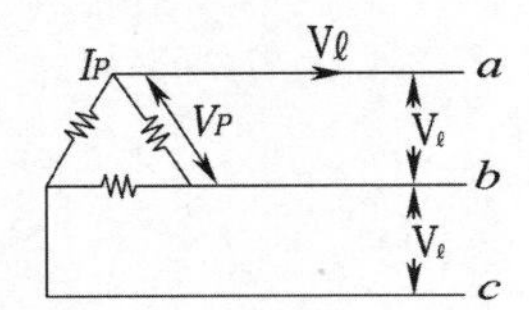

$V_\ell = V_P$, $I_\ell = \sqrt{3}\ I_P$

I_ℓ은 I_P 보다 위상이 30°만큼 뒤진다.

③ 전력

$$P = 3V_P I_P \cdot \cos\theta = \sqrt{3}\ V_\ell I_\ell \cdot \cos\theta = 3 I_P^2 R$$

$$P_r = 3V_P I_P \cdot \sin\theta = \sqrt{3}\ V_\ell I_\ell \cdot \sin\theta = 3 I_P^2 X$$

(2) n상

$$V_\ell = \left(2\sin\frac{\pi}{n}\right) \times V_P \text{ [Y]}$$

$$I_\ell = \left(2\sin\frac{\pi}{n}\right) \times I_P \text{ } [\Delta]$$

ex. $n = 3$ (3ϕ) 일 때

$$V\ell = (2sm\frac{\pi}{3}) \times V_P = \sqrt{3}\ V_P$$

- $\theta = \frac{\pi}{2} - \frac{\pi}{n} = \frac{\pi}{2}\left(1 - \frac{2}{n}\right)$
- $P = n\ V_P I_P \cdot \cos\theta = \frac{n}{2 \cdot \sin\frac{\pi}{n}} V_\ell I_\ell \cdot \cos\theta = n\ I_P^2 \cdot R$[W]

(3) 임피던스의 변환

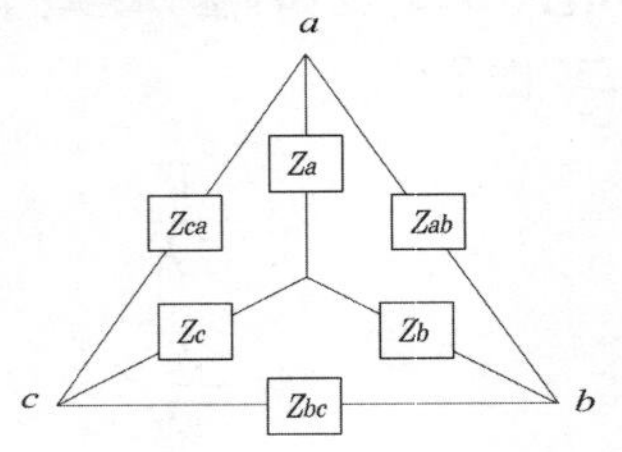

$\Delta \rightarrow$ Y : $Z_a = \frac{Z_{ab} \cdot Z_{ca}}{Z_{ab} + Z_{bc} + Z_{ca}}$

$$Z_b = \frac{Z_{ab} \cdot Z_{bc}}{Z_{ab} + Z_{bc} + Z_{ca}}$$

$$Z_c = \frac{Z_{bc} \cdot Z_{ca}}{Z_{ab} + Z_{bc} + Z_{ca}}$$

Y $\rightarrow \Delta$:

$$Z_{ab} = \frac{Z_a \cdot Z_b + Z_b \cdot Z_c + Z_c \cdot Z_a}{Z_c}$$

$$Z_{bc} = \frac{Z_a \cdot Z_b + Z_b \cdot Z_c + Z_c \cdot Z_a}{Z_a}$$

$$Z_{ca} = \frac{Z_a \cdot Z_b + Z_b \cdot Z_c + Z_c \cdot Z_a}{Z_b}$$

(4) 2 전력계법

$P_1 = VI\cos(30^\circ - \theta)$

$P_2 = VI\cos(30^\circ + \theta)$

(유효전력)

$P = P_1 + P_2 = \sqrt{3}\ VI\cos\theta$[W]

- $\cos\theta = \frac{P}{P_a} = \frac{P}{\sqrt{P^2 + P_r^2}} = \frac{P_1 + P_2}{\sqrt{(P_1 + P_2)^2 + \{\sqrt{3}(P_1 - P_2)\}^2}} = \frac{P_1 + P_2}{2\sqrt{P_1^2 + P_2^2 - P_1 P_2}}$

(5) V결선 (P_V(kVA))

→ 변압기 2대로 3ϕ을 공급할 수 있는 방법

- $P_V = \sqrt{3} P_a$(kVA)(V결선시 출력)
- 이용률 : $\frac{\sqrt{3} P_a}{2P_a} = \frac{\sqrt{3}}{2} = 0.866$
- 출력비 : $\frac{\sqrt{3} P_a}{3P_a} = \frac{1}{\sqrt{3}} = 0.577$

chapter

08

대칭좌표법

08 CHAPTER 대칭좌표법

✦ 기초정리

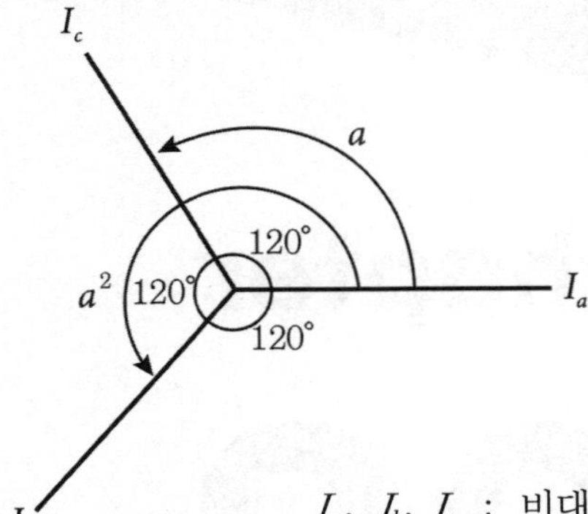

I_a, I_b, I_c : 비대칭 전류

I_0, I_1, I_2 : 대칭분 전류

(I_0 : 영상 전류, I_1 : 정상 전류, I_2 : 역상 전류)

※ $a = 1\angle +120°$ → 복소수 $a = -\frac{1}{2} + j\frac{\sqrt{3}}{2}$

$a^2 = 1\angle -120°$ → $a^2 = -\frac{1}{2} - j\frac{\sqrt{3}}{2}$

(1) 비대칭 전류에 의한 대칭분 전류(I_0, I_1, I_2 구하기)

① 영상전류(I_0)

$$I_0 = \frac{1}{3}(I_a + I_b + I_c)$$

② 정상전류(I_1)

$$I_1 = \frac{1}{3}\left(I_a + aI_b + a^2 I_c\right) = \frac{1}{3}(I_a + I_b\angle 120° + I_c\angle -120°)$$

③ 역상전류(I_2)

$$I_2 = \frac{1}{3}\left(I_a + a^2 I_b + aI_c\right) = \frac{1}{3}(I_a + I_b\angle -120° + I_c\angle 120°)$$

㉠ 영상전압 $V_0 = \frac{1}{3}(V_a + V_b + V_c)$

㉡ 정상전압 $V_1 = \frac{1}{3}(V_a + V_b\angle 120° + V_c\angle -120°)$

㉢ 역상전압 $V_2 = \frac{1}{3}(V_a + V_b\angle -120° + V_c\angle 120°)$

(2) 대칭분 전류에 의한 비대칭 전류(I_a , I_b, I_c 구하기)

$$I_a = \frac{\begin{vmatrix} I_0 & 1 & 1 \\ I_1 & a & a^2 \\ I_2 & a^2 & a \end{vmatrix}}{\begin{vmatrix} 1 & 1 & 1 \\ 1 & a & a^2 \\ 1 & a^2 & a \end{vmatrix}} = I_0 + I_1 + I_2$$

$$I_b = \frac{\begin{vmatrix} 1 & I_0 & 1 \\ 1 & I_1 & a^2 \\ 1 & I_2 & a \end{vmatrix}}{\begin{vmatrix} 1 & 1 & 1 \\ 1 & a & a^2 \\ 1 & a^2 & a \end{vmatrix}} = I_0 + a^2 I_1 + aI_2$$

$$I_c = \frac{\begin{vmatrix} 1 & 1 & I_0 \\ 1 & a & I_1 \\ 1 & 0 & I_2 \end{vmatrix}}{\begin{vmatrix} 1 & 1 & 1 \\ 1 & a & a^2 \\ 1 & a^2 & a \end{vmatrix}} = I_0 + aI_1 + a^2 I_2$$

- $I_a = I_0 + I_1 + I_2$
- $I_b = I_0 + a^2 I_1 + aI_2$
- $I_c = I_0 + aI_1 + a^2 I_2$

(3) 발전기 기본식

$$V_0 = \quad - Z_0 I_0$$

$$V_1 = E_a - Z_1 I_1$$

$$V_2 = \quad - Z_2 I_2$$

(4) 불평형률

$$(\%) = \frac{\text{역상분}}{\text{정상분}} \times 100 = \frac{I_2}{I_1} \times 100$$

$$= \frac{\frac{1}{3}(I_a + a^2 I_b + aI_c)}{\frac{1}{3}(I_a + aI_b + a^2 I_c)} \times 100$$

CHAPTER 08 출제예상문제

01 **대칭 좌표법에 관한 설명 중 잘못된 것은?**

① 불평형 3상 회로 비접지식 회로에서는 영상분이 존재한다.
② 대칭 3상 전압에서 영상분은 0이 된다.
③ 대칭 3상 전압은 정상분만 존재한다.
④ 불평형 3상 회로의 접지식 회로에서는 영상분이 존재한다.

해설
비접지 회로에는 영상분이 존재하지 않는다.

02 **상순이 a, b, c 인 불평형 3상 전류 I_a, I_b, I_c 의 대칭분을 I_0, I_1, I_2 라 하면 이때 대칭분과의 관계식 중 옳지 못한 것은?**

① $\frac{1}{3}(I_a+I_b+I_c)$

② $\frac{1}{3}(I_a+I_b\angle 120^\circ+I_c\angle -120^\circ)$

③ $\frac{1}{3}(I_a+I_b\angle -120^\circ+I_c\angle 120^\circ)$

④ $\frac{1}{3}(-I_a-I_b-I_c)$

해설 Chapter – 08 – 01
① 영상분, ② 정상분, ③ 역상분

03 **3상 비대칭 전압을 V_a, V_b, V_c 라고 할 때 영상전압 V_0 는?**

① $\frac{1}{3}(V_a+a\,V_b+a^2\,V_c)$
② $\frac{1}{3}(V_a+a^2\,V_b+a\,V_c)$
③ $\frac{1}{3}(V_a+V_b+V_c)$
④ $\frac{1}{3}(V_a+a^2\,V_b+V_c)$

해설 Chapter – 08 – 01
영상전압 $V_0=\frac{1}{3}(V_a+V_b+V_c)$

정답 01 ① 02 ④ 03 ③

04 대칭 좌표법을 이용하여 3상 회로의 각 상전압을 다음과 같이 쓴다.

$$V_a = V_{a0} + V_{a1} + V_{a2}$$
$$V_b = V_{a0} + V_{a1}\angle -120^\circ + V_{a2}\angle +120^\circ$$
$$V_c = V_{a0} + V_{a1}\angle +120^\circ + V_{a2}\angle -120^\circ$$

이와 같이 표시될 때 정상분 전압 V_{a1} 을 옳게 계산한 것은? (단, 상순은 a, b, c 이다.)

① $\frac{1}{3}(V_a + V_b + V_c)$
② $\frac{1}{3}(V_a + V_b\angle 120^\circ + V_c\angle -120^\circ)$
③ $\frac{1}{3}(V_a + V_b\angle -120^\circ + V_c\angle 120^\circ)$
④ $\frac{1}{3}(V_a\angle 120^\circ + V_b + V_c\angle 120^\circ)$

해설 Chapter – 08 – 01

정상분 전압 $V_1 = \frac{1}{3}(V_a + aV_b + a^2V_c)$

$= \frac{1}{3}(V_a + V_b\angle 120^\circ + V_c\angle -120^\circ)$

05 V_a, V_b, V_c 가 3상 전압일 때 역상 전압은? (단, $a = e^{j\frac{2}{3}\pi}$ 이다.)

① $\frac{1}{3}(V_a + aV_b + a^2V_c)$
② $\frac{1}{3}(V_a + a^2V_b + aV_c)$
③ $\frac{1}{3}(V_a + V_b + V_c)$
④ $\frac{1}{3}(V_a + a^2V_b + V_c)$

해설 Chapter – 08 – 01

역상분 전압 $V_2 = \frac{1}{3}(V_a + a^2V_b + aV_c)$

06 불평형 3상 전류 $I_a = 15 + j2$[A], $I_b = -20 - j14$[A], $I_c = -3 + j10$[A]일 때의 영상 전류 I_0 는?

① $2.67 + j0.36$
② $-2.67 - j0.67$
③ $15.7 - j3.25$
④ $1.91 + j6.24$

해설 Chapter – 08 – 01

$I_0 = \frac{1}{3}(I_a + I_b + I_c) = -2.67 - j0.67$

정답 04 ② 05 ② 06 ②

07 각 상의 전류가 $i_a = 30\sin\omega t$[A], $i_b = 30\sin(\omega t - 90^\circ)$[A], $i_c = 30\sin(\omega t + 90^\circ)$[A]일 때 영상 전류[A]는?

① $10\sin\omega t$ ② $10\sin\dfrac{\omega t}{3}$ ③ $\dfrac{30}{\sqrt{3}}\sin(\omega t + 45^\circ)$ ④ $30\sin\omega t$

해설 Chapter – 08 – 01

$$I_0 = \frac{1}{3}(I_a + I_b + I_c)$$
$$= \frac{1}{3}(30 \angle 0^\circ + 30 \angle -90^\circ + 30 \angle 90^\circ)$$
$$= 10 \angle 0^\circ$$
$$\therefore\ I_0 = 10\sin\omega t$$

08 불평형 전류 $I_a = 400 - j650$[A], $I_b = -230 - j700$[A], $I_c = -150 + j600$[A]일 때 정상분 I_1[A]은?

① $6.66 - j250$ ② $-179 - j177$ ③ $572 - j223$ ④ $223 - j572$

해설 Chapter – 08 – 01

$$I_1 = \frac{1}{3}(I_a + aI_b + a^2 I_c)$$
$$= \frac{1}{3}(400 - j650 + (1\angle 120^\circ) \times (-230 - j700) + (1\angle -120^\circ) \times (-150 + j600))$$
$$= \frac{1}{3}(1{,}716 - j669) = 572 - j223 = 613.93 \angle -21.3^\circ$$

09 대칭 3상 전압 V_a, V_b, V_c 를 a 상을 기준으로 한 대칭분은?

① $V_0 = 0,\ V_1 = V_a,\ V_2 = a V_a$ ② $V_0 = V_a,\ V_1 = V_a,\ V_2 = V_a$
③ $V_0 = 0,\ V_1 = 0,\ V_2 = a^2 V_a$ ④ $V_0 = 0,\ V_1 = V_a,\ V_2 = 0$

해설

$$V_0 = \frac{1}{3}(V_a + V_b + V_c) = \frac{1}{3}(V_a + a^2 V_a + a V_a) = \frac{V_a}{3}(1 + a^2 + a) = 0$$
$$V_1 = \frac{1}{3}(V_a + a V_b + a^2 V_c) = \frac{1}{3}(V_a + a \cdot a^2 V_a + a^2 \cdot a V_a) = \frac{V_a}{3}(1 + a^3 + a^3) = V_a$$
$$V_2 = \frac{1}{3}(V_a + a^2 V_b + a V_c) = \frac{1}{3}(V_a + a^2 \cdot a^2 V_a + a \cdot a V_a) = \frac{V_a}{3}(1 + a^4 + a^2) = 0$$

정답 07 ① 08 ③ 09 ④

10 대칭좌표법에서 불평형률을 나타내는 것은?

① $\frac{\text{영상분}}{\text{정상분}} \times 100$

② $\frac{\text{정상분}}{\text{역상분}} \times 100$

③ $\frac{\text{정상분}}{\text{영상분}} \times 100$

④ $\frac{\text{역상분}}{\text{정상분}} \times 100$

11 3상 불평형 전압에서 역상전압이 25[V]이고, 정상전압이 100[V], 영상전압이 10[V]라 할 때, 전압의 불평형률은 얼마인가?

① 0.25

② 0.4

③ 4

④ 10

해설

$$\text{불평형률} = \frac{\text{역상분}}{\text{정상분}} \times 100 = \frac{25}{100} \times 100 = 25[\%]$$

12 3상 불평형 전압에서 역상전압 50[V], 정상전압 250[V] 및 영상전압 20[V]이면, 전압 불평형률은 몇 [%]인가?

① 10

② 15

③ 20

④ 25

해설

$$\text{불평형률} = \frac{\text{역상분}}{\text{정상분}} \times 100 = \frac{50}{250} \times 100 = 20[\%]$$

13 어느 3상 회로의 선간전압을 측정하였더니 120[V], 100[V] 및 100[V]이었다. 이때 역상전압 V_2의 값은 약 몇 [V]인가?

① 9.8

② 13.8

③ 96.2

④ 106.2

정답 10 ④ 11 ① 12 ③ 13 ②

14 전류의 대칭분을 I_0, I_1, I_2, 유기 기전력 및 단자 전압의 대칭분을 E_a, E_b, E_c 및 V_0, V_1, V_2라 할 때 교류 발전기의 기본식 중 정상분 V_1값은?

① $-Z_0 I_0$　　② $-Z_2 I_2$

③ $E_a - Z_1 I_1$　　④ $E_b - Z_2 I_2$

해설 Chapter – 08 – 03

$V_0 = -Z_0 I_0$

$V_1 = E_a - Z_1 I_1$

$V_2 = -Z_2 I_2$

15 그림과 같이 중성점을 접지한 3상 교류 발전기의 a상이 지락되었을 때의 조건으로 맞는 것은?

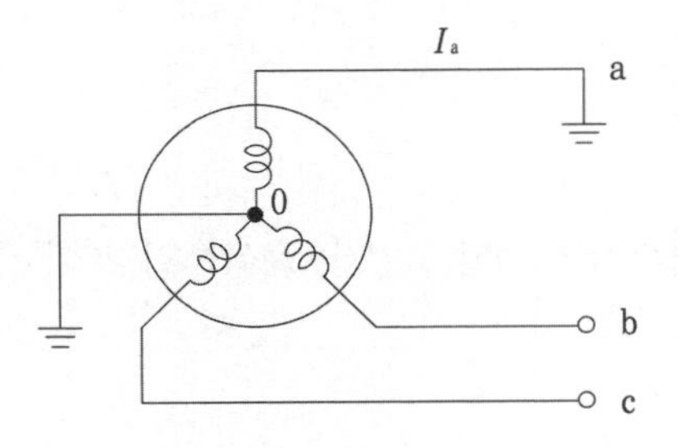

① $I_0 = I_1 = I_2$　　② $V_0 = V_1 = V_2$

③ $I_1 = -I_2$, $I_0 = 0$　　④ $V_1 = -V_2$, $V_0 = 0$

해설

a선 지락이므로 $I_b = I_c = 0$이다.

$I_0 = \frac{1}{3}(I_a + I_b + I_c)$

$I_1 = \frac{1}{3}(I_a + aI_b + a^2 I_c)$

$I_2 = \frac{1}{3}(I_a + a^2 I_b + aI_c)$

$\therefore I_0 = I_1 = I_2 = \frac{1}{3}I_a$

정답 14 ③ 15 ①

16

그림과 같은 평형 3상 교류 발전기의 b, c선이 직접 단락되었을 때의 단락 전류 I_b 의 값은? (단, Z_0는 영상 임피던스, Z_1은 정상 임피던스, Z_2는 역상 임피던스이다.)

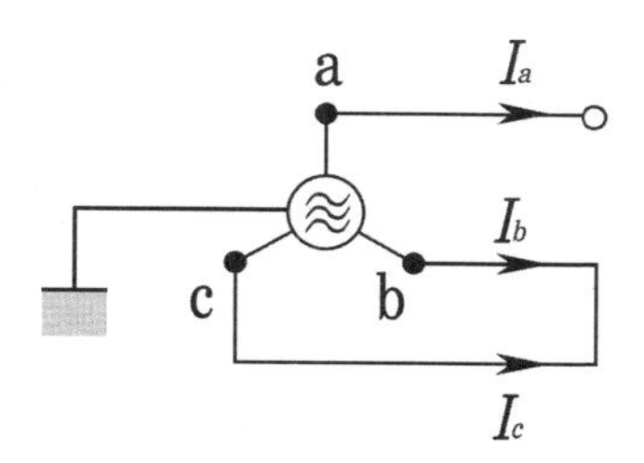

① $\dfrac{(a^2-a)E_a}{Z_1+Z_2}$　　② $\dfrac{3E_a}{Z_0+Z_1+Z_2}$

③ $\dfrac{3E_a}{Z_0+Z_1+Z_2+Z_0Z_2}$　　④ $\dfrac{aE_a}{Z_1+Z_2}$

해설

아래의 조건은

$V_b = V_c$, $I_a = 0$, $I_b = -I_c$

대칭분으로 표시하면

$V_0 + a^2 V_1 + a V_2 = V_0 + a V_1 + a^2 V_2$

$I_0 = \dfrac{1}{3}(I_a + I_b + I_c) = 0$

$I_0 + a^2 I_1 + a I_2 = -(I_0 + a I_1 + a^2 I_2)$, $(\therefore I_1 = -I_2)$

발전기 기본식에 대입하면

$E_a - Z_1 I_1 = -Z_2 I_2 = Z_2 I_1$

$\therefore I_1 = \dfrac{E_a}{Z_1 + Z_2}$, $I_2 = -I_1$, $I_0 = 0$

$\therefore I_b = I_0 + a^2 I_1 + a I_2 = \dfrac{(a^2 - a)E_a}{Z_1 + Z_2}$

정답 16 ①

요점정리

(1) 비대칭 전류에 의한 대칭분 전류

① 영상전류 $I_0 = \frac{1}{3}(I_a + I_b + I_c)$

② 정상전류

$$I_1 = \frac{1}{3}(I_a + aI_b + a^2 I_c)$$
$$= \frac{1}{3}(I_a + I_b \angle 120^\circ + I_c \angle -120^\circ)$$

③ 역상전류

$$I_2 = \frac{1}{3}(I_a + a^2 I_b + aI_c)$$
$$= \frac{1}{3}(I_a + I_b \angle -120^\circ + I_c \angle 120^\circ)$$

(2) 대칭분 전류에 의한 비대칭 전류

- $I_a = I_0 + I_1 + I_2$
  $I_b = I_0 + a^2 I_1 + aI_2$
  $I_c = I_0 + aI_1 + a^2 I_2$

(3) 발전기 기본식

- $V_0 = \quad - Z_0 I_0$
  $V_1 = E_a - Z_1 I_1$
  $V_2 = \quad - Z_2 I_2$

(4) 불평형률

$$= \frac{\text{역상분}}{\text{정상분}} \times 100$$
$$= \frac{I_2}{I_1} \times 100$$
$$= \frac{\frac{1}{3}(I_a + a^2 I_b + aI_c)}{\frac{1}{3}(I_a + aI_b + a^2 I_c)} \times 100$$

chapter

09

비정현파 교류

09 비정현파 교류

CHAPTER

※ 교류전원은 이상적인 정현파로 간주하고 해석함으로써 쉽게 처리할 수 있다. 그러나 실제 전원의 파형은 변압기 철심의 포화, 히스테리시스 및 전력, 전력소자 등의 영향으로 파형이 일그러진 비정현 주기파이다. 이러한 비정현 주기파는 푸리에 분석을 통하여 주파수가 상이한 여러 개의 정형파의 합으로 표현하여 해석한다.

✦ 기초정리

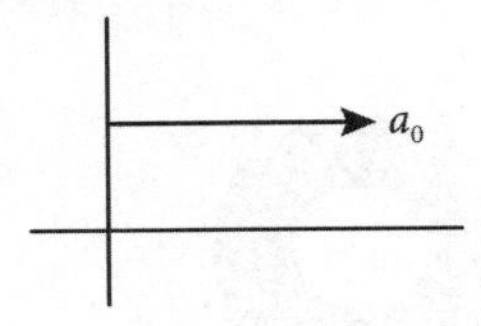

$$\Rightarrow a_0 = \frac{1}{T}\int_0^T f(t)\,dt : \text{ 평균값, 직류분}$$

$$\Rightarrow a_1 \cos wt + a_2 \cos 2wt + \cdot\cdot\cdot$$

$$= \sum_{n=1}^{\infty} a_n \cdot \cos nwt$$

$$a_n = \frac{1}{\frac{1}{T}} \int_0^{\frac{T}{2}} f(t) \cos nwt\, dt$$

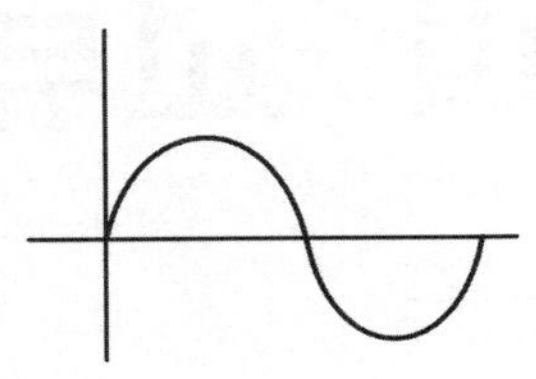

$$\Rightarrow b_1 \sin wt + b_2 \sin 2wt + \cdot\cdot\cdot$$

$$= \sum_{n=1}^{\infty} b_n \cdot \sin nwt$$

$$b_n = \frac{2}{\frac{2}{T}} \int_0^{\frac{T}{2}} f(t) \sin nwt\, dt$$

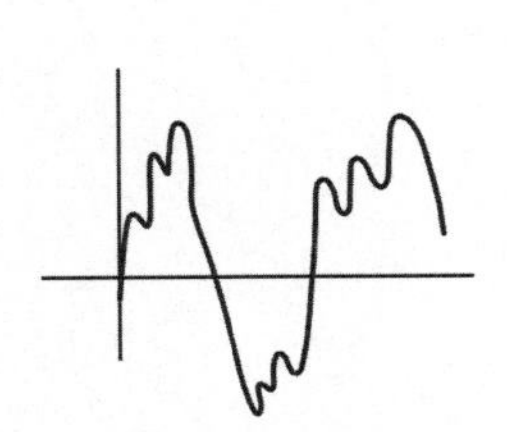

⇒ 직류분, cos 고조파, sin 고조파가 합쳐져서 찌그러들었다.
: 비정류파

• $f(t) = a_0 + \sum_{n=1}^{\infty} a_n \cos nwt + \sum_{n=1}^{\infty} a_n \sin nwt$

↓

직류분 = 평균값 $\left(I_a = \frac{1}{T}\int_0^T i\, d(t)\right)$

(1) 비정현파 교류의 푸리에 급수에 의한 전개

$$\underbrace{f(t) = a_0}_{\text{직류분}} + \underbrace{\sum_{n=1}^{\infty} a_n \cos nwt}_{\text{cos항}} + \underbrace{\sum_{n=1}^{\infty} a_n \sin nwt}_{\text{sin항}}$$

(2) 비정현파 교류의 대칭

① 여현 대칭(우함수) : 'cos'파가 대표적

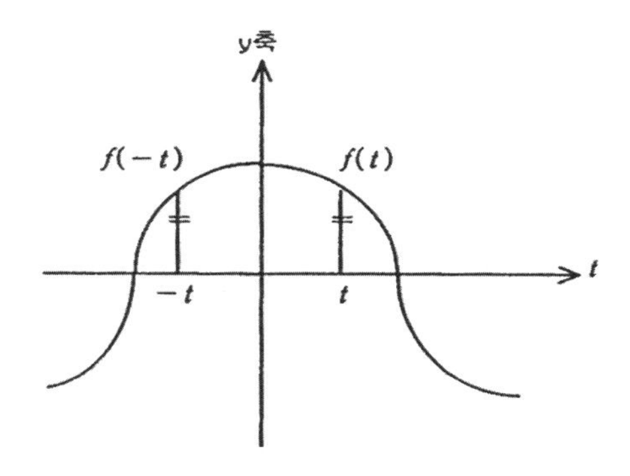

㉠ $f(t) = f(-t)$: y축 대칭

㉡ $b_n = 0$ (sin항 = 0)

㉢ $f(t) = a_0 + \sum_{n=1}^{\infty} a_n \cos nwt$

② 정현 대칭(기함수) : 'sin'파가 대표적

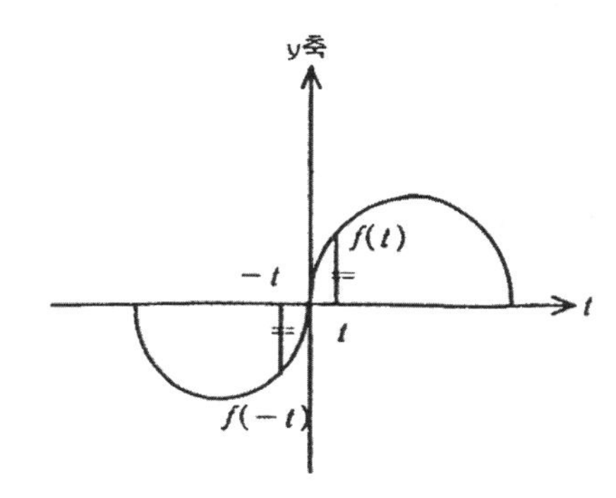

㉠ $f(t) = -f(-t)$: 원점 대칭

㉡ $a_0 = 0,\ a_n = 0$ (직류분과 cos항은 '0'이다)

㉢ $f(t) = \sum_{n=1}^{\infty} b_n \sin nwt$

③ **반파 대칭**(조건 : 반주기마다 동일한 파형이 반복되며 부호의 변화가 있다. : '구형파'가 대표적)

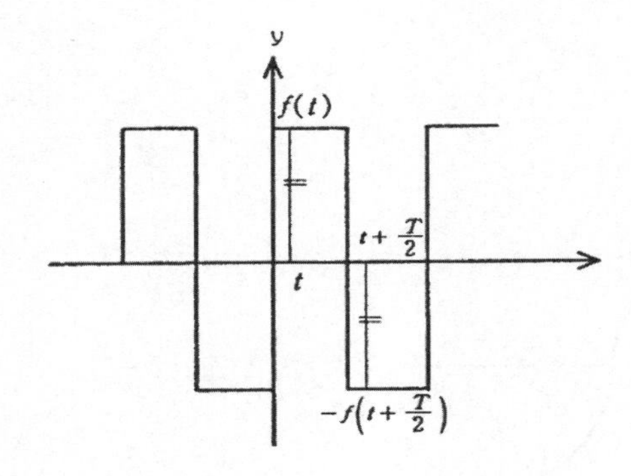

㉠ $f(t) = -f\left(t + \frac{T}{2}\right)$: 원점 or y축 대칭

㉡ $a_0 = 0$ (직류분은 '0'이다)

㉢ $f(t) = \sum_{n=1}^{\infty} a_n \cos nwt + \sum_{n=1}^{\infty} b_n \sin nwt$

↳ 단, $n = 1, 3, 5, \cdots$ 홀수항(기수항)만 남는다.

④ **여현 · 반파 대칭** : cos항 중 홀수항만 존재
(여현 대칭과 반파 대칭이 동시에 만족하는 것)

⑤ **정현 · 반파 대칭** : sin항 중 홀수항만 존재
(정현 대칭과 반파 대칭이 동시에 만족하는 것)

(3) 비정형파의 실효값과 전력

$v = \sqrt{2}\, V_1 \sin wt + \sqrt{2}\, V_2 \sin 2wt + \cdot \cdot \cdot$

$$i = \sqrt{2}I_1\sin(wt+\theta) + \sqrt{2}I_2\sin(2wt+\theta) + \cdots$$

$$V = \sqrt{V_1^2 + V_2^2 + \cdots}$$

$$I = \sqrt{I_1^2 + I_2^2 + \cdots}$$

$$P = V_1I_1\cos\theta_1 + V_2I_2\cos\theta_2 + \cdots$$

$$\cos\theta = \frac{P}{VI} = \frac{V_1I_1\cos\theta_1 + V_2I_2\cos\theta_2 + \cdots}{\sqrt{V_1^2 + V_2^2 + \cdots} \times \sqrt{I_1^2 + I_2^2 + \cdots}}$$

왜형률(D) : 1고조파에 비해서 얼마만큼 찌그러졌나를 비교하는 것

$$D = \frac{\text{전고조파의 실효값}}{\text{기본파의 실효값}} = \frac{\sqrt{V_2^2 + V_3^2 + \cdots}}{V_1}$$

$3n+1$ 고조파 : 상회전의 기본파와 동일

⇒ 4, 7, 10 ⋯

$3n$ 고조파 : 각상 동상

⇒ 3, 6, 9 ⋯

$3n-1$ 고조파 : 상회전의 기본파와 반대

⇒ 2, 5, 8 ⋯

(4) 비정현파의 임피던스 계산

$R-L$ 직렬

$$Z_1 = R + jwL$$

$$Z_2 = R + j2wL$$

$$Z_3 = R + j3wL$$

⋮

$R-C$ 직렬

$$Z_1 = R - j\frac{1}{wC}$$

$$Z_2 = R - j\frac{1}{2wC}$$

$$Z_3 = R - j\frac{1}{3wC}$$

⋮

ex. $R-L$ 직렬회로에서 제3고조파의 전류의 실효값

$$I_3 = \frac{V_3}{Z_3} = \frac{V_3}{\sqrt{R^2 + (3wL)^2}}$$

1) Y결선에서 선간전압에서는 제3고조파가 나타나지 않는다.

2) $V_\ell = \left(2\sin\frac{\pi}{n}\right) V_p$

① $n = 3$ $V_\ell = \sqrt{3}\, V_p$

② $n = 6$ $V_\ell = V_p$

$I_\ell = I_p$ (6상)

09 CHAPTER 출제예상문제

01 **비정현파를 여러 개의 정현파 합으로 표시하는 방법은?**

① 키르히호프의 법칙 ② 노튼의 정리
③ 푸리에 분석 ④ 테일러 분석

해설 Chapter – 09 – 01

02 **비정현파를 구성하는 일반적인 성분이 아닌 것은?**

① 기본파 ② 고조파
③ 직류분 ④ 삼각파

해설
비정현파의 구성 성분 : 직류분 + 기본파 + 나머지 고조파

03 **비정현파의 푸리에 급수에 의한 전개에서 옳게 전개한 $f(t)$는?**

① $\sum_{n=1}^{\infty} a_n \sin n\omega t + \sum_{n=1}^{\infty} b_n \sin n\omega t$

② $\sum_{n=1}^{\infty} a_n \sin n\omega t + \sum_{n=1}^{\infty} b_n \cos n\omega t$

③ $a_0 + \sum_{n=1}^{\infty} a_n \cos n\omega t + \sum_{n=1}^{\infty} b_n \sin n\omega t$

④ $\sum_{n=1}^{\infty} a_n \cos n\omega t + \sum_{n=1}^{\infty} b_n \cos n\omega t$

해설 Chapter – 09 – 01

04 **비정현파를 나타내는 식은?**

① 기본파 + 고조파 + 직류분 ② 기본파 + 직류분 – 고조파
③ 직류분 + 고조파 – 기본파 ④ 교류분 + 기본파 + 고조파

해설 Chapter – 09 – 01
비정현파의 구성 성분 : 직류분 + 기본파 + 나머지 고조파

정답 01 ③ 02 ④ 03 ③ 04 ①

05 주기적인 구형파의 신호는 그 주파수 성분이 어떻게 되는가?

① 무수히 많은 주파수의 성분을 가진다.
② 주파수 성분을 갖지 않는다.
③ 직류분만으로 구성된다.
④ 교류 합성을 갖지 않는다.

해설 Chapter – 09 – 01

06 ωt가 0에서 π까지 $i = 10$[A], π에서 2π까지는 $i = 0$[A]인 파형을 푸리에 급수로 전개하면 a_0는?

① 14.14
② 10
③ 7.05
④ 5

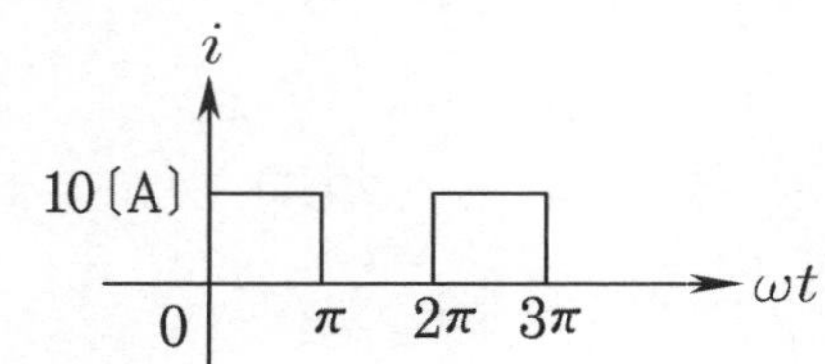

해설

구형반파이므로 a_0 (직류분 = 평균값) $= \frac{I_m}{2} = \frac{10}{2} = 5$

07 왜형률이란 무엇인가?

① $\frac{\text{전고조파의 실효값}}{\text{기본파의 실효값}}$

② $\frac{\text{전고조파의 평균값}}{\text{기본파의 평균값}}$

③ $\frac{\text{제3고조파의 실효값}}{\text{기본파의 실효값}}$

④ $\frac{\text{우수 고조파의 실효값}}{\text{기수 고조파의 실효값}}$

해설 Chapter – 09 – 03

정답 05 ① 06 ④ 07 ①

08 비정현파의 실효값은?

① 최대파의 실효값
② 각 고조파 실효값의 합
③ 각 고조파 실효값의 합의 제곱근
④ 각 고조파 실효값의 제곱의 합의 제곱근

해설 Chapter – 09 – 03

$V = \sqrt{V_1^2 + V_2^2 + V_3^2 + \ldots}$

09 비정현파의 전압이 $v = \sqrt{2} \cdot 100\sin\omega t + \sqrt{2} \cdot 50\sin 2\omega t + \sqrt{2} \cdot 30\sin 3\omega t$[V]일 때 실효치는 약 몇 [V]인가?

① 13.4
② 38.6
③ 115.7
④ 180.3

해설 Chapter – 09 – 03

$V = \sqrt{V_1^2 + V_2^2 + V_3^2} = \sqrt{100^2 + 50^2 + 30^2} = 115.7[V]$

10 전압의 순시값이 다음과 같을 때 실효값은 약 몇 [V]인가?

$$e = 3 + 10\sqrt{2}\sin\omega t + 5\sqrt{2}\sin(3\omega t - 30^\circ)$$

① 11.6
② 13.2
③ 16.4
④ 20.1

해설

비정현파의 실효값

$V = \sqrt{3^2 + 10^2 + 5^2} = 11.6[V]$

11 전류 $i = 30\sin\omega t + 40\sin(3\omega t + 45^\circ)$ [A]의 실효값[A]은?

① 25
② $25\sqrt{2}$
③ $35\sqrt{2}$
④ 50

해설 Chapter – 09 – 03

$$I = \sqrt{\left(\frac{30}{\sqrt{2}}\right)^2 + \left(\frac{40}{\sqrt{2}}\right)^2} = \frac{50}{\sqrt{2}} = 25\sqrt{2} = 35.35[A]$$

정답 08 ④ 09 ③ 10 ① 11 ②

12

비정현파 전압 $v = 100\sqrt{2}\sin\omega t + 50\sqrt{2}\sin 2\omega t + 30\sqrt{2}\sin 3\omega t$ 의 왜형률은?

① 1.0 ② 0.8
③ 0.5 ④ 0.3

해설 Chapter – 09 – 03

$$D = \frac{\sqrt{50^2 + 30^2}}{100} = 0.58$$

13

기본파의 40[%]인 제3고조파와 20[%]인 제5고조파를 포함하는 전압파의 왜형률은?

① $\frac{1}{\sqrt{2}}$ ② $\frac{1}{\sqrt{3}}$
③ $\frac{2}{\sqrt{3}}$ ④ $\frac{1}{\sqrt{5}}$

해설 Chapter – 09 – 03

$$D = \frac{\sqrt{0.4^2 + 0.2^2}}{1} = 0.447 = \frac{1}{\sqrt{5}}$$

14

어떤 회로가 단자전압과 전류가 $v = 100\sin\omega t + 70\sin 2\omega t + 50\sin(3\omega t - 30^\circ)$, $i = 20\sin(\omega t - 60^\circ) + 10\sin(3\omega t + 45^\circ)$ 일 때, 회로에 공급되는 평균전력은 얼마인가?

① 565[W] ② 525[W]
③ 495[W] ④ 465[W]

해설 Chapter – 09 – 03

$$P = \frac{100 \times 20}{2}\cos 60^\circ + \frac{50 \times 10}{2}\cos 75^\circ = 564.7[\mathrm{W}]$$

정답 12 ③ 13 ④ 14 ①

15 다음과 같은 왜형파 전압 및 전류에 의한 전력[W]은?

$$v = 100\sin\omega t + 50\sin(3\omega t + 60^\circ)$$
$$i = 20\cos(\omega t - 30^\circ) + 10\cos(3\omega t - 30^\circ)$$

① 750　② 1000　③ 1299　④ 1732

해설 Chapter － 09 － 03

$$P = \frac{100 \times 20}{2}\cos 60^\circ + \frac{50 \times 10}{2}\cos 0^\circ$$
$$= 500 + 250 = 750\,[\mathrm{W}]$$

16 그림과 같은 파형의 교류 전압 v와 전류 i 간의 등가 역률은? (단, $v = V_m \sin\omega t$, $i = I_m\left(\sin\omega t - \frac{1}{\sqrt{3}}\sin 3\omega t\right)$이다.)

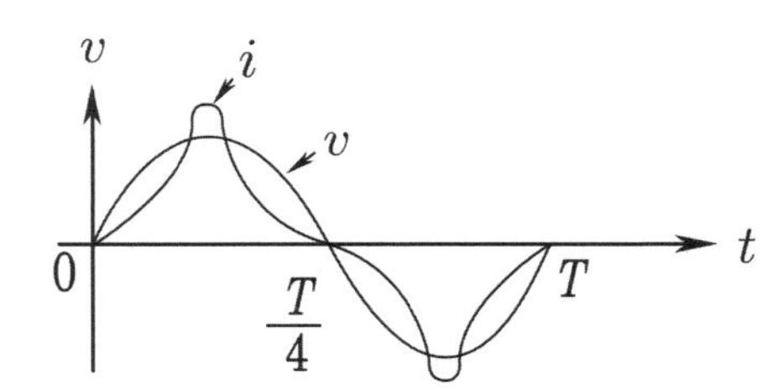

① $\frac{\sqrt{3}}{2}$　② $\frac{1}{2}$

③ 0.8　④ 0.9

해설 Chapter － 09 － 03

유효전력 $P = \frac{V_m I_m}{2}$이므로 $V = \frac{V_m}{\sqrt{2}}$, $I = \frac{I_m}{\sqrt{2}}\sqrt{1 + \left(\frac{1}{\sqrt{3}}\right)^2}$을 대입하면

$$\cos\theta = \frac{P}{VI} = \frac{\frac{V_m I_m}{2}}{\frac{V_m}{\sqrt{2}} \cdot \frac{\sqrt{2}\,I_m}{\sqrt{3}}} = \frac{\sqrt{3}}{2}$$

정답 15 ① 16 ①

17

$R-L$ 직렬회로에 $v = 10 + 100\sqrt{2}\sin\omega t + 100\sqrt{2}\sin(3\omega t + 60^\circ) + 100\sqrt{2}\sin(5\omega t + 30^\circ)$[V]인 전압을 인가할 때 제3고조파 전류의 실효값[A]은? (단, $R = 8$[Ω], $\omega L = 2$[Ω]이다.)

① 10
② 5
③ 3
④ 1

해설

$$I_3 = \frac{V_3}{Z_3} = \frac{V_3}{R + j3\omega L} = \frac{100}{8 + j3 \times 2} = 10\,[\text{A}]$$

18

전류가 1[H]의 인덕터를 흐르고 있을 때 인덕터에 축적되는 에너지[J]는? (단, $i = 5 + 10\sqrt{2}\sin 100t + 5\sqrt{2}\sin 200t$[A]이다.)

① 150
② 100
③ 75
④ 50

해설

$L = 1$

$i = 5 + 10\sqrt{2}\sin 100t + 5\sqrt{2}\sin 200t$

$W = \frac{1}{2}LI^2 = \frac{1}{2} \times 1 \times 150 = 75[\text{J}]$

$(\because I = \sqrt{5^2 + 10^2 + 5^2}) = 12.24$

$I^2 = 12.24^2 = 150[\text{A}]$

19

5[Ω]의 저항에 흐르는 전류가 $i = 5 + 14.14\sin 100t + 7.07\sin 200t$[A]일 때 저항에서 소비되는 평균 전력[W]은?

① 150
② 250
③ 625
④ 750

해설

$I = \sqrt{5^2 + 10^2 + 5^2} = 12.24[\text{A}]$

$P = I^2 \cdot R = 150 \times 5 = 750[\text{W}]$

정답 17 ① 18 ③ 19 ④

요점정리

(1) 푸리에 급수에 의한 전개

$$f(t) = a_0 + \sum_{n=1}^{\infty} a_n \cos n\omega t + \sum_{n=1}^{\infty} b_n \sin n\omega t$$

(2) 비정현파의 대칭

① 여현 대칭(우함수)

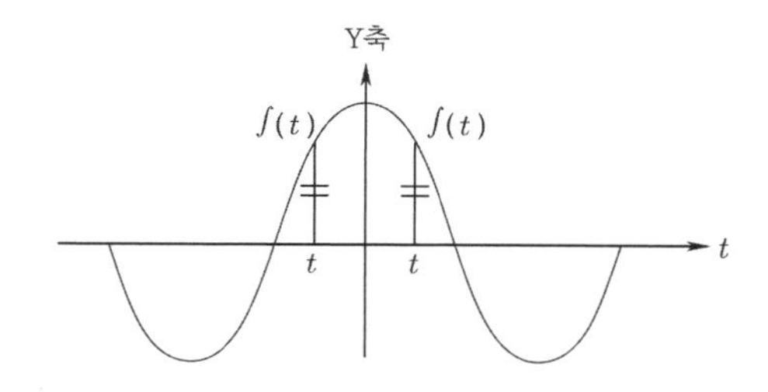

㉠ $f(t) = f(-t)$ (y축 대칭)

㉡ $b_n = 0$

$$f(t) = a_0 + \sum_{n=1}^{\infty} a_n \cos n\omega t$$

② 정현 대칭(기함수)

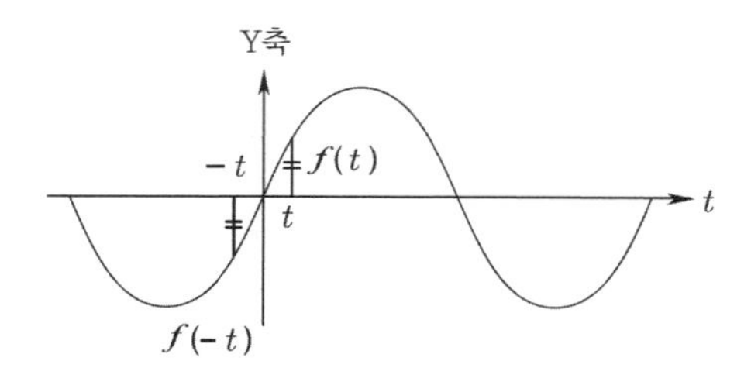

㉠ $f(t) = -f(-t)$ (원점 대칭)

㉡ $a_0 = 0,\ a_n = 0$

$$f(t) = \sum_{n=1}^{\infty} b_n \sin n\omega t$$

③ 반파 대칭

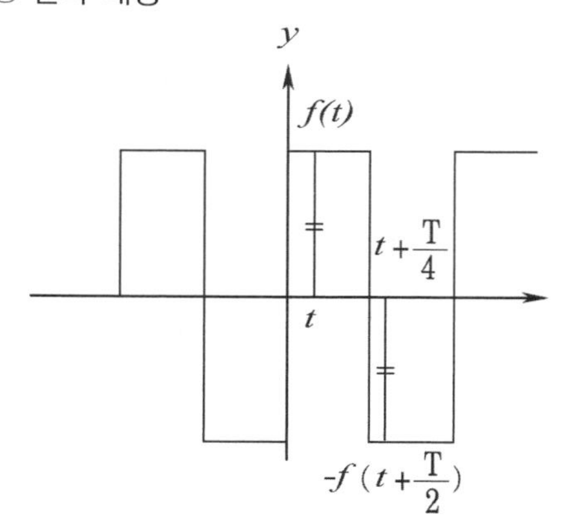

㉠ $f(t) = -f\left(t + \dfrac{T}{2}\right)$

㉡ $a_0 = 0$

$$f(t) = \sum_{n=1}^{\infty} a_n \cos n\omega t + \sum_{n=1}^{\infty} b_n \sin n\omega t$$

($n =$ 1, 3, 5 ...... 홀수항 = 기수항)

(3) 비정현파의 실효값과 전력

$V = \sqrt{2}\, V_1 \sin\omega t + \sqrt{2}\, V_2 \sin 2\omega t + ...$

$i = \sqrt{2}\, I_1 \sin(\omega t + \theta_1) + \sqrt{2}\, I_2 \sin(2\omega t + \theta_2) + ...$

$V = \sqrt{V_1^2 + V_2^2 + ...}$

$I = \sqrt{I_1^2 + I_2^2 + ...}$

$P = V_1 I_1 \cos\theta_1 + V_2 I_2 \cos\theta_2 + ...$

$$\cos\theta = \frac{P}{P_a} = \frac{P}{V \cdot I}$$

$$= \frac{V_1 I_1 \cos\theta_1 + V_2 I_2 \cos\theta_2 + ...}{\sqrt{V_1^2 + V_2^2 + ...} \times \sqrt{I_1^2 + I_2^2 + ...}}$$

◎ 왜형률

$$D=\frac{\text{전고조파의 실효값}}{\text{기본파의 실효값}}=\frac{\sqrt{I_2^2+I_3^2+\dots}}{I_1}$$

(4) 비정현파의 임피던스 계산

$R-L$ 직렬회로	$R-C$ 직렬회로
$Z_1=R+j\omega L$	$Z_1=R-j\dfrac{1}{\omega C}$
$Z_2=R+j2\omega L$	$Z_2=R-j\dfrac{1}{2\omega C}$
$Z_3=R+j3\omega L$	$Z_3=R-j\dfrac{1}{3\omega C}$
$\vdots$	$\vdots$

ex. $R-L$ 직렬회로에서 제3고조파 전류의 실효값

$$I_3=\frac{V_3}{Z_3}=\frac{V_3}{\sqrt{R^2+(3\omega L)^2}}$$

chapter

10

2단자 회로망

10

CHAPTER

2단자 회로망

01 영점과 극점

$$Z(s) = \frac{(s+1)(s+2)}{(s+3)(s+4)}$$

참고

※ 영점 ⇒ 분자가 '0'이 될 때 : $(s+1)(s+2)=0$

$\therefore s = -1, -2$

▸ 분자가 '0'이 되면 Z가 '0'이 되므로 회로가 단락 상태가 된다.

※ 극점 ⇒ 분모가 '0'이 될 때 : $(s+3)(s+4)=0$

$\therefore s = -3, -4$

▸ 분모가 '0'이 되면 Z가 '∞'가 되므로 회로가 개방 상태가 된다.

02 역회로

구동점 임피던스가 각각 Z_1, Z_2 인 2개의 단자 회로망에 있어서, 임피던스의 곱이 주파수와 무관한 점의 정수로 될 때 역회로의 관계가 있다.

R ↔ G

L ↔ C

직렬 ↔ 병렬

참고

※ 역회로를 수식으로 나타내면

$Z_1 \cdot Z_2 = k^2$

$jwL \cdot \dfrac{1}{jwC} = k^2$

$\dfrac{L}{C} = k^2$

03 정저항 회로

2단자 구동점 임피던스가 주파수와 관계없이 항상 일정한 순저항으로 될 때의 회로를 정저항 회로라 한다.

(1) $L \cdot C$가 직렬일 때 저항 R을 병렬연결

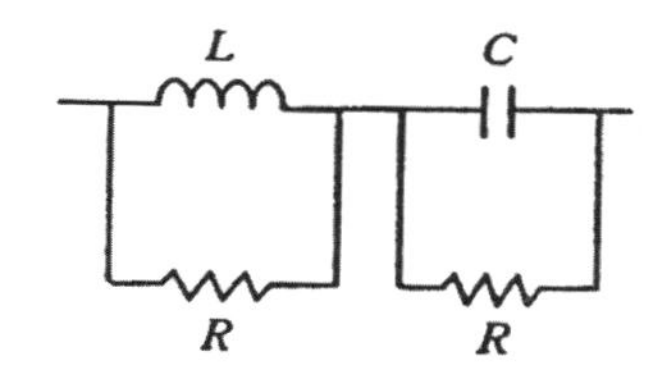

(2) $L \cdot C$가 병렬일 때 저항 R을 직렬연결

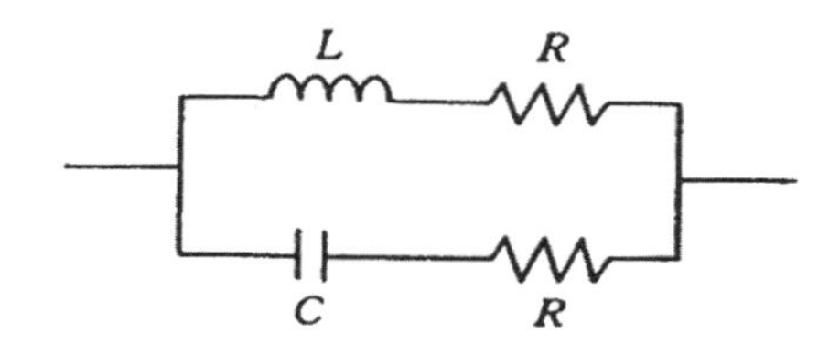

(1), (2) 이 두 조건을 다 만족하면 정저항 회로이다.
(주파수와 관계없다)

$$Z_1 \cdot Z_2 = R^2$$

$$\therefore \frac{L}{C} = R^2$$

10 CHAPTER

출제예상문제

01 그림과 같은 회로의 구동점 임피던스[Ω]는?

① $2+j\omega$ ② $\dfrac{2\omega^2+j4\omega}{3}$

③ $\dfrac{\omega^2+j8\omega}{4+\omega^2}$ ④ $\dfrac{2\omega^2+j4\omega}{4+\omega^2}$

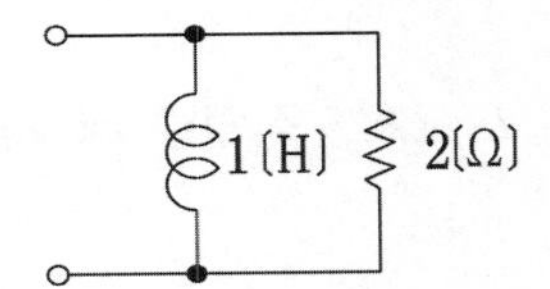

해설

$$Z(s)=\frac{2\cdot s}{2+s}=\frac{2j\omega}{2+j\omega}\cdot\frac{(2-j\omega)}{(2-j\omega)}=\frac{2\omega^2+j4\omega}{4+\omega^2}$$

02 그림과 같은 2단자망의 구동점 임피던스[Ω]는? (단, $s=j\omega$이다.)

① $\dfrac{s}{s^2+1}$ ② $\dfrac{1}{s^2+1}$

③ $\dfrac{2s}{s^2+1}$ ④ $\dfrac{3s}{s^2+1}$

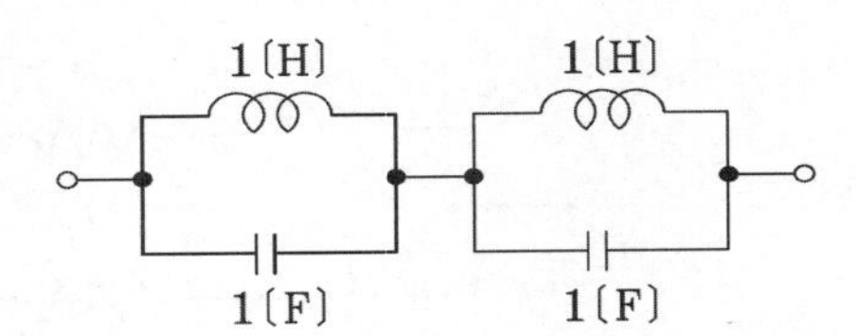

해설

$$Z(s)=\frac{s\times\frac{1}{s}}{s+\frac{1}{s}}\times 2$$

$$=\frac{2}{\frac{s^2+1}{s}}=\frac{2s}{s^2+1}$$

03 임피던스 함수가 $Z(s)=\dfrac{4s+2}{s}$로 표시되는 2단자 회로망은 다음 중 어느 것인가?

① 4 1/2 (저항–커패시터 직렬) ② 4 2 (저항–커패시터 직렬)

③ 4 1/2 (저항–인덕터 직렬) ④ 4 2 (저항–인덕터 직렬)

해설

$$Z(s)=\frac{4s+2}{s}=\frac{4s}{s}+\frac{2}{s}=4+\frac{2}{s}$$

$$\therefore\ R=4\ ,\ C=\frac{1}{2}$$

정답 01 ④ 02 ③ 03 ①

04

임피던스 $Z(s)$가 $Z(s) = \dfrac{s+30}{s^2+2RLs+1}$[Ω]으로 주어지는 2단자 회로에 직류 전류원 30[A]를 가할 때, 이 회로의 단자 전압[V]은? (단, $s=j\omega$이다.)

① 30 ② 90 ③ 300 ④ 900

해설

직류 회로 : $s=0$

$\therefore\ Z(s) = \dfrac{30}{1} = 30,\ I = 30$[A]

$\therefore\ V = 900$[V]

05

임피던스 $Z(s)$가 $\dfrac{s+50}{s^2+3s+2}$[Ω]으로 주어지는 2단자 회로에 직류 전원 100[V]를 인가할 때 회로의 전류[A]는?

① 4 ② 6 ③ 8 ④ 10

해설

직류 회로 : $s=0$

$\therefore\ Z(s) = \dfrac{50}{2} = 25,\ V = 100$[V]

$\therefore\ I = \dfrac{V}{Z} = 4$[A]

06

2단자 임피던스 함수 $Z(s)$가 $\dfrac{(s+2)(s+3)}{(s+4)(s+5)}$일 때 극은?

① −2, −3 ② −3, −4 ③ −1, −2, −3 ④ −4, −5

해설 Chapter − 10 − 01

극점은 분모가 0이 되는 조건

$\therefore\ s = -4, -5$

정답 04 ④ 05 ① 06 ④

07 2단자 임피던스 함수 $Z(s)$가 $\dfrac{(s+3)}{(s+4)(s+5)}$일 때의 영점은?

① 4, 5　　② −4, −5　　③ 3　　④ −3

해설
영점(분자 = 0) : $s+3=0$
$\therefore\ s=-3$

08 그림과 같은 유한 영역에서 극, 영점 분포를 가진 2단자 회로망의 구동점 임피던스는?

① $\dfrac{Hs(s+b)}{(s+a)}$

② $\dfrac{H(s+a)}{s(s+b)}$

③ $\dfrac{s(s+b)}{H(s+a)}$

④ $\dfrac{s+a}{Hs(s+b)}$

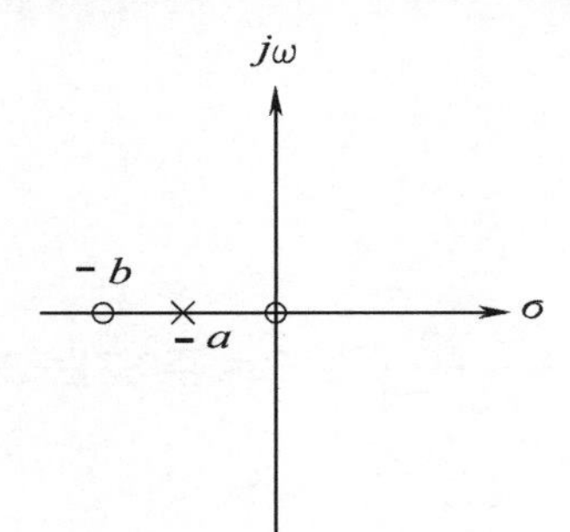

해설 Chapter − 10 − 01
영점 $0, -b$
극점 $-a$

09 구동점 임피던스에 있어서 영점(zero)은?

① 전류가 흐르지 않는 경우이다.　　② 회로를 개방한 것과 같다.
③ 회로를 단락한 것과 같다.　　④ 전압이 가장 큰 상태이다.

해설 Chapter − 10 − 01
영점 : 회로를 단락한 것과 같다.

10 구동점 임피던스에 있어서 극점(pole)은?

① 전류가 많이 흐르는 상태를 의미한다.　　② 단락 회로 상태를 의미한다.
③ 개방 회로 상태를 의미한다.　　④ 아무 상태도 아니다.

해설 Chapter − 10 − 01
극점 : 회로를 개방한 것과 같다.

정답 07 ④　08 ①　09 ③　10 ③

11 그림과 같은 회로가 정저항 회로가 되기 위해서 C [μF]는? (단, $R=100$[Ω], $L=10$[mH]이다.)

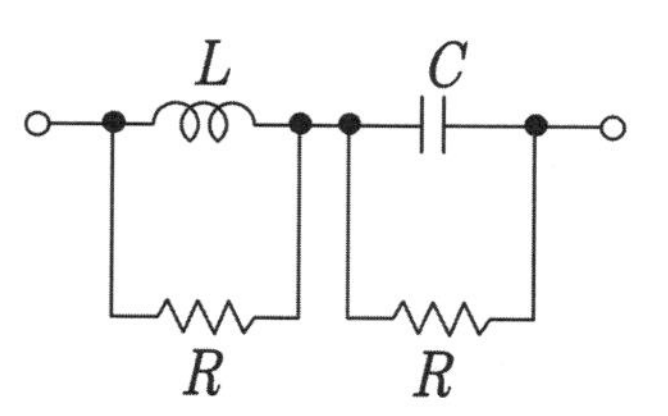

① 1
② 10
③ 100
④ 1000

해설 Chapter − 10 − 03

정저항 회로

$$R^2 = \frac{L}{C}$$

$$\therefore\ C = \frac{L}{R^2} = \frac{10\times10^{-3}\times10^6}{10^4}\,[\mu\text{F}] = 1$$

12 다음 회로가 정저항 회로로 되기 위한 R의 값은?

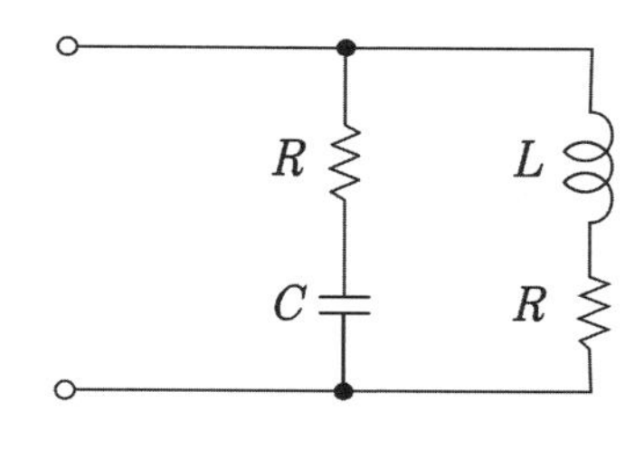

① 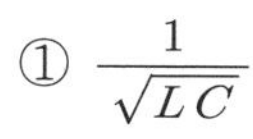 $\frac{1}{\sqrt{LC}}$
② $\sqrt{LC}$
③ $\sqrt{\frac{L}{C}}$
④ $\sqrt{\frac{C}{L}}$

해설 Chapter − 10 − 03

정저항 회로 $R=\sqrt{\frac{L}{C}}$

정답 11 ① 12 ③

요점정리

(1) 영점과 극점

$$Z(s) = \frac{(s+1)(s+2)}{(s+3)(s+4)} = \frac{\text{영점}}{\text{극점}}$$

$(s+1)(s+2) = 0$
$s = -1 \quad s = -2$ (단락상태)
$(s+3)(s+4) = 0$
$s = -3 \quad s = -4$ (개방상태)

(2) 역회로

구동점 임피던스 Z_1, Z_2 인 2개의 2단자 회로망이 있을 때 $Z_1 \cdot Z_2 = k^2$의 관계가 있을 때 k에 관한 역회로라 한다.

저　항(R) ↔ 컨덕턴스(G)
인덕턴스(L) ↔ 정전용량(C)
직렬연결　↔ 병렬연결

$Z_1 \cdot Z_2 = k^2$,

$j\omega L \cdot \frac{1}{j\omega C} = k^2$

$\because K^2 = \frac{L}{C}$

$K = \sqrt{\frac{L}{C}}$

(3) 정저항 회로

2단자 회로망의 구동점 임피던스가 주파수와 관계없이 일정한 저항값으로만 표시되는 회로

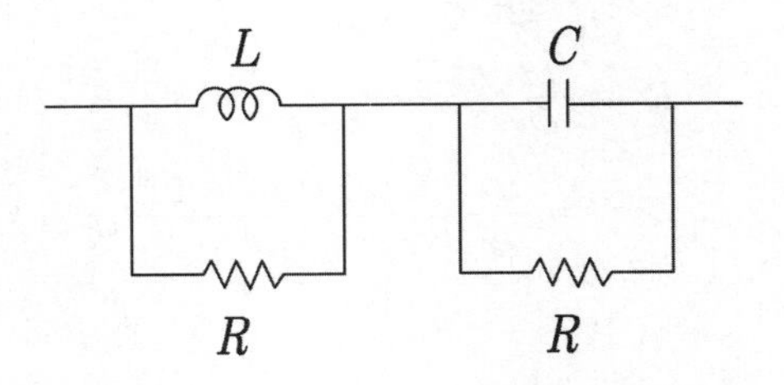

$Z_1 \cdot Z_2 = R^2$

$j\omega L \cdot \frac{1}{j\omega C} = R^2$

$\therefore \frac{L}{C} = R^2$

chapter

11

4단자 회로망

11
CHAPTER

4단자 회로망

※ 신호가 유입하거나 유출하는 한 쌍의 단자를 포트(port)라 하며 한 쌍의 단자만을 갖는 회로망을 2단자 회로망(two terminal network) 또는 1포트(one port) 회로망이라 한다. 반면에 한 쌍의 입력 단자와 또 다른 한 쌍의 출력 단자로 구성된 단자가 두 쌍인 회로망을 4단자 회로망(four terminal network) 또는 2포트(two port) 회로망이라 하고 그 특성은 두 단자쌍의 전압, 전류의 상호관계에 의해서 결정된다.
선형 회로망의 경우 이 4개의 변수, 즉 입력 단자의 전압, 전류와 출력 단자의 전압, 전류에서 임의의 두 변수는 나머지 두 변수와의 상호 관계에 의하여 4단자 정수(parameter)의 1차식으로 표현된다.

✦ 기초정리

① 쌍망 2단자
② 관심 대상은 V_1, V_2, I_1, I_2 전압과 전류에 관심이 있다.
(회로망 내부는 관심없다.)

(1) $V = Z \cdot I$ (Z 파라미타) : 전압을 앞으로 끄집어 냄

$$\begin{bmatrix} V_1 \\ V_2 \end{bmatrix} = \begin{bmatrix} Z_{11} & Z_{12} \\ Z_{21} & Z_{22} \end{bmatrix} \begin{bmatrix} I_1 \\ I_2 \end{bmatrix}$$

: 2행 2열의 Z값을 넣어야 V_1, V_2가 나온다.
$Z \cdot P$ (일정한 Z 값을 구하는 것)

$$\therefore \; V_1 = Z_{11} I_1 + Z_{12} I_2$$
$$V_2 = Z_{21} I_1 + Z_{22} I_2$$

ex.

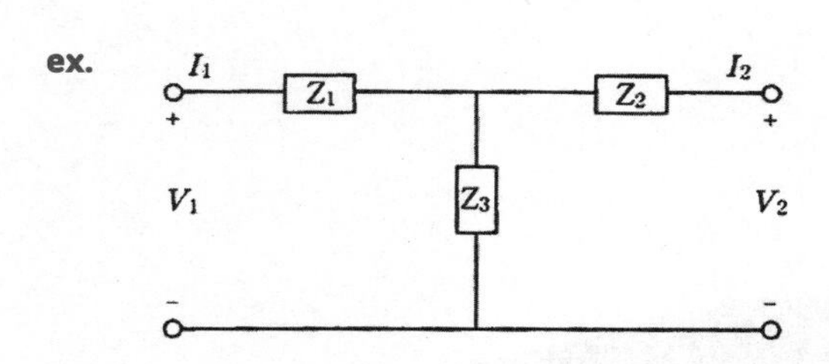

$$Z_{11} = \frac{V_1}{I_1}|_{I_2=0} = \frac{(Z_1 + Z_3)}{I_1} = Z_1 + Z_3$$

∴ Z_{11} : I_1 전류가 흐를 때 걸려있는 임피던스의 합

$$Z_{11} = Z_1 + Z_3$$

Z_{22} : I_2 전류가 흐를 때 걸려있는 임피던스의 합

$$Z_{22} = Z_2 + Z_3$$

$Z_{12} = Z_{21}$: I_1과 I_2 가 공통으로 걸려있는 임피던스의 합

$$Z_{12} = Z_{21} = Z_3(-Z_3)$$

↳ 전류의 방향이 반대일 때

(2) $I = \frac{1}{Z} \cdot V = Y \cdot V$ (Y 파라미타) : 전류를 앞으로 끄집어 냄

$$\begin{bmatrix} I_1 \\ I_2 \end{bmatrix} = \begin{bmatrix} Y_{11} & Y_{12} \\ Y_{21} & Y_{22} \end{bmatrix} \begin{bmatrix} V_1 \\ V_2 \end{bmatrix}$$

Y $Y-P$ (일정한 Y 값을 구하는 것)

∴ $I_1 = Y_{11}V_1 + Y_{12}V_2$

$I_2 = Y_{21}V_1 + Y_{22}V_2$

ex.

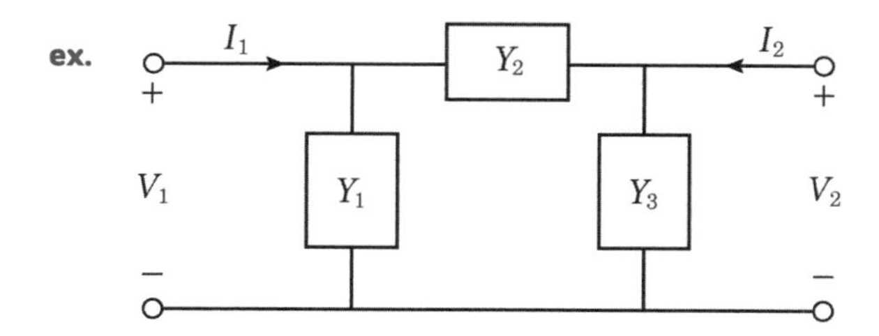

∴ Y_{11} : V_1 전압에 걸려있는 어드미턴스의 합

$$Y_{11} = Y_1 + Y_2$$

Y_{22} : V_2 전압에 걸려있는 어드미턴스의 합

$$Y_{22} = Y_2 + Y_3$$

$Y_{12} = Y_{21}$: V_1 과 V_2 가 전압에 공통되는 어드미턴스의 합

$$Y_{12} = Y_{21} = Y_2(-Y_2)$$

↳ 전압의 방향이 반대일 때

(3) F – P (A B C D)

$$\begin{bmatrix} V_1 \\ I_1 \end{bmatrix} = \begin{bmatrix} A & B \\ C & D \end{bmatrix} \begin{bmatrix} V_2 \\ I_2 \end{bmatrix}$$

$$V_1 = AV_2 + BI_2$$
$$I_1 = CV_2 + DI_2$$

$A = \frac{V_1}{V_2}|_{I_2=0}$: 출력측 개방시(전압비) = 1 + ↪

$B = \frac{V_1}{I_2}|_{V_2=0}$: 출력측 단락시(Z) = 직렬성분

$C = \frac{I_1}{V_2}|_{I_2=0}$: 출력측 개방시(Y) = 병렬성분

$D = \frac{I_1}{I_2}|_{V_2=0}$: 출력측 단락시(전류비) = 1 + ↩

cf. 2차측에 대해 1차측이 얼마나 되나?라는 명제
: V_1, I_1, V_2, I_2의 변화만 알면 회로망 내부를 구할 수 있다.

ex.

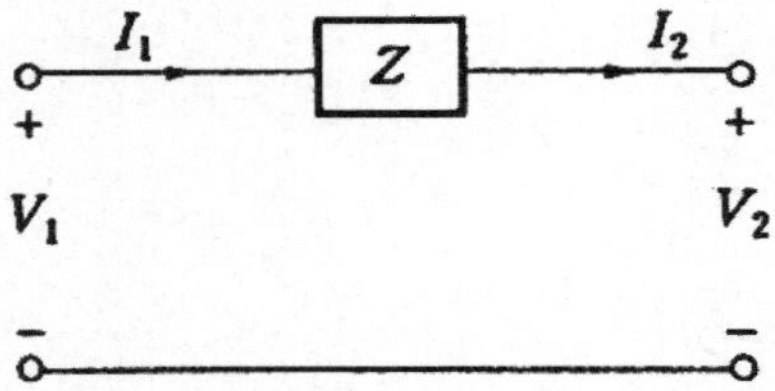

$A = 1 +$ ↪ $= 1 + 0 = 1$
$B = Z$ (직렬성분)
$C = 0$ (병렬성분)
$D = 1 +$ ↩ $= 1 + 0 = 1$

ex.

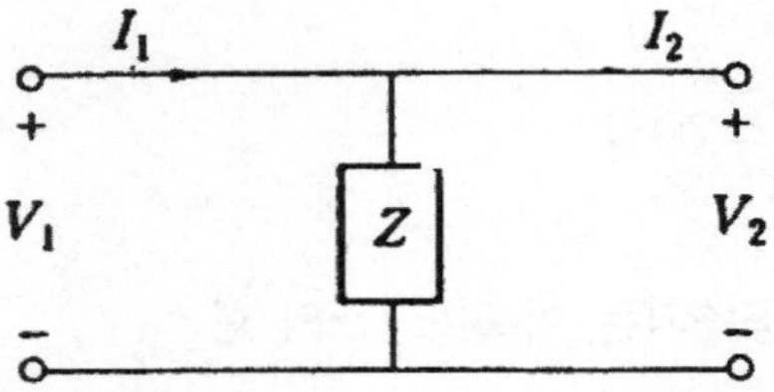

$A = 1 +$ ↪ $= 1 + 0 = 1$
$B = 0$ (직렬성분)
$C = \frac{1}{Z}$ (병렬성분)
$D = 1 +$ ↩ $= 1 + 0 = 1$

ex.

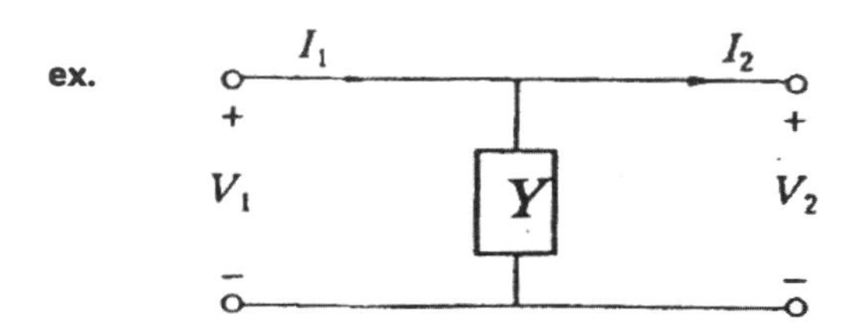

$A = 1 + \curvearrowleft = 1 + 0 = 1$

$B = 0$ (직렬성분)

$C = Y$ (병렬성분)

$D = 1 + \curvearrowright = 1 + 0 = 1$

ex.

$A = 1 + \curvearrowleft = 1 + \dfrac{Z_1}{Z_2}$

$B = Z_1$ (직렬성분)

$C = \dfrac{1}{Z_2}$ (병렬성분)

$D = 1 + \curvearrowright = 1 + 0 = 1$

ex.

$A = 1 + \curvearrowleft = 1 + \dfrac{Z_1}{Z_3}$

$B = \dfrac{Z_1 Z_2 + Z_2 Z_3 + Z_3 Z_1}{Z_3}$

$C = \dfrac{1}{Z_3}$

$D = 1 + \curvearrowright = 1 + \dfrac{Z_2}{Z_3}$

ex.

$A = 1 + \curvearrowleft = 1 + \dfrac{Z_2}{Z_3}$

$B = Z_2$ (직렬성분)

$C = \dfrac{Z_1 + Z_2 + Z_3}{Z_1 Z_3}$ (병렬성분)

$D = 1 + \curvearrowright = 1 + \dfrac{Z_2}{Z_1}$

◎ $B = Y \to \triangle$

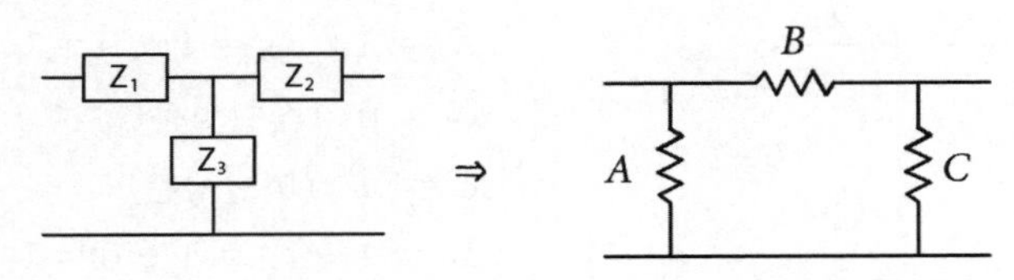

$$B = \frac{Z_1 Z_2 + Z_2 Z_3 + Z_3 Z_1}{Z_3}$$

◎ $C = \triangle \to Y = \dfrac{1}{Z_{13}}$

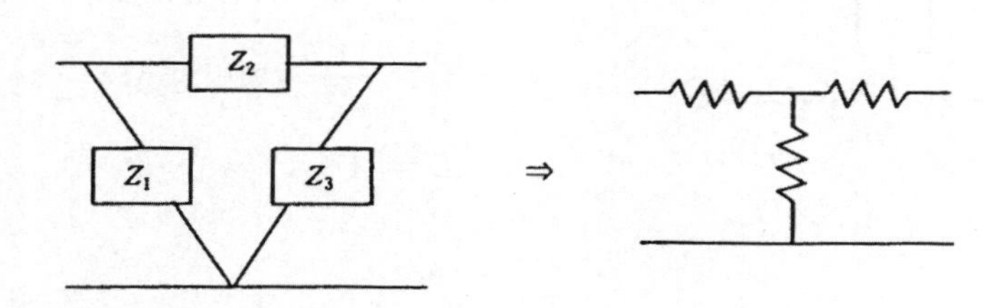

$$Z_{13} = \frac{Z_1 \cdot Z_3}{Z_1 + Z_2 + Z_3}$$

$$\therefore C = \frac{1}{Z_{13}} = \frac{Z_1 + Z_2 + Z_3}{Z_1 \cdot Z_3}$$

(4) 변압기와 자이레이터(전류에 의한 전압의 변화)

① 변압기

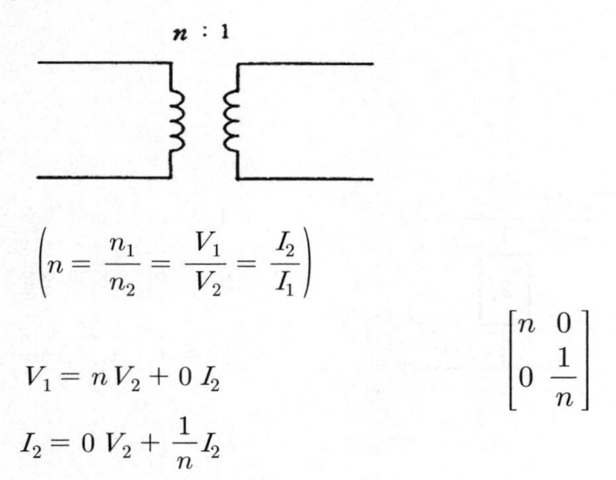

$$\left(n = \frac{n_1}{n_2} = \frac{V_1}{V_2} = \frac{I_2}{I_1} \right)$$

$$V_1 = n V_2 + 0 \, I_2$$

$$I_2 = 0 \, V_2 + \frac{1}{n} I_2$$

$$\begin{bmatrix} n & 0 \\ 0 & \frac{1}{n} \end{bmatrix}$$

② 자이레이터

$(V_1 = aI_2, \quad V_2 = aI_1)$

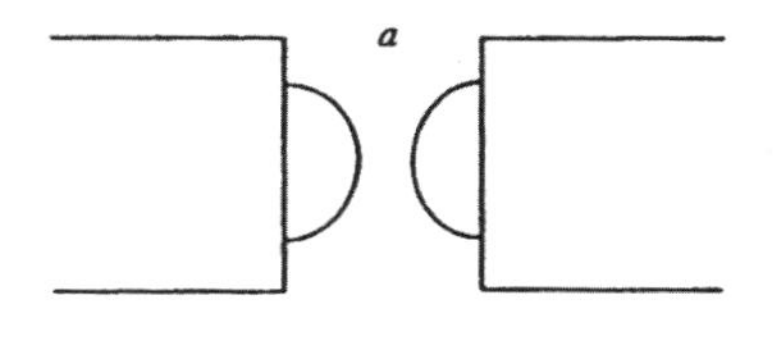

$$V_1 = 0V_2 + aI_2$$

$$I_1 = \frac{1}{a}V_2 + 0I_2$$

$$\begin{bmatrix} 0 & a \\ \frac{1}{a} & 0 \end{bmatrix}$$

(5) 영상 임피던스와 영상전달함수

① 영상 임피던스

$$Z_{01} = \frac{V_1}{I_1} = \frac{AV_2 + BI_2}{CV_2 + DI_2} = \frac{A\frac{V_2}{I_2} + B}{C\frac{V_2}{I_2} + D} = \frac{AZ_{02} + B}{CZ_{02} + D} = Z_{01}$$

$$Z_{02} = \frac{V_2}{I_2} = \frac{DV_1 + BI_1}{CV_1 + AI_1} = \frac{D\frac{V_1}{I_1} + B}{C\frac{V_1}{I_1} + A} = \frac{DZ_{01} + B}{CZ_{01} + A} = Z_{02}$$

$$Z_{01} = \sqrt{\frac{AB}{CD}}$$

$$Z_{02} = \sqrt{\frac{BD}{AC}}$$

$$Z_{01} \cdot Z_{02} = \frac{B}{C}$$

$$\frac{Z_{02}}{Z_{01}} = \frac{D}{A}$$

② 영상전달정수

$$\theta = \ell_n(\sqrt{AD} + \sqrt{BC})$$

$$= \cos h^{-1}\sqrt{AD}$$

$$= \sin h^{-1}\sqrt{BC}$$

CHAPTER 11

출제예상문제

01 그림과 같은 T 형 4단자 회로의 임피던스 파라미터 중 Z_{22}는?

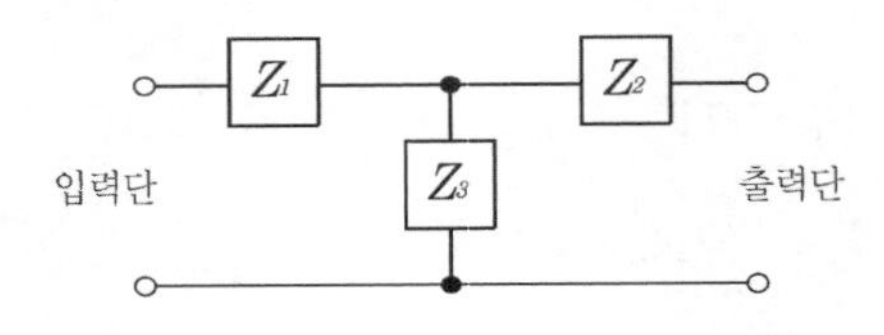

① Z_3
② Z_1+Z_3
③ Z_2+Z_3
④ Z_1+Z_2

해설 Chapter － 11 － 01

$Z_{22}=Z_2+Z_3$

02 그림과 같은 π 형 4단자 회로의 어드미턴스 상수 중 Y_{22}는?

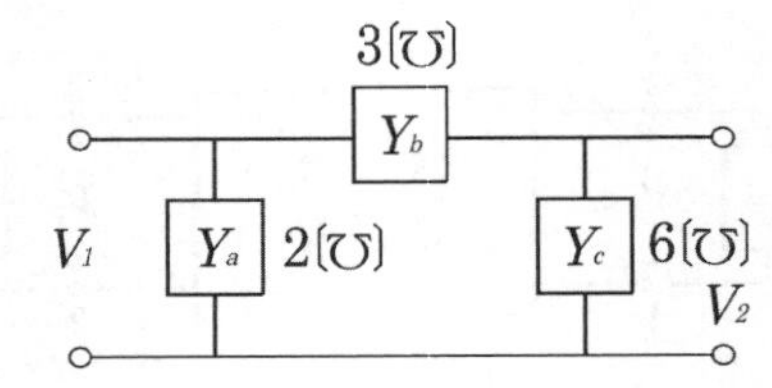

① 5[℧]
② 6[℧]
③ 9[℧]
④ 11[℧]

해설 Chapter － 11 － 02

$Y_{22}=Y_b+Y_c=3+6=9$[℧]

03 그림과 같은 4단자망을 어드미턴스 파라미터로 나타내면 어떻게 되는가?

1 ○——10[Ω]——○ 2

1' ○————————○ 2'

① $Y_{11}=10,\ Y_{21}=10,\ Y_{22}=10$
② $Y_{11}=\frac{1}{10},\ Y_{21}=\frac{1}{10},\ Y_{22}=\frac{1}{10}$
③ $Y_{11}=10,\ Y_{21}=\frac{1}{10},\ Y_{22}=10$
④ $Y_{11}=\frac{1}{10},\ Y_{21}=10,\ Y_{22}=\frac{1}{10}$

해설 Chapter － 11 － 02

Y_{11} : V_1에 걸리는 Y의 합 $=\frac{1}{10}$

$Y_{12}=Y_{21}$: V_1과 V_2에 공통으로 걸리는 Y의 합 $=\frac{1}{10}$

Y_{22} : V_2에 걸리는 Y의 합 $=\frac{1}{10}$

정답 01 ③ 02 ③ 03 ②

04 그림과 같은 4단자망의 개방 순방향 전달 임피던스 Z_{21}[Ω]과 단락 순방향 전달 어드미턴스 Y_{21}은?

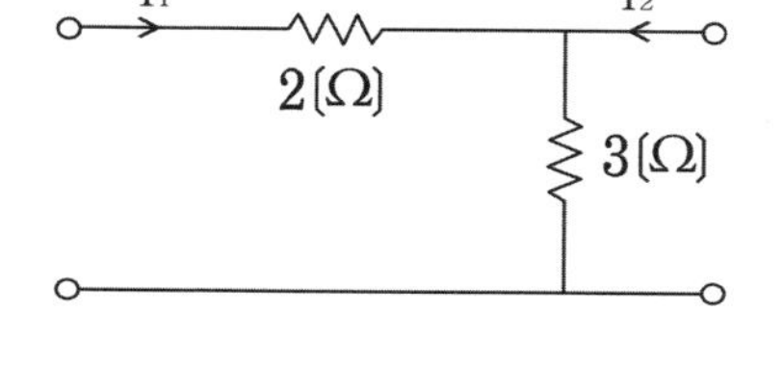

① $Z_{21} = 5,\ Y_{21} = -\frac{1}{2}$

② $Z_{21} = 3,\ Y_{21} = -\frac{1}{3}$

③ $Z_{21} = 3,\ Y_{21} = -\frac{1}{2}$

④ $Z_{21} = 3,\ Y_{21} = -\frac{5}{6}$

해설 Chapter – 11 – 01, 02

T형 구성 : $Z_{21} = 3[\Omega]$

Ⅱ형 구성 : $Y_{21} = -\frac{1}{2}[\mho]$

05 4단자 A, B, C, D 중에서 어드미턴스의 차원을 가진 정수는 어느 것인가?

① A
② B
③ C
④ D

해설 Chapter – 11 – 03

06 4단자 회로망에 있어서 출력 단자 단락시 입력 전류와 출력 전류의 비를 나타내는 것은?

① A
② B
③ C
④ D

해설 Chapter – 11 – 03

$V_1 = AV_2 + BI_2$

$I_1 = CV_2 + DI_2$

단락시 $V_2 = 0$이 되므로

$I_1 = DI_2$

$D = \frac{I_1}{I_2}$이 된다.

정답 04 ③ 05 ③ 06 ④

07 4단자 정수 A, B, C, D로 출력측을 개방시켰을 때 입력측에서 본 구동점 임피던스 $Z_{11} = \dfrac{V_1}{I_1}\ \ I_2 = 0$를 표시한 것 중 옳은 것은?

① $Z_{11} = \dfrac{A}{C}$ ② $Z_{11} = \dfrac{B}{D}$

③ $Z_{11} = \dfrac{A}{B}$ ④ $Z_{11} = \dfrac{B}{C}$

해설

출력측 개방 조건(A, C)

$$\frac{A}{C} = \frac{\dfrac{V_1}{V_2}}{\dfrac{I_1}{V_2}} = \frac{V_1}{I_1} = Z_{11}$$

08 그림과 같은 회로에서 4단자 정수 A, B, C, D의 값은?

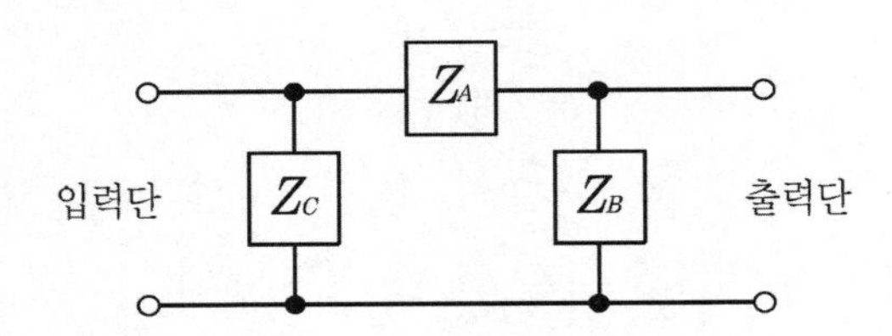

① $A = 1 + \dfrac{Z_A}{Z_B}$, $B = Z_A$, $C = \dfrac{Z_A + Z_B + Z_C}{Z_B Z_C}$, $D = \dfrac{1}{Z_B Z_C}$

② $A = 1 + \dfrac{Z_A}{Z_B}$, $B = Z_A$, $C = \dfrac{1}{Z_B}$, $D = 1 + \dfrac{Z_A}{Z_B}$

③ $A = 1 + \dfrac{Z_A}{Z_B}$, $B = Z_A$, $C = \dfrac{Z_A + Z_B + Z_C}{Z_B Z_C}$, $D = 1 + \dfrac{Z_A}{Z_C}$

④ $A = 1 + \dfrac{Z_A}{Z_B}$, $B = Z_A$, $C = \dfrac{1}{Z_B}$, $D = 1 + \dfrac{Z_A}{Z_B}$

해설 Chapter – 11 – 03

정답 07 ① 08 ③

09 다음 회로의 4단자 정수는?

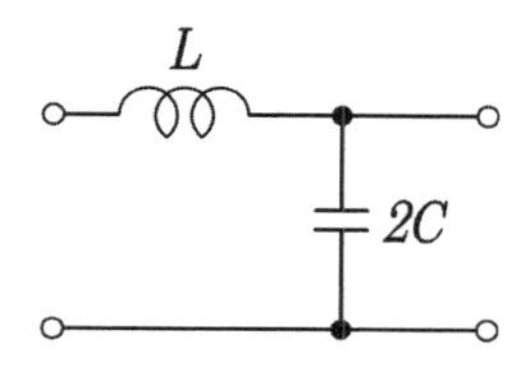

① $A = 1 - 2\omega^2 LC,\ B = j\omega L,\ C = j2\omega C,\ D = 1$
② $A = 2\omega^2 LC,\ B = j\omega C,\ C = j2\omega,\ D = 1$
③ $A = 1 - 2\omega^2 LC,\ B = j\omega L,\ C = j\omega C,\ D = 0$
④ $A = 2\omega^2 LC,\ B = j\omega L,\ C = j2\omega C,\ D = 0$

해설

$$A = 1 + \searrow = 1 + \frac{j\omega L}{\dfrac{1}{j2\omega C}} = 1 + j^2 2\omega^2 LC$$

$$= 1 - 2\omega^2 LC$$

$B = j\omega L$

$C = j2\omega C$

$D = 1 + \swarrow = 1$ (Tip : A나 D는 반드시 1이 있어야 한다.)

10 그림과 같이 종속 접속된 4단자 회로의 합성 4단자 정수 중 D의 값은?

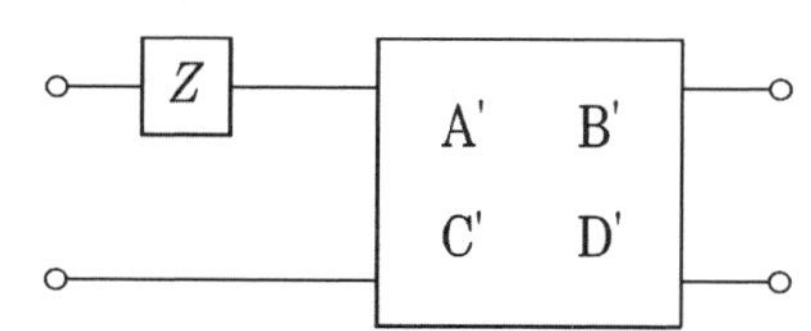

① $A' + ZC'$ ② $B' + ZD'$
③ $A' + ZD'$ ④ D'

해설

$$\begin{bmatrix} 1 & Z \\ 0 & 1 \end{bmatrix} \begin{bmatrix} A' & B' \\ C' & D' \end{bmatrix}$$

$$= \begin{bmatrix} A' + ZC' & B' + ZD' \\ C' & D' \end{bmatrix}$$

11 다음 결합 회로의 4단자 정수 A, B, C, D 파라미터 행렬은?

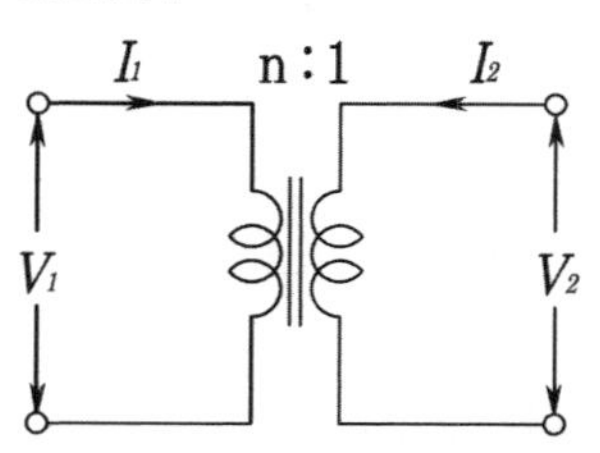

① $\begin{bmatrix} n & 0 \\ 0 & \dfrac{1}{n} \end{bmatrix}$ ② $\begin{bmatrix} 1 & n \\ \dfrac{1}{n} & 0 \end{bmatrix}$

③ $\begin{bmatrix} 0 & n \\ \dfrac{1}{n} & 1 \end{bmatrix}$ ④ $\begin{bmatrix} \dfrac{1}{n} & 0 \\ 0 & n \end{bmatrix}$

해설 Chapter − 11 − 04

정답 09 ① 10 ④ 11 ①

12 이상 변압기를 포함하는 그림과 같은 회로의 4단자 정수 $\begin{bmatrix} A & B \\ C & D \end{bmatrix}$는?

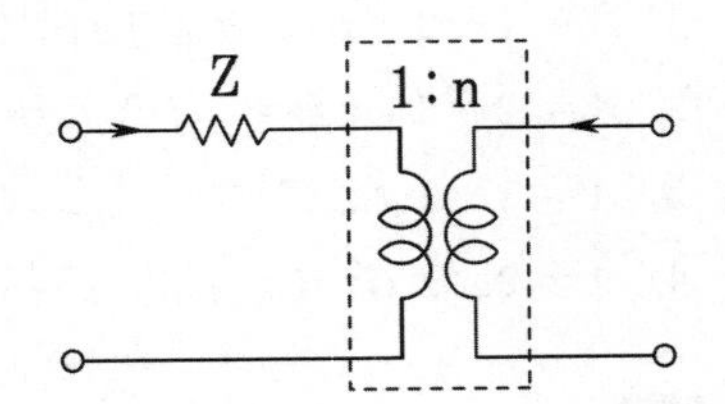

① $\begin{bmatrix} n & 0 \\ Z & \dfrac{1}{n} \end{bmatrix}$　　② $\begin{bmatrix} 0 & \dfrac{1}{n} \\ nZ & 1 \end{bmatrix}$

③ $\begin{bmatrix} \dfrac{1}{n} & nZ \\ 0 & n \end{bmatrix}$　　④ $\begin{bmatrix} n & 0 \\ \dfrac{Z}{n} & Z \end{bmatrix}$

해설 Chapter – 11 – 04

$$\begin{bmatrix} 1 & Z \\ 0 & 1 \end{bmatrix}\begin{bmatrix} \dfrac{1}{n} & 0 \\ 0 & n \end{bmatrix} = \begin{bmatrix} \dfrac{1}{n} & n \cdot Z \\ 0 & n \end{bmatrix}$$

13 그림은 자이레이터(gyrator) 회로이다. 4단자 정수 A, B, C, D는?

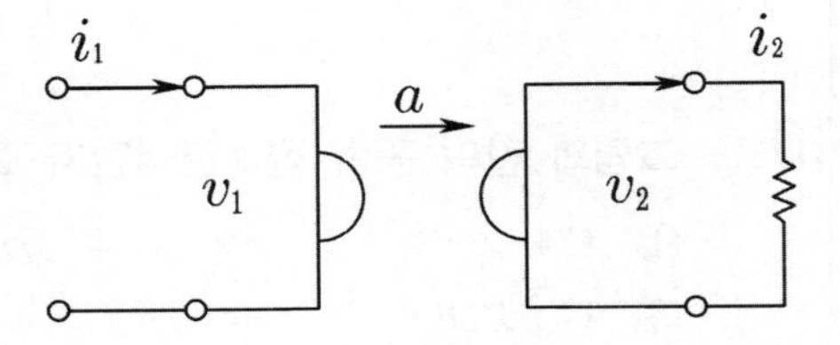

① $A = a,\ B = 0,\ C = 0,\ D = \dfrac{1}{a}$

② $A = 0,\ B = a,\ C = \dfrac{1}{a},\ D = 0$

③ $A = a,\ B = 0,\ C = \dfrac{1}{a},\ D = 0$

④ $A = 0,\ B = \dfrac{1}{a},\ C = a,\ D = 0$

해설 Chapter – 11 – 04

14 4단자 회로에서 4단자 정수를 A, B, C, D라 하면 영상 임피던스 Z_{01}, Z_{02}는?

① $Z_{01} = \sqrt{\dfrac{AB}{CD}},\ Z_{02} = \sqrt{\dfrac{BD}{AC}}$

② $Z_{01} = \sqrt{AB},\ Z_{02} = \sqrt{CD}$

③ $Z_{01} = \sqrt{\dfrac{BD}{AC}},\ Z_{02} = \sqrt{ABCD}$

④ $Z_{01} = \sqrt{\dfrac{BD}{AC}},\ Z_{02} = \sqrt{ABCD}$

해설 Chapter – 11 – 05

정답 12 ③ 13 ② 14 ①

15

어떤 4단자망의 입력 단자 1, 1′ 사이의 영상 임피던스 Z_{01}과 출력 단자 2, 2′ 사이의 영상 임피던스 Z_{02}가 같게 되려면 4단자 정수 사이에 어떠한 관계가 있어야 하는가?

① $AD = BC$　② $AB = CD$　③ $A = D$　④ $B = C$

해설 Chapter – 11 – 05

4단자 정수의 성질 $A = D$　$AD - BC = 1$

16

L형 4단자 회로에서 4단자 정수가 $A = \frac{15}{4}$, $D = 1$이고 영상 임피던스 $Z_{02} = \frac{12}{5}$[Ω]일 때 영상 임피던스 Z_{01}[Ω]의 값은 얼마인가?

① 12　② 9　③ 8　④ 6

해설 Chapter – 11 – 05

$Z_{01} \cdot Z_{02} = \frac{B}{C}$,

$\frac{Z_{02}}{Z_{01}} = \frac{D}{A}$ 에서

$Z_{01} = \frac{A}{D} \times Z_{02} = \frac{15}{4} \times \frac{12}{5} = 9$

17

그림과 같은 회로의 영상 임피던스 Z_{01}, Z_{02}는?

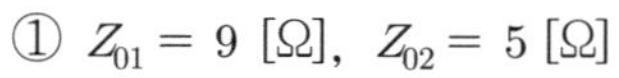

① $Z_{01} = 9$ [Ω], $Z_{02} = 5$ [Ω]

② $Z_{01} = 4$ [Ω], $Z_{02} = 5$ [Ω]

③ $Z_{01} = 4$ [Ω], $Z_{02} = \frac{20}{9}$ [Ω]

④ $Z_{01} = 6$ [Ω], $Z_{02} = \frac{10}{3}$ [Ω]

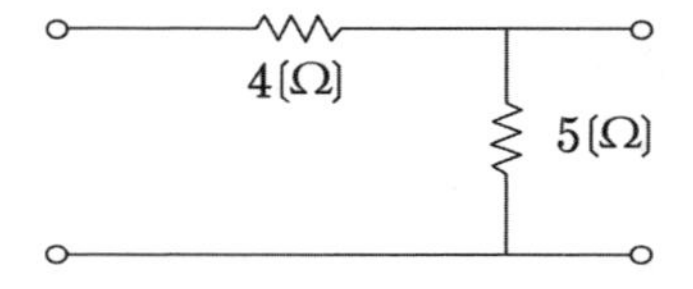

해설 Chapter – 11 – 05

$A = 1 + \frac{4}{5} = \frac{9}{5}$, $B = 4$, $C = \frac{1}{5}$, $D = 1$

$$Z_{01} = \sqrt{\frac{AB}{CD}} = \sqrt{\frac{\frac{9}{5} \times 4}{\frac{1}{5}}} = 6$$

$$Z_{02} = \sqrt{\frac{DB}{CA}} = \sqrt{\frac{1 \times 4}{\frac{1}{5} \times \frac{9}{5}}} = \sqrt{\frac{100}{9}} = \frac{10}{3}$$

정답 15 ③　16 ②　17 ④

18 그림과 같은 4단자망 영상 전달함수 θ는?

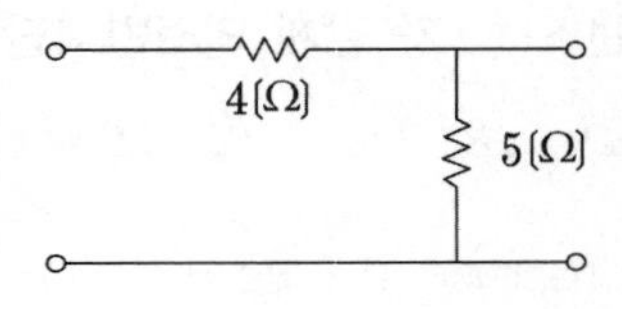

① $\sqrt{5}$

② $\log_e \sqrt{5}$

③ $\log_e \frac{1}{\sqrt{5}}$

④ $5\log_e \sqrt{5}$

해설 Chapter − 11 − 05

$$\theta = \log_e(\sqrt{AD} + \sqrt{BC})$$

$$= \log_e\left(\sqrt{\frac{9}{5}} + \sqrt{\frac{4}{5}}\right) = \log_e \sqrt{5} = 0.8$$

19 그림과 같은 4단자망의 영상 전달함수 θ는?

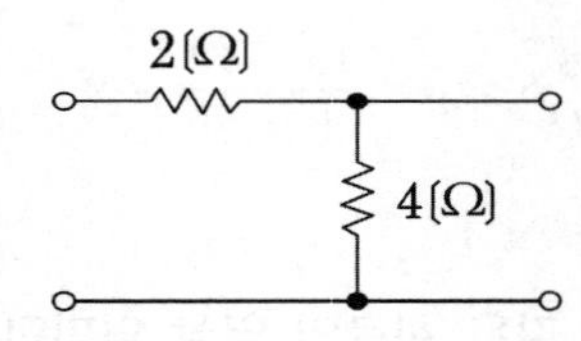

① 0.33

② 0.66

③ 0.99

④ 1.22

해설

$$A = 1 + \frac{1}{2} = \frac{3}{2} = 1.5, \quad B = 2, \quad C = \frac{1}{4}, \quad D = 1$$

$$\theta = \log_e(\sqrt{AD} + \sqrt{BC})$$

$$= \log_e\left(\sqrt{1.5 \times 1} + \sqrt{2 \times \frac{1}{4}}\right) = 0.66$$

정답 18 ② 19 ②

요점정리

(1) $Z-P$ (T)

$V_1 = Z_{11}I_1 + Z_{12}I_2$
$V_2 = Z_{21}I_1 + Z_{22}I_2$

$Z_{11} = \left.\frac{V_1}{I_1}\right| I_2 = 0$(개방)

ex.

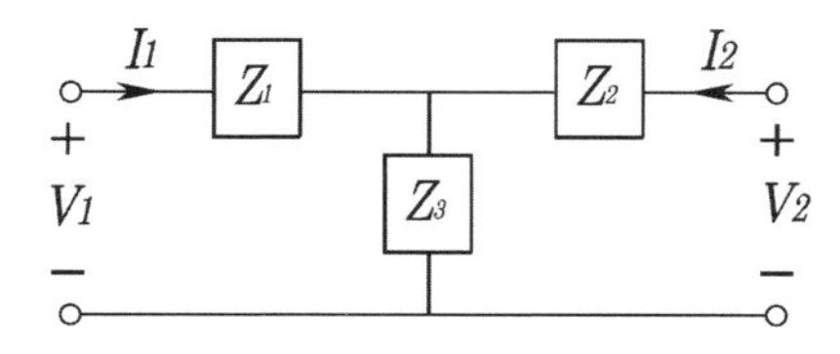

$Z_{11} = I_1$ 전류가 흐를 때 걸쳐있는 임피던스 합
$Z_{11} = Z_1 + Z_3$

$Z_{22} = I_2$ 전류가 흐를 때 걸쳐있는 임피던스 합
$Z_{22} = Z_2 + Z_3$

$Z_{12} = Z_{21} = I_1$과 I_2의 공통되는 임피던스
$Z_{12} = Z_{21} = Z_3(-Z_3)$

(2) $Y-P$ (π)

$I_1 = Y_{11}V_1 + Y_{12}V_2$
$I_2 = Y_{21}V_1 + Y_{22}V_2$

$Y_{11} = \left.\frac{I_1}{V_1}\right| V_2 = 0$ (단락)

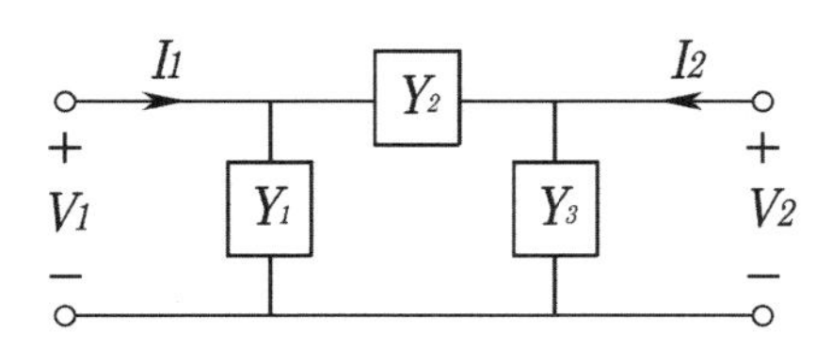

Y_{11}: V_1 전압에 걸쳐있는 어드미턴스의 합
$Y_{11} = Y_1 + Y_2$

Y_{22}: V_2 전압에 걸쳐있는 어드미턴스의 합
$Y_{22} = Y_2 + Y_3$

$Y_{12} = Y_{21}$: V_1과 V_2 전압에 공통되는 어드미턴스
$Y_{12} = Y_{21} = -Y_2$

(3) $F-P$

$V_1 = AV_2 + BI_2$
$I_1 = CV_2 + DI_2$

$A = \left.\frac{V_1}{V_2}\right| I_2 = 0$: 출력측 개방

$B = \left.\frac{V_1}{I_2}\right| V_2 = 0$: 출력측 단락

$C = \left.\frac{I_1}{V_2}\right| I_2 = 0$: 출력측 개방

$D = \left.\frac{I_1}{I_2}\right| V_2 = 0$: 출력측 단락

(4) 변압기와 자이레이타

① 변압기

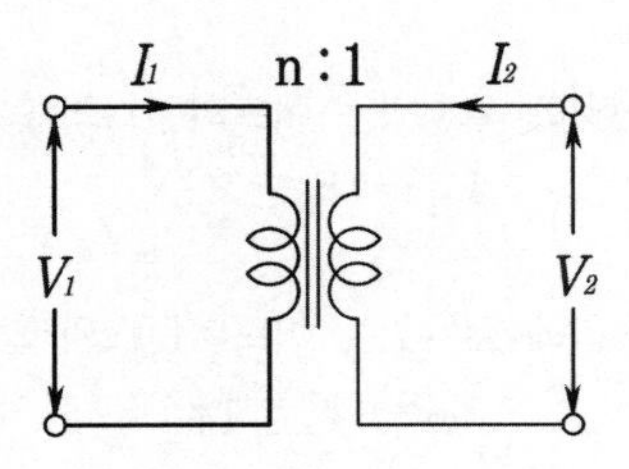

$$\left(n = \frac{n_1}{n_2} = \frac{V_1}{V_2} = \frac{I_2}{I_1}\right)$$

$$\left(V_1 = n\,V_2,\ I_1 = \frac{1}{n}I_2\right)$$

$$V_1 = n\,V_2 + 0\,I_2$$

$$I_1 = 0\,V_2 + \frac{1}{n}I_2$$

$$\therefore \begin{bmatrix} n & 0 \\ 0 & \frac{1}{n} \end{bmatrix}$$

② 자이레이타

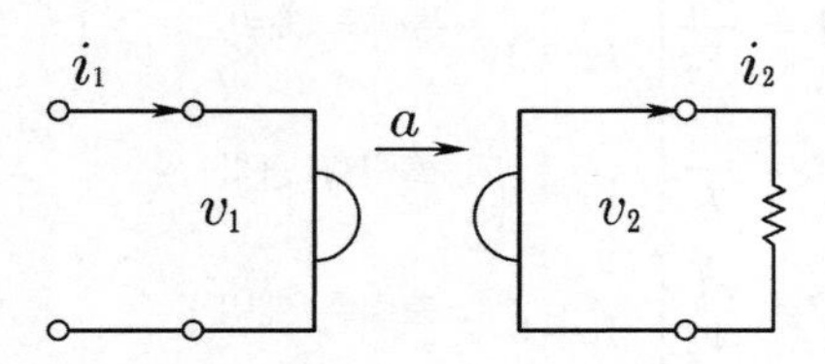

$$(V_1 = a\,I_2,\ V_2 = a\,I_1)$$

$$V_1 = 0\ V_2 + a\,I_2$$

$$I_1 = \frac{1}{a}V_2 + 0\,I_2$$

$$\therefore \begin{bmatrix} 0 & a \\ \frac{1}{a} & 0 \end{bmatrix}$$

(5) 영상 임피던스와 전달정수

① 영상 임피던스

$$Z_{01} = \sqrt{\frac{AB}{CD}}$$

$$Z_{02} = \sqrt{\frac{BD}{AC}}$$

$$Z_{01} \cdot Z_{02} = \frac{B}{C}$$

$$\frac{Z_{02}}{Z_{01}} = \frac{D}{A}$$

② 전달정수

$$\theta = \log e\,(\sqrt{AD} + \sqrt{BC})$$

$$= \cos h^{-1}\sqrt{AD}$$

$$= \sin h^{-1}\sqrt{BC}$$

chapter 12

분포정수회로

12 CHAPTER 분포정수회로

✦ 기초정리

- 직렬 임피던스

  $Z = R + j\omega L$

- 병렬 어드미턴스

  $Y = G + j\omega C$

■ 특성 임피던스와 전파 정수

① 특성 임피던스(파동 임피던스 : Z_0)

$$Z_0 = \sqrt{\frac{Z}{Y}} = \sqrt{\frac{R + j\omega L}{G + j\omega C}} = \sqrt{Z_f \cdot Z_s}$$

(Z_f : 수전단 개방, Z_s : 수전단 단락)

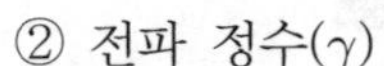

② 전파 정수(γ)

$$\gamma = \sqrt{Z \cdot Y} = \sqrt{(R + j\omega L)(G + j\omega C)} = \alpha + j\beta$$

(α : 감쇠정수, β : 위상정수)

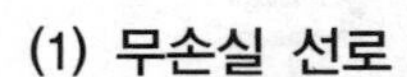

(1) 무손실 선로

– 조건 $R = 0$, $G = 0$, $\alpha = 0$

① $Z_0 = \sqrt{\frac{Z}{Y}} = \sqrt{\frac{j\omega L}{j\omega C}} = \sqrt{\frac{L}{C}}$

② $\gamma = \sqrt{Z \cdot Y} = \sqrt{j\omega L \cdot j\omega C} = j\omega\sqrt{LC}$

$\gamma = \alpha + j\beta$

(2) 무왜형 선로(찌그러지지 않는 파형의 선로)

: $RC = LG$ $\qquad \frac{R}{L} = \frac{G}{C}$

① $Z_0 = \sqrt{\frac{L}{C}}$

② $\gamma = \sqrt{RG} + j\omega\sqrt{LC}$ (저항은 저항끼리. 리액턴스는 리액턴스끼리)

$\therefore \alpha = \sqrt{RG}$, $\beta = \omega\sqrt{LC}$

(3) 속도

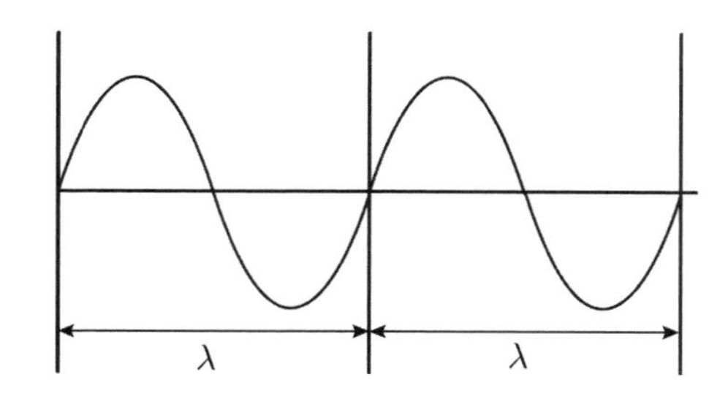

- $v = \lambda \cdot f = \dfrac{2\pi}{\beta} \cdot f = \dfrac{1}{\beta} \cdot 2\pi f$[m/s]

  ($\lambda\beta = 2\pi$)

  $= \dfrac{\omega}{\beta} = \dfrac{1}{\sqrt{LC}}$

(4) 반사계수와 정재파비

① 반사계수 : 선로가 끊어지면 반사되어 다시 돌아감

$$\rho = \frac{V^-}{V^+} = \frac{\text{반사파}}{\text{입사파}} = \frac{Z_L - Z_0}{Z_L + Z_0}$$

② 정재파비(항상 1보다 크다)

$$S = \frac{V_{max}}{V_{min}} = \frac{V_+ + V_-}{V_+ - V_-} = \frac{1+\rho}{1-\rho} > 1$$

12 CHAPTER

출제예상문제

01 분포 정수 회로에서 직렬 임피던스를 Z, 병렬 어드미턴스를 Y라 할 때, 선로의 특성 임피던스 Z_0는?

① ZY ② $\sqrt{ZY}$ ③ $\sqrt{\frac{Y}{Z}}$ ④ $\sqrt{\frac{Z}{Y}}$

해설

$Z_0 = \sqrt{\frac{L}{C}}$

02 전송 선로에서 무손실일 때 L = 96[mH], C = 0.6[μF]이면 특성 임피던스[Ω]는?

① 500 ② 400 ③ 300 ④ 200

해설 Chapter – 12 – 01

$Z_0 = \sqrt{\frac{L}{C}} = \sqrt{\frac{96 \times 10^{-3}}{0.6 \times 10^{-6}}} = 400$

03 선로의 단위 길이당 분포 인덕턴스, 저항, 정전 용량, 누설 컨덕턴스가 각각 L, R, C, G라 하면 전파 정수는?

① $\frac{\sqrt{R + j\omega L}}{G + j\omega C}$ ② $\sqrt{(R + j\omega L)(G + j\omega C)}$

③ $\sqrt{\frac{R + j\omega L}{G + j\omega C}}$ ④ $\sqrt{\frac{G + j\omega C}{R + j\omega L}}$

해설 Chapter – 12 – 02

$\gamma = \sqrt{Z \cdot Y} = \sqrt{(R + j\omega L)(G + j\omega C)}$

04 무손실 선로의 정수 회로에서 감쇠정수 α와 위상정수 β의 값은?

① $\alpha = \sqrt{RG}$, $\beta = \omega\sqrt{LC}$ ② $\alpha = 0$, $\beta = \omega\sqrt{LC}$

③ $\alpha = \sqrt{RG}$, $\beta = 0$ ④ $\alpha = 0$, $\beta = \frac{1}{\sqrt{LC}}$

해설 Chapter – 12 – 01

$R = 0$, $G = 0$, $\alpha = 0$

정답 01 ④ 02 ② 03 ② 04 ②

05 무한장 무손실 전송전로에서 어느 지점의 전압 10[V]이었다. 이 선로의 인덕턴스가 4[μH/m]이고, 캐패시턴스가 0.01[μF/m]일 때, 이 지점에서의 전류는 몇 [A]인가?

① 0.1 ② 0.5 ③ 1 ④ 2

해설

무손실 선로의 $Z_0 = \sqrt{\frac{L}{C}} = \sqrt{\frac{4}{0.01}} = 20$

$I = \frac{V}{Z_0} = \frac{10}{20} = 0.5$[A]

06 선로의 분포 정수 R, L, C, G 사이에 $\frac{R}{L} = \frac{G}{C}$의 관계가 있으면 전파 정수 γ는?

① $RG + j\omega LC$ ② $RL + j\omega CG$
③ $\sqrt{RG} + j\omega\sqrt{LC}$ ④ $\sqrt{RL} + j\omega GC$

해설 Chapter – 12 – 02
$\gamma = \sqrt{Z \cdot Y} = \sqrt{RG} + j\omega\sqrt{LC}$

07 분포 정수 회로가 무왜 선로로 되는 조건은? (단, 선로의 단위 길이당 저항을 R, 인덕턴스를 L, 정전 용량을 C, 누설 컨덕턴스를 G라 한다.)

① $RC = LG$ ② $RL = CG$ ③ $R = \sqrt{\frac{L}{C}}$ ④ $R = \sqrt{LC}$

해설 Chapter – 12 – 02
무왜형 선로 $RC = LG$

08 분포정수 전송선로에 대한 서술에서 잘못된 것은?

① $\frac{R}{L} = \frac{G}{C}$ 인 회로를 무왜형 선로라 한다.
② $R = G = 0$ 인 회로를 무손실 회로라 한다.
③ 무손실 선로, 무왜형 선로의 감쇠정수는 $\sqrt{RG}$ 이다.
④ 무손실 선로, 무왜형 회로에서의 위상 속도는 $\frac{1}{\sqrt{CL}}$ 이다.

해설

무손실 선로 조건
$R = G = \alpha = 0$ (α : 감쇠정수)

정답 05 ② 06 ③ 07 ① 08 ③

09 위상 정수 $\frac{\pi}{4}$[rad/m]인 전송 선로에서 10[MHz]에 대한 파장[m]은?

① 10 ② 8 ③ 6 ④ 4

해설 Chapter − 12 − 03

$\lambda\beta = 2\pi$

$\therefore \lambda = \frac{2\pi}{\beta} = \frac{2\pi}{\frac{\pi}{4}} = 8$[m]

10 위상 정수가 $\frac{\pi}{8}$[rad/m]인 선로의 1[MHz]에 대한 전파 속도[m/s]는?

① 1.6×10^7 ② 9×10^7
③ 10×10^7 ④ 11×10^7

해설 Chapter − 12 − 03

$\omega = \beta v$

$\therefore v = \frac{\omega}{\beta} = \frac{2\pi \times 10^6}{\frac{\pi}{8}} = 1.6 \times 10^7$[m/s]

11 분포 정수 회로에서 각 주파수 $\omega = 30$[rad/s]이고, 위상 정수 $\beta = 2$[rad/km]일 때 위상 속도[m/min]는 얼마인가?

① 9×10^4 ② 9×10^5 ③ 250 ④ 150

해설 Chapter − 12 − 03

$v = \frac{\omega}{\beta} = \frac{30}{2 \times 10^{-3}} = 15 \times 10^3 \times 60 = 900 \times 10^3 = 9 \times 10^5$[m/min]

12 단위 길이의 인덕턴스 L[H], 정전용량 C[F]의 선로에서의 진행파 속도는?

① $\sqrt{\frac{L}{C}}$ ② $\sqrt{\frac{C}{L}}$
③ $\frac{1}{\sqrt{LC}}$ ④ $\sqrt{LC}$

해설 Chapter − 12 − 03

정답 09 ② 10 ① 11 ② 12 ③

13

통신 선로의 종단을 개방했을 때의 입력 임피던스를 Z_f , 종단을 단락했을 때의 입력 임피던스를 Z_s 라고 하면 특성 임피던스 Z_0 를 표시하는 것은?

① $\frac{Z_f}{Z_s}$ ② $\sqrt{\frac{Z_s}{Z_f}}$ ③ $Z_f Z_s$ ④ $\sqrt{Z_s Z_f}$

14

전송 선로의 특성 임피던스가 50[Ω]이고 부하 저항이 150[Ω]이면 부하에서의 반사 수는?

① 0 ② 0.5 ③ 0.7 ④ 1

해설 Chapter − 12 − 04

$$\rho = \frac{Z + Z_0}{Z - Z_0} = \frac{150 - 50}{150 + 50} = \frac{100}{200} = \frac{1}{2} = 0.5$$

15

$Z_L = 3Z_0$ 인 선로의 반사 계수 ρ 및 전압 정재파비 s 를 구하면? (단, Z_L : 부하 임피던스, Z_0 : 선로의 특성 임피던스이다.)

① $\rho = 0.5,\ s = 3$ ② $\rho = -0.5,\ s = -3$
③ $\rho = 3,\ s = 0.5$ ④ $\rho = -3,\ s = -0.5$

해설 Chapter − 12 − 04

$$\rho = \frac{Z_L - Z_0}{Z_L + Z_0} = \frac{3Z_0 - Z_0}{3Z_0 + Z_0} = 0.5$$

$$s = \frac{1 + \rho}{1 - \rho} = \frac{1 + 0.5}{1 - 0.5} = 3$$

16

전송 선로의 특성 임피던스가 100[Ω]이고 부하 저항이 400[Ω]일 때 전압 정재파비 S 는?

① 0.25 ② 0.6 ③ 1.67 ④ 4

해설

반사계수 $\rho = \frac{Z - Z_0}{Z + Z_0} = \frac{400 - 100}{400 + 100} = \frac{3}{5}$

정재파비 $s = \frac{1 + \rho}{1 - \rho} = \frac{1 + \frac{3}{5}}{1 - \frac{3}{5}} = \frac{\frac{8}{5}}{\frac{2}{5}} = 4$

정답 13 ④ 14 ② 15 ① 16 ④

요점정리

■ **분포정수회로의 기초방정식**

① 직렬 임피던스 $Z = R + j\omega L$

② 병렬 어드미턴스 $Y = G + j\omega C$

■ **특성 임피던스와 전파정수**

(1) 특성 임피던스

(파동 임피던스 : Z_0)

$$Z_0 = \sqrt{Z \times \frac{1}{Y}} = \sqrt{\frac{Z}{Y}}$$

$$\therefore Z_0 = \sqrt{\frac{R + j\omega L}{G + j\omega C}}$$

(2) 전파정수(r)

$$\gamma = \sqrt{ZY} = \alpha + j\beta$$

(α : 감쇠정수, β : 위상정수)

① 무손실 선로

$$R = G = 0$$

$$Z_0 = \sqrt{\frac{Z}{Y}} = \sqrt{\frac{j\omega L}{j\omega C}} = \sqrt{\frac{L}{C}}$$

$$\gamma = \sqrt{Z \cdot Y} = \sqrt{j\omega L \cdot j\omega C} = j\omega\sqrt{LC}$$

$$\alpha = 0\ ,\ \beta = \omega\sqrt{LC}$$

② 무왜형 선로

$$\frac{R}{L} = \frac{G}{C}$$

$$Z_0 = \sqrt{\frac{Z}{Y}} = \sqrt{\frac{R + j\omega L}{G + j\omega C}} = \sqrt{\frac{L}{C}}$$

$$\gamma = \sqrt{Z \cdot Y}$$

$$= \sqrt{(R + j\omega L) \cdot (G + j\omega C)}$$

$$= \sqrt{RG} + j\omega\sqrt{LC}$$

$(\alpha = \sqrt{RG}\ ,\ \beta = \omega\sqrt{LC}\ )$

③ 속도

$$v = \lambda f = \frac{2\pi}{\beta} f$$

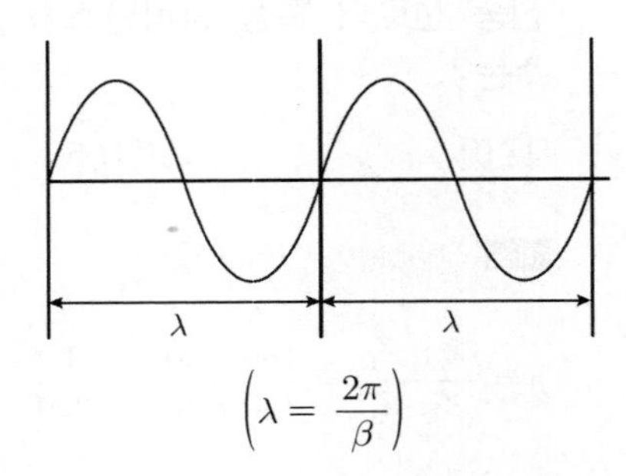

$$\left(\lambda = \frac{2\pi}{\beta}\right)$$

$$= \frac{\omega}{\beta} = \frac{1}{\sqrt{LC}}\,[\text{m/s}](v = \lambda f\ [\text{m/s}])$$

※ $\lambda\beta = 2\pi$(람보 투파이),
$\omega = \beta v$(오메 배부른 것)

④ 반사 계수 및 정재파비

$$\rho = \frac{Z_L - Z_0}{Z_L + Z_0}\ ,\quad S = \frac{1 + \rho}{1 - \rho}$$

chapter

13

라플라스 변환

13 CHAPTER 라플라스 변환

✦ 기초정리

※ $\mathcal{L}\,[f(t)] = \int_0^\infty f(t) \cdot e^{-st}dt = F(s)$: 라플라스의 정의

(1) $\mathcal{L}\,[1] = \int_0^\infty 1 \cdot e^{-st}dt = \frac{1}{-S}\left[e^{st}\right]_0^\infty$

$= -\frac{1}{S}[0-1]$

$= \frac{1}{S}$

(2) $\mathcal{L}\,[t] = \int_0^\infty t \cdot e^{st}dt$

$\int u\frac{dv}{dx}dx = u \cdot v - \int \frac{du}{dx} \cdot vdx$

$= \left[t \cdot \left(-\frac{1}{s}\right)e^{-st}\right]_0^\infty - \int_0^\infty 1 \cdot \left(-\frac{1}{s}\right)e^{st}dt$

$= -\left(-\frac{1}{s}\right)\int_0^\infty e^{-st}dt$

$= -\left(-\frac{1}{s}\right)^2\left[e^{-st}\right]_0^\infty$

$= -\left(-\frac{1}{s}\right)^2[0-1]$

$= \frac{1}{s^2}$

(3) $\mathcal{L}\,[e^{-at}] = \int_0^\infty e^{-et} \cdot e^{-st}dt$

$= \int_0^\infty e^{-(s+a)t}dt$

$= \left[-\frac{1}{(s+a)}e^{-(s+a)t}\right]_0^\infty$

$= \frac{1}{-(s+a)}[0-1]$

$= \frac{1}{s+a}$

(1) $\mathcal{L}\left[t^n\right]=\frac{n!}{s^{n+1}}(4!=4\times3\times2\times1)$

ex 1. $\mathcal{L}\left[1\right]=\mathcal{L}\left[t^{\circ}\right]=\frac{0!}{s^{0+1}}=\frac{1}{s}$

ex 2. $\mathcal{L}\left[t\right]=\frac{1!}{s^{n+1}}=\frac{1}{s^2}$

ex 3. $\mathcal{L}\left[3t^2\right]=3\times\frac{2!}{s^{2+1}}=\frac{6}{s^3}$

(2) $\mathcal{L}\left[t\cdot e^{-at}\right]=\frac{1}{s^2}\ {}_{s=s+a}=\frac{1}{(s+a)^2}$

ex. $\mathcal{L}\left[t\cdot e^{at}\right]=\frac{1}{s^2}\ {}_{s=s-a}=\frac{1}{(s-a)^2}$

(3) $\sin\omega t=\frac{e^{j\omega t}-e^{-j\omega t}}{2j}$ → sin 함수를 지수로 나타낸 것

$\cos\omega t=\frac{e^{j\omega t}+e^{-j\omega t}}{2}$ → cos 함수를 지수로 나타낸 것

① $\mathcal{L}\left[\sin\omega t\right]=\mathcal{L}\left[\frac{e^{j\omega t}-e^{-j\omega t}}{2j}\right]$

$$=\frac{1}{2j}\left[\int_0^\infty(e^{j\omega t}-e^{-j\omega t})\cdot e^{-st}dt\right]$$

$$=\frac{1}{2j}\left[\int_0^\infty e^{-(s-j\omega)t}dt-\int_0^\infty\frac{e^{-(s+j\omega)t}}{s^2+\omega^2}dt\right]$$

$$=\frac{1}{2j}\left[\frac{1}{s-j\omega}-\frac{1}{s+j\omega}\right]=$$

② $\mathcal{L}\left[e^{-at}\sin\omega t\right]$

$$=\frac{\omega}{s^2+\omega^2}\Bigg|_{s=s+a}$$

$$=\frac{\omega}{(s+a)^2+\omega^2}$$

(4) $\mathcal{L}[\cos\omega t] = \mathcal{L}\left[\dfrac{e^{j\omega t}+e^{-j\omega t}}{2}\right]$

$$= \frac{1}{2}\left[\int_0^\infty (e^{j\omega t}+e^{-j\omega t})\cdot e^{-st}dt\right]$$

$$= \frac{1}{2}\left[\int_0^\infty e^{-(s-j\omega)t}dt + \int_0^\infty e^{-(s+j\omega)t}dt\right]$$

$$= \frac{1}{2}\left[\frac{1}{s-j\omega}+\frac{1}{s+j\omega}\right]$$

$$= \frac{s}{s^2+\omega^2}$$

(5) $\mathcal{L}[u(t-a)] = \dfrac{1}{s}e^{-as}$

ex.

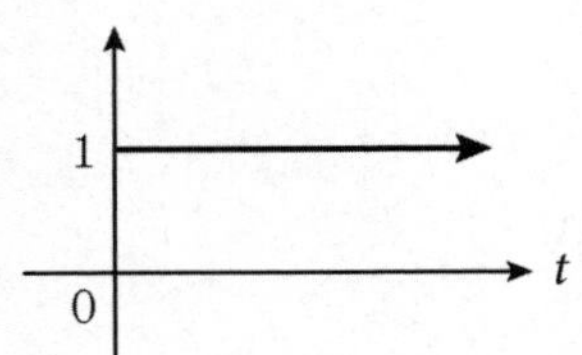

$f(t) = u(t)$

$F(s) = \dfrac{1}{s}$

ex.

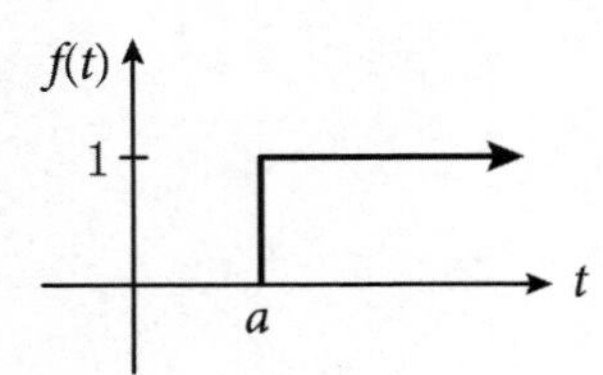

$f(t) = u(t-a)$

$F(s) = \dfrac{1}{s}e^{-as}$

ex.

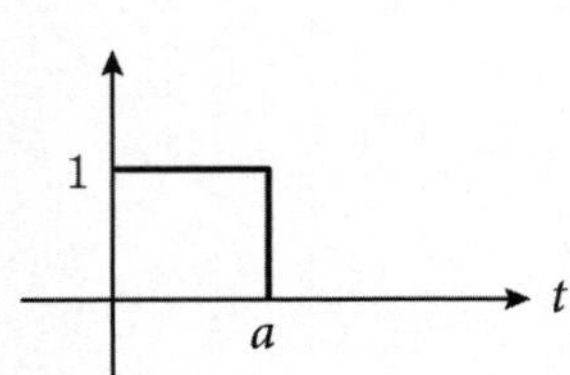

$f(t) = u(t) - u(t-a)$

$F(s) = \dfrac{1}{s} - \dfrac{1}{s}e^{-as}$

ex.

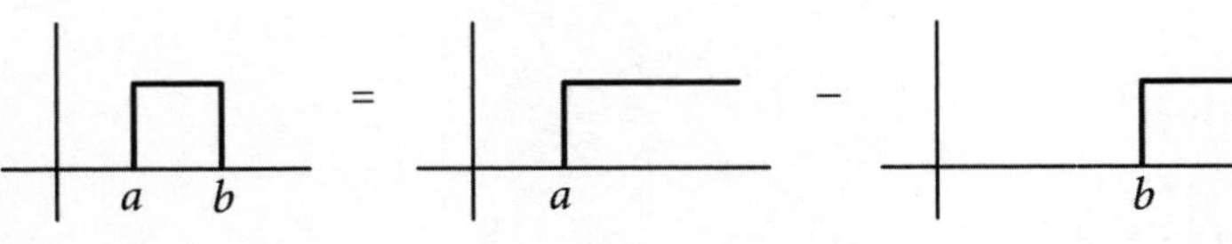

$f(t) = u(t-a) - u(t-b)$

$$F(s) = \frac{1}{s}e^{-as} - \frac{1}{s}e^{-bs}$$

$$= \frac{1}{s}\left(e^{-as} - e^{-bs}\right)$$

(6) $\mathcal{L}\left[\frac{d}{dt}f(t)\right] = s \cdot F(s) - f(0)$

$\mathcal{L}\left[\int f(t)dt\right] = \frac{F(s)}{s} + f'(0)$

(7) **초기값 정리 :** $\lim_{t\to 0} f(t) = \lim_{s\to\infty} s \cdot F(s)$

최종값 정리 : $\lim_{t\to\infty} f(t) = \lim_{s\to 0} s \cdot F(s)$

(8) $\mathcal{L}\left[t^n f(t)\right] = (-1)^n \cdot \frac{d^n}{dS^n} F(s)$

ex. $\mathcal{L}\left[t \cdot \sin\omega t\right]$

$= (-1) \cdot \frac{d}{dS}\left(\frac{\omega}{s^2+\omega^2}\right)$

$= (-1) \cdot \frac{\omega'(s^2+\omega^2) - \omega(s^2+\omega^2)}{(s^2+\omega^2)^2}$

$= (-1) \cdot \frac{0 - 2\omega S}{(s^2+\omega^2)^2}$

$= \frac{2\omega S}{(s^2+\omega^2)^2}$

ex. $\mathcal{L}\left[t \cdot \cos\omega t\right] = (-1)\frac{d}{dS}\left(\frac{s}{s^2+\omega^2}\right)$

$= (-1)\frac{s'(s^2+\omega^2) - s(s^2+\omega^2)'}{(s^2+\omega^2)^2}$

$= \frac{s^2-\omega^2}{(s^2+\omega^2)^2}$

※ 라플라스 역변환

(1) 인수분해 가능(부분 분수 → 지수 함수)

$$F(s)=\frac{1}{s^2+3s+2}=\frac{1}{(s+1)(s+2)}$$

$$=\frac{k_1}{s+1}+\frac{k_2}{s+2}=\frac{1}{s+1}-\frac{1}{s+2}$$

$$k_1=F(s)\times(s+1)\ _{s=-1}$$

$$=\frac{1}{(s+1)(s+2)}\times(s+1)\ _{s=-1}\ =1$$

$$k_2=F(s)\times(s+2)\ _{s=-2}$$

$$=\frac{1}{(s+1)(s+2)}\times(s+2)\ _{s=-2}\ =-1$$

$$f(t)=k_1\cdot e^{-t}+k_2\cdot e^{-2t}$$

$$=e^{-t}-e^{-2t}$$

(2) 인수분해 불가능(완전 제곱꼴 → sin 함수, → cos 함수)

ex. $F(s)=\dfrac{1}{s^2+2s+2}=\dfrac{1}{(s+1)^2+1^2}$

$\therefore\ f(t)=\sin te^{-t}$

ex. $F(s)=\dfrac{2s+3}{s^2+2s+2}=\dfrac{2(s+1)+1}{(s+1)^2+1^2}$

$$=\frac{2(s+1)}{(s+1)^2+1}+\frac{1}{(s+1)^2+1^2}$$

$\therefore\ f(t)=2\cdot\cos t\cdot e^{-t}+\sin t\cdot e^{-t}$

(3) 중근(부분 분수)

$$F(s)=\frac{1}{s(s+1)^2}$$

$$=\frac{k_1}{s}+\frac{k_2}{(s+1)^2}+\frac{k_3}{s+1}$$

$$k_1=F(s)\times S\,|_{s=0}=1$$

$$k_2 = F(s) \times (s+1)^2 |_{s=-1} = -1$$

$$k_3 = [F(s) \times (s+1)^2] \frac{d}{ds}{}_{s=-1} = -\frac{1}{s^2}{}_{s=-1} = -1$$

$$= \frac{1}{s} + \frac{-1}{(s+1)^2} + \frac{-1}{s+1}$$

$$k_3 = -k_1$$

$$f(t) = 1 - t \cdot e^{-t} - e^{-t}$$

13 CHAPTER

출제예상문제

01 함수 $f(t)$ 의 라플라스 변환은 어떤 식으로 정의되는가?

① $\int_{-\infty}^{\infty} f(t)\, e^{st}\, dt$　② $\int_{-\infty}^{\infty} f(t)\, e^{-st}\, dt$

③ $\int_{0}^{\infty} f(t)\, e^{-st}\, dt$　④ $\int_{0}^{\infty} f(t)\, e^{st}\, dt$

해설
시간이 0 ~ ∞까지 표현

02 단위 램프 함수 $\rho(t) = tu(t)$ 의 라플라스 변환은?

① $\frac{1}{s^2}$　② $\frac{1}{s}$　③ $\frac{1}{s^3}$　④ $\frac{1}{s^4}$

03 $f(t) = 3t^2$ 의 라플라스 변환은?

① $\frac{3}{s^2}$　② $\frac{3}{s^3}$　③ $\frac{6}{s^2}$　④ $\frac{6}{s^3}$

해설 Chapter – 13 – 01

$$\mathcal{L}[f(t) = 3t^2] = \frac{3 \times 2!}{s^{2+1}} = \frac{6}{s^3}$$

04 $f(t) = te^{-at}$ 일 때 라플라스 변환하면 $F(s)$ 의 값은?

① $\frac{2}{(s-a)^2}$　② $\frac{1}{s(s+a)}$　③ $\frac{1}{(s+a)^2}$　④ $\frac{1}{s+a}$

해설 Chapter – 13 – 02

$f(t) = t\, e^{-at}$

$$F(s) = \frac{1}{s^2}\bigg|_{s = s+a} = \frac{1}{(s+a)^2}$$

정답 01 ③ 02 ① 03 ④ 04 ③

05 함수 $f(t)=t^2e^{-3t}$ 의 라플라스 변환(F(s))은?

① $F(s)=\dfrac{2}{(s-3)^2}$　② $F(s)=\dfrac{2}{(s+3)^3}$

③ $F(s)=\dfrac{1}{(s+3)^3}$　④ $F(s)=\dfrac{1}{(s-3)^3}$

해설

$f(t) = t^2 \cdot e^{-3t}$

$F(s) = \dfrac{2!}{s^3}\Big|_{s=s+3} = \dfrac{2\times 1}{s^3}\Big|_{s=s+3} = \dfrac{2}{(s+3)^3}$

06 $\pounds[\sin t] = \dfrac{1}{s^2+1}$ 을 이용하여 ⓐ $\pounds[\cos\omega t]$, ⓑ $\pounds[\sin at]$를 구하면?

① ⓐ $\dfrac{1}{s^2-a^2}$, ⓑ $\dfrac{1}{s^2-\omega^2}$　② ⓐ $\dfrac{1}{s+a}$, ⓑ $\dfrac{s}{s+\omega}$

③ ⓐ $\dfrac{s}{s^2+\omega^2}$, ⓑ $\dfrac{a}{s^2+a^2}$　④ ⓐ $\dfrac{1}{s+a}$, ⓑ $\dfrac{1}{s-\omega}$

해설 Chapter − 13 − 03, 04

$\pounds[\cos\omega t] = \dfrac{s}{s^2+\omega^2}$

$\pounds[\sin at] = \dfrac{a}{s^2+a^2}$

07 다음으로 표시되는 식의 Laplace 변환은 어느 것으로 나타나는가?

$$f(t) = e^{at}\sin\omega t$$

① $\dfrac{s+a}{(s+a)^2+\omega^2}$　② $\dfrac{\omega}{(s+a)^2+\omega^2}$

③ $\dfrac{s-a}{(s-a)^2+\omega^2}$　④ $\dfrac{\omega}{(s-a)^2+\omega^2}$

해설

$f(t) = e^{at}\cdot\sin\omega t$

$F(s) = \dfrac{\omega}{s^2+\omega^2}\Big|_{s=s-a} = \dfrac{w}{(s-a)^2+w^2}$

정답 05 ② 06 ③ 07 ④

08

$f(t) = \sin t + 2\cos t$의 라플라스 변환은?

① $\dfrac{2s}{s^2+1}$ ② $\dfrac{2s+1}{(s+1)^2}$

③ $\dfrac{2s+1}{s^2+1}$ ④ $\dfrac{2s}{(s+1)^2}$

해설

$f(t) = \sin t + 2\cos t$

$$F(s) = \frac{1}{s^2+1} + \frac{2s}{s^2+1} = \frac{2s+1}{s^2+1}$$

09

$\mathcal{L}\left[\dfrac{d}{dt}\cos\omega t\right]$ 의 값은?

① $\dfrac{s^2}{s^2+\omega^2}$ ② $\dfrac{-s^2}{s^2+\omega^2}$

③ $\dfrac{\omega^2}{s^2+\omega^2}$ ④ $\dfrac{-\omega^2}{s^2+\omega^2}$

해설

$$f(t) = \frac{d}{dt}\cos\omega t = -\omega\sin\omega t$$

$$F(s) = \frac{-\omega^2}{s^2+\omega^2}$$

10

시간 구간 a, 진폭이 1/a인 단위 펄스에서 a → 0에 접근할 때의 단위 충격 함수에 대한 Laplace 변환은?

① a ② 1

③ 0 ④ 1/a

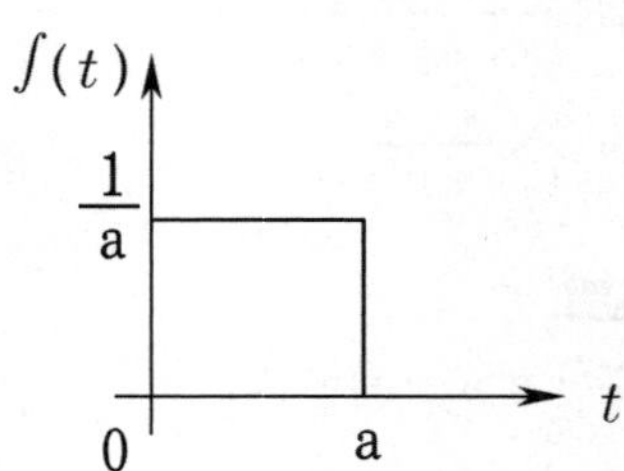

해설

$\delta(t)$: 임펄스 함수. 단위하중(충격) 함수

$$\delta(t) \xrightarrow{\mathcal{L}} 1$$

정답 08 ③ 09 ④ 10 ②

11 그림과 같은 단위 계단 함수는?

① $u(t)$

② $u(t-a)$

③ $u(a-t)$

④ $-u(t-a)$

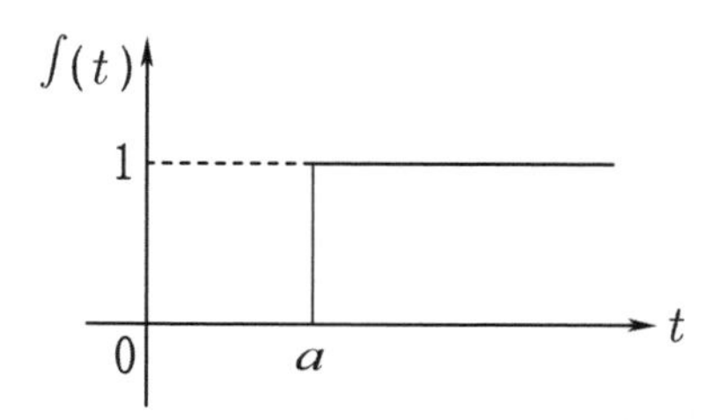

해설 Chapter − 13 − 05

12 다음과 같은 펄스의 라플라스 변환은 어느 것인가?

① $\frac{1}{s} \cdot e^{bt}$ ② $\frac{1}{s} \cdot e^{-bt}$

③ $\frac{1}{s}(1-e^{-bs})$ ④ $\frac{1}{s}(1+e^{-bs})$

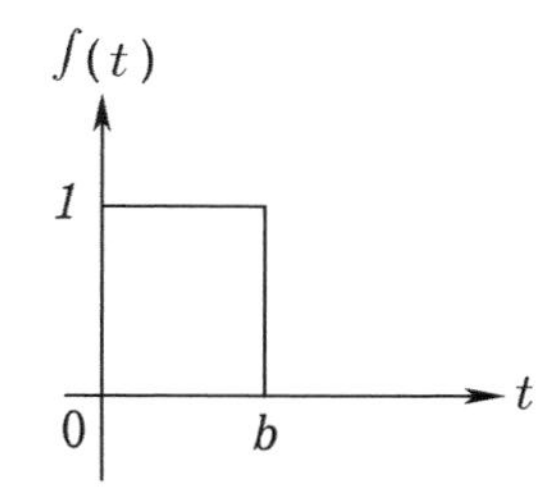

해설 Chapter − 13 − 05

$f(t) = u(t) - u(t-b)$

$F(s) = \frac{1}{s} - \frac{1}{s}e^{-bs} = \frac{1}{s}(1-e^{-bs})$

13 그림과 같이 높이가 1인 펄스의 라플라스 변환은?

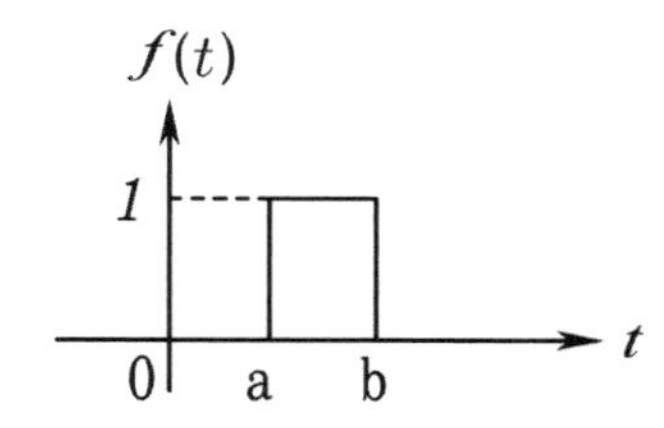

① $\frac{1}{s}(e^{-as}+e^{-bs})$ ② $\frac{1}{s}(e^{-as}-e^{-bs})$

③ $\frac{1}{a-b}\left(\frac{e^{-as}+e^{-as}}{s}\right)$ ④ $\frac{1}{a-b}\left(\frac{e^{-as}-e^{-bs}}{s}\right)$

해설 Chapter − 13 − 05

$f(t) = 1u(t-a) - 1u(t-b)$

$F(s) = \frac{1}{s}e^{-as} - \frac{1}{s}e^{-bs} = \frac{1}{s}(e^{-as} - e^{-bs})$

정답 11 ② 12 ③ 13 ②

14

$v_i(t) = Ri(t) + L\frac{di(t)}{dt} + \frac{1}{C}\int i(t)\,dt$ **에서 모든 초기 조건을 0으로 한 라플라스 변환은?**

① $\frac{Cs}{LCs^2 + RCs + 1}V_i(s)$

② $\frac{1}{LCs^2 + RCs + 1}V_i(s)$

③ $\frac{LCs}{LCs^2 + RCs + 1}V_i(s)$

④ $\frac{C}{LCs^2 + RCs + 1}V_i(s)$

해설

$v(t) = R\,i(t) + \frac{di(t)}{dt} + \frac{1}{C}\int i(t)\,dt$

$V(s) = \left(R + Ls + \frac{1}{Cs}\right)I(s)$

$I(s) = \frac{1}{R + Ls + \frac{1}{Cs}}\,V(s) \times \frac{Cs}{Cs} = \frac{Cs}{LCs^2 + RCs + 1}\,V_i(s)$

15

$\frac{dx}{dt} + 3x = 5$**의 라플라스 변환은? (단, $x(0_+) = 0$이다.)**

① $\frac{5}{s+3}$

② $\frac{3}{s(s+5)}$

③ $\frac{3s}{s+5}$

④ $\frac{5}{s(s+3)}$

해설

초기값이 '0'이므로 $\frac{dx}{dt} + 3X = 5$에서 $(s+3)X(s) = \frac{5}{s}$

$X(s) = \frac{5}{s(s+3)}$

16

$\pounds\,[f(t)] = F(s)$**일 때에** $\lim_{t\to\infty} f(t)$ **는?**

① $\lim_{s\to 0} F(s)$

② $\lim_{s\to 0} sF(s)$

③ $\lim_{s\to\infty} F(s)$

④ $\lim_{s\to\infty} sF(s)$

정답 14 ① 15 ④ 16 ②

17

다음과 같은 2개의 전류의 초기값 $i_1(0^+)$, $i_2(0^+)$가 옳게 구해진 것은?

$$I_1(s) = \frac{12(s+8)}{4s(s+6)} \qquad I_2(s) = \frac{12}{s(s+6)}$$

① 3, 0 ② 4, 0 ③ 4, 2 ④ 3, 4

해설 Chapter – 13 – 06

초기값 정리

- $\lim_{t \to 0} i_1(t) = \lim_{s \to \infty} s\, i_1(s)$
- $\lim_{t \to 0} i_2(t) = \lim_{s \to \infty} s\, i_2(s)$

$$= \lim_{s \to \infty} s \cdot \frac{12(s+8)}{4s(s+6)} = 3$$

$$= \lim_{s \to \infty} s \cdot \frac{12}{s(s+6)} = \frac{0}{\infty} = 0$$

18

$F(s) = \dfrac{3s+10}{s^3+2s^2+5s}$ **일 때 $f(t)$의 최종값은?**

① 0 ② 1 ③ 2 ④ 8

해설 Chapter – 13 – 06

19

$F(s) = \dfrac{5s+3}{s(s+1)}$ **의 정상치 $f(\infty)$는?**

① 5 ② 3 ③ 1 ④ 0

해설

$$\lim_{t \to \infty} f(t) = \lim_{s \to 0} s\, F(s) = \lim_{s \to 0} s \cdot \frac{5s+3}{s(s+1)} = \frac{3}{1} = 3$$

20

$\sin(\omega t + \theta)$ **의 라플라스 변환은?**

① $\dfrac{\omega \sin\theta}{s^2+\omega^2}$ ② $\dfrac{\omega \cos\theta}{s^2+\omega^2}$ ③ $\dfrac{\cos\theta + \sin\theta}{s^2+\omega^2}$ ④ $\dfrac{\omega\cos\theta + s\sin\theta}{s^2+\omega^2}$

정답 17 ① 18 ③ 19 ② 20 ④

해설

$f(t) = \sin(\omega t + \theta) = \sin\omega t\cos\theta + \cos\omega t\sin\theta$

$F(s) = \dfrac{\omega\cos\theta}{s^2+\omega^2} + \dfrac{s\sin\theta}{s^2+\omega^2} = \dfrac{\omega\cos\theta + s\sin\theta}{s^2+\omega^2}$

21

$f(t) = \sin t \cos t$의 라플라스 변환은?

① $\dfrac{1}{s^2+4}$　② $\dfrac{1}{s^2+2}$　③ $\dfrac{1}{(s+2)^2}$　④ $\dfrac{1}{(s+4)^2}$

해설

$f(t) = \sin t \cdot \cos t$

$\because \ \sin(t+t) = \sin t\cos t + \cos t\sin t = 2\sin t\cos t$

$\therefore \ \sin t \cdot \cos t = \dfrac{1}{2}\sin 2t \quad \therefore \ \mathcal{L}\left[\dfrac{1}{2}\sin 2t\right] = \dfrac{1}{2}\cdot\dfrac{2}{s^2+2^2} = \dfrac{1}{s^2+4}$

22

그림과 같은 파형의 라플라스 변환은?

① $\dfrac{E}{s^2}$　② $\dfrac{E}{Ts^2}$

③ $\dfrac{E}{s}$　④ $\dfrac{E}{Ts}$

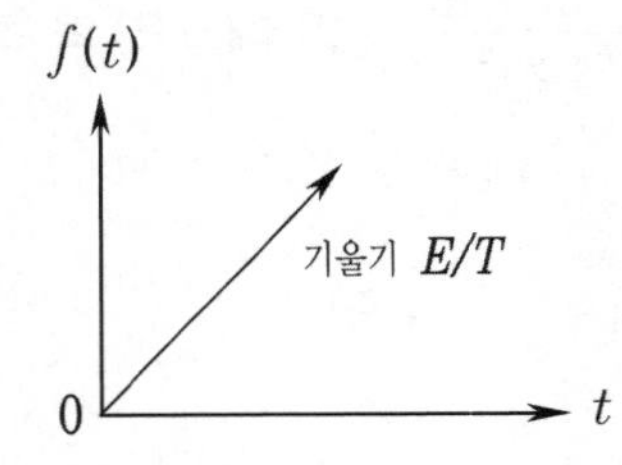

해설

$f(t) = \dfrac{E}{T}t\,u(t)$

$F(s) = \dfrac{E}{T}\cdot\dfrac{1}{s^2} = \dfrac{E}{Ts^2}$

23

그림과 같은 게이트 함수의 라플라스 변환은?

① $\dfrac{E}{Ts^2}[1-(Ts+1)e^{-Ts}]$

② $\dfrac{E}{Ts^2}[1+(Ts+1)e^{-Ts}]$

③ $\dfrac{E}{Ts^2}(Ts+1)e^{-Ts}$

④ $\dfrac{E}{Ts^2}(Ts-1)e^{-Ts}$

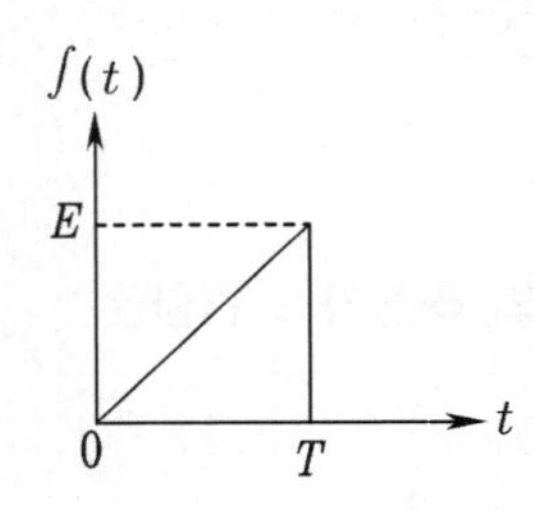

정답 21 ① 22 ② 23 ①

해설

$$f(t) = \frac{E}{T}t\,u(t) - \frac{E}{T}(t-T)\,u(t-T) - Eu(t-T)$$

$$F(s) = \frac{E}{T}\cdot\frac{1}{s^2} - \frac{E}{T}\cdot\frac{1}{s^2}e^{-Ts} - \frac{E}{s}e^{-Ts}$$

$$= \frac{E}{Ts^2}(1-e^{-Ts}-Ts\,e^{-Ts}) = \frac{E}{Ts^2}\{1-(Ts+1)e^{-Ts}\}$$

24

함수 $F(s) = \dfrac{3}{(s+2)^2}$ 을 라플라스 역변환하면 $f(t)$ 는 어떻게 되는가?

① $3e^{-2t}$　② $3e^{2t}$

③ $3te^{2t}$　④ $3te^{-2t}$

해설

Tip : 역으로 보기를 라플라스 변환한다.

25

$f(t) = \mathcal{L}^{-1}\dfrac{1}{s(s+1)}$ 은?

① $1+e^{-t}$　② $1-e^{-t}$

③ $\dfrac{1}{1-e^{-t}}$　④ $\dfrac{1}{1+e^{-t}}$

해설 Chapter − 13 − 09

$$F(s) = \frac{1}{s(s+1)} = \frac{k_1}{s} + \frac{k_2}{s+1}$$

$k_1 = F(s)\times s\,|_{s=0} = 1$, $k_2 = F_{(s)}\times(s+1)\,|_{s=-1} = -1$

$\therefore\ F(s) = \dfrac{1}{s} - \dfrac{1}{s+1}$　　$\therefore\ f(t) = 1-e^{-t}$

26

$F(s) = \dfrac{s+1}{s^2+2s}$ 로 주어졌을 때 $F(s)$ 의 역변환을 한 것은?

① $\dfrac{1}{2}(1+e^{t})$　② $\dfrac{1}{2}(1-e^{-t})$

③ $\dfrac{1}{2}(1+e^{-2t})$　④ $\dfrac{1}{2}(1-e^{-2t})$

정답 24 ④ 25 ② 26 ③

해설 Chapter – 13 – 09

$$F(s) = \frac{s+1}{s(s+2)} = \frac{k_1}{s} + \frac{k_2}{s+2}$$

$$k_1 = F(s) \times s\,|_{s=0} = \frac{1}{2}$$

$$k_2 = F(s) \times (s+2)\,|_{s=-2} = \frac{1}{2}$$

$$\therefore\ F(s) = \frac{1}{2}\left(\frac{1}{s} + \frac{1}{s+2}\right)$$

$$f(t) = \frac{1}{2}(1 + e^{-2t})$$

27 $f(t) = \mathcal{L}^{-1}\left[\frac{1}{s^2+6s+10}\right]$ 의 값은 얼마인가?

① $e^{-3t}\sin t$ ② $e^{-3t}\cos t$ ③ $e^{-t}\sin 5t$ ④ $e^{-t}\sin 5\omega t$

해설 Chapter – 13 – 10

$$F(s) = \frac{1}{s^2+6s+10} = \frac{1}{(s+3)^2+1}$$

$$\therefore\ f(t) = e^{-3t}\sin t$$

28 $F(s) = \frac{2(s+1)}{s^2+2s+5}$ 의 시간 함수 $f(t)$는 어느 것인가?

① $2e^{-t}\cos 2t$ ② $2e^{t}\cos 2t$ ③ $2e^{-t}\sin 2t$ ④ $2e^{t}\sin 2t$

해설 Chapter – 13 – 10

$$F(s) = \frac{2(s+1)}{s^2+2s+5} = \frac{2(s+1)}{(s+1)+2^2}$$

$$\therefore\ f(t) = 2 \cdot e^{-t}\cos 2t$$

29 라플라스 변환함수 $F(s) = \frac{s+2}{s^2+4s+13}$ 에 대한 역변환 함수 $f(t)$는?

① $e^{-2t}\cos 3t$ ② $e^{-3t}\sin 2t$ ③ $e^{3t}\cos 2t$ ④ $e^{2t}\sin 3t$

해설

$$F(s) = \frac{s+2}{s^2+4s+13} = \frac{s+2}{(s+2)^2+3^2}$$

$$\therefore\ f(t) = e^{-2t} \cdot \cos 3t$$

정답 27 ① 28 ① 29 ①

30 $F(s) = \dfrac{2s^2+s-3}{s(s^2+4s+3)}$ **의 라플라스 역변환은?**

① $1-e^{-t}+2e^{-3t}$ ② $1-e^{-t}-2e^{-3t}$
③ $-1-e^{-t}-2e^{-3t}$ ④ $-1+e^{-t}+2e^{-3t}$

해설 Chapter 13 – 09

$F(s) = \dfrac{2s^2+s-3}{s(s^2+4s+3)} = \dfrac{2s^2+s-3}{s(s+1)\cdot(s+3)} = \dfrac{k_1}{s} + \dfrac{k_2}{s+1} + \dfrac{k_3}{s+3}$

$k_1 = F(s)\times s|_{s=0} = -1,\ k_2 = F(s)\times(s+1)|_{s=-1} = 1,\ k_3 = F(s)\times(s+3)|_{s=-3} = 2$

$= \dfrac{-1}{s} + \dfrac{1}{s+1} + \dfrac{2}{s+3}$ $\therefore\ F(t) = -1+e^{-t}+2e^{-3t}$

31 RC **직렬회로에서 직류전압** $V(V)$**가 인가되었을 때, 전류** $i(t)$**에 대한 전압 방정식(KVL)이** $V = Ri(t) + \dfrac{1}{C}\int i(t)dt(V)$**이다. 전류** $i(t)$**의 라플라스 변환인** $I(s)$**는? (단,** C**에는 초기 전하가 없다.)**

① $I(s) = \dfrac{V}{R}\dfrac{1}{s-\dfrac{1}{RC}}$ ② $I(s) = \dfrac{C}{R}\dfrac{1}{s+\dfrac{1}{RC}}$
③ $I(s) = \dfrac{V}{R}\dfrac{1}{s+\dfrac{1}{RC}}$ ④ $I(s) = \dfrac{R}{C}\dfrac{1}{s-\dfrac{1}{RC}}$

해설 Chapter 13

라플라스 변환

전류를 라플라스 변환하면 $V\dfrac{1}{s} = RI(s) + \dfrac{1}{C}\dfrac{1}{s}I(s)$

$I(s) = \dfrac{V}{s(R+\dfrac{1}{Cs})} = \dfrac{V}{sR+\dfrac{1}{C}} = \dfrac{V}{R}\dfrac{1}{s+\dfrac{1}{RC}}$

32 그림과 같은 직류 전압의 라플라스 변환을 구하면?

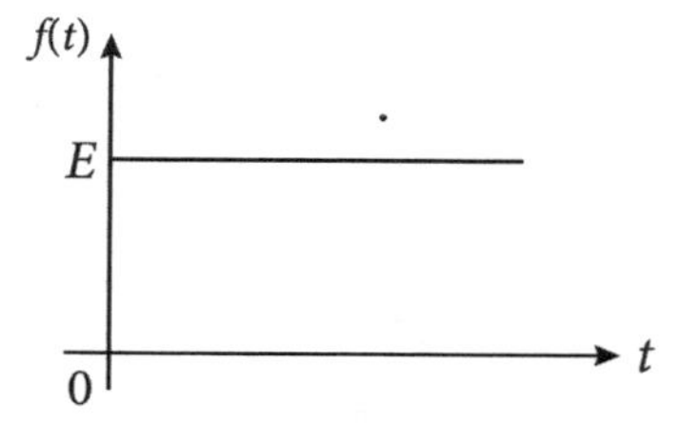

① $\dfrac{E}{s-1}$ ② $\dfrac{E}{s+1}$
③ $\dfrac{E}{s}$ ④ $\dfrac{E}{s^2}$

해설 Chapter 13 – 01

$f(t) = E\cdot u(t)$ $F(s) = \dfrac{E}{s}$

정답 30 ④ 31 ③ 32 ③

요점정리

※ $\mathcal{L}[f(t)] = \int_0^\infty f(t) \cdot e^{-st}\,dt = F(s)$

(1) $\mathcal{L}[t^n] = \dfrac{n!}{S^{n+1}}$

$(4! = 4 \times 3 \times 2 \times 1)$

(2) $\mathcal{L}[t \cdot e^{-at}] = \dfrac{1}{s^2}\Big|_{s=s+a}$

$= \dfrac{1}{(s+a)^2}$

(3) $\mathcal{L}[\sin\omega t] = \dfrac{\omega}{s^2+\omega^2}$

(4) $\mathcal{L}[\cos\omega t] = \dfrac{s}{s^2+\omega^2}$

(5) $\mathcal{L}[u(t-a)] = \dfrac{1}{s}e^{-as}$

(6) 초기값 정리

$\lim_{t\to 0} f(t) - \lim_{s\to\infty} s \cdot F(s)$

최종값 정리

$\lim_{t\to\infty} f(t) - \lim_{s\to 0} s \cdot F(s)$

(7) $\mathcal{L}\left[\dfrac{d}{dt}f(t)\right] = s \cdot F(s) - f(0)$

$\mathcal{L}\left[\int f(t)\,dt\right] = \dfrac{F(s)}{s} + f\,'(0)$

(8) $\mathcal{L}[t^n \cdot f(t)] = (-1)^n \cdot \dfrac{d^n}{ds^n}F(s)$

※ 라플라스 역변환

(1) 인수분해 가능

(부분분수 → 지수함수)

$F(s) = \dfrac{1}{s^2+3s+2}$

$= \dfrac{1}{(s+1)(s+2)}$

$= \dfrac{K_1}{s+1} + \dfrac{K_2}{s+2}$

$= \dfrac{1}{s+1} + \dfrac{-1}{s+2}$

$K_1 = F(s) \times (s+1)\,|_{s=-1}$

$= \dfrac{1}{(s+1)(s+2)} \times (s+1)\,|_{s=-1}$

$= 1$

$K_2 = F(s) \times (s+2)\,|_{s=-2}$

$= \dfrac{1}{(s+1)(s+2)} \times (s+2)\,|_{s=-2}$

$= -1$

※ $f(t) = e^{-t} - e^{-2t}$

(2) 인수분해 불가능(완전제곱 → sin 함수)

→ cos 함수

$F(s) = \dfrac{1}{s^2+2s+2} = \dfrac{1}{(s+1)^2+1^2}$

$f(t) = \sin \cdot e^{-t}$

$F(s) = \dfrac{2s+3}{s^2+2s+2} = \dfrac{2(s+1)+1}{(s+1)^2+1^2}$

$= \dfrac{2(s+1)}{(s+1)^2+1} + \dfrac{1}{(s+1)^2+1^2}$

$f(t) = 2 \cdot \cos t \cdot e^{-t} + \sin t \cdot e^{-t}$

(3) 중근(부분 분수)

$F(s) = \dfrac{1}{s(s+1)^2}$

$= \dfrac{K_1}{s} + \dfrac{K_2}{(s+1)^2} + \dfrac{K_3}{s+1}$

$K_1 = F(s) \times s\,|_{s=0} = 1$

$K_2 = F(s) \times (s+1)^2\,|_{s=-1} = -1$

$K_3 = -K_1$ (K_1의 반수)

$= -1$

$= \dfrac{1}{s} + \dfrac{-1}{(s+1)^2} + \dfrac{-1}{(s+1)}$

$f(t) = 1 - t \cdot e^{-t} - e^{-t}$

chapter

14

전달함수

CHAPTER 14 전달함수

(1) 전달함수

$$G(s) = \frac{C(s)}{R(s)} = \frac{Y(s)}{X(s)} = \frac{v_0(s)}{v_i(s)} = \frac{\text{출력측 } Z(s)}{\text{입력측 } Z(s)}$$

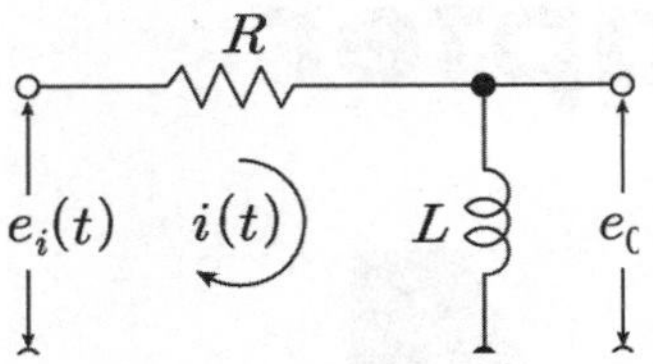

$$G(s) = \frac{v_0(s)}{v_i(s)} = \frac{LSI(s)}{(R+LS)I(s)} = \frac{LS}{R+LS}$$

$$v_i(t) = R \cdot i(t) + L\frac{di(t)}{dt}$$

$$v_0(t) = L\frac{di(t)}{dt}$$

$$v_i(s) = (R+LS)I(s)$$

$$v_0(s) = LSI(s)$$

ex.

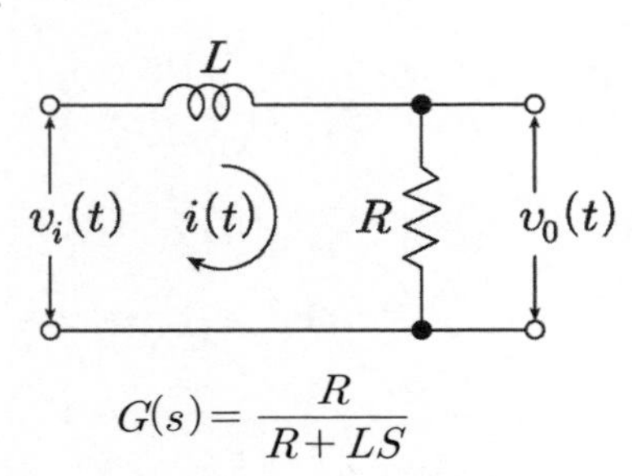

$$G(s) = \frac{R}{R+LS}$$

ex.

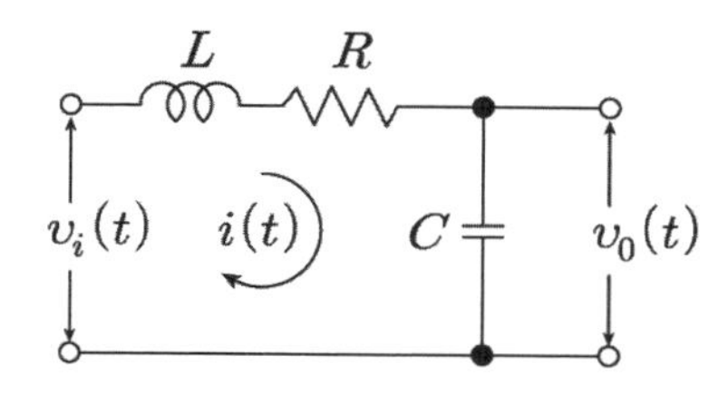

$$G(s)=\frac{\frac{1}{CS}}{R+LS+\frac{1}{CS}}$$

$$=\frac{1}{LCS^2+RCS+1}$$

(2) 임피던스와 어드미턴스

$$\frac{V(s)}{I(s)}=Z(s)=\frac{1}{Y(s)}$$

↳ 임피던스를 구하라 할 때는 병렬이 나와 그때는 $\frac{1}{Y(s)}$

$$\frac{I(s)}{V(s)}=Y(s)=\frac{1}{Z(s)}$$

↳ 어드미턴스를 구하라 할 때는 직렬이 나와 그때는 $\frac{1}{Z(s)}$

(3) 피드백 제어

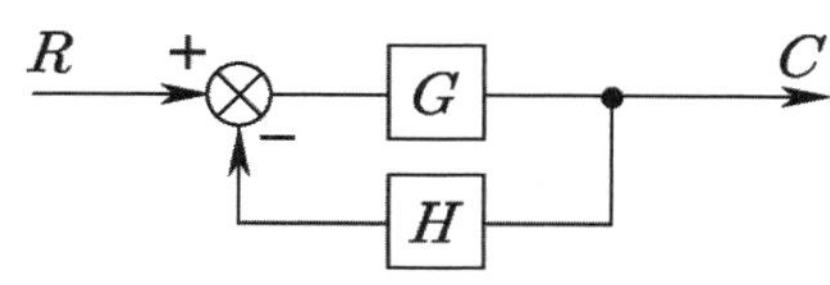

$$G(s)=\frac{G}{1+GH}$$

14 CHAPTER 출제예상문제

01 **다음 사항 중 옳게 표현된 것은?**

① 비례 요소의 전달함수는 $\frac{1}{TS}$ 이다.

② 미분 요소의 전달함수는 K 이다.

③ 적분 요소의 전달함수는 TS이다.

④ 1차 지연 요소의 전달함수는 $\frac{K}{TS+1}$ 이다.

해설

비례요소(k), 미분요소(TS), 적분요소$\left(\frac{1}{TS}\right)$, 1차 지연요소$\left(\frac{k}{TS+1}\right)$

02 **그림과 같은 액면계에서 $q(t)$를 입력, $h(t)$를 출력으로 본 전달함수는?**

① $\frac{K}{s}$　　② KS

③ $1+KS$　　④ $\frac{K}{1+S}$

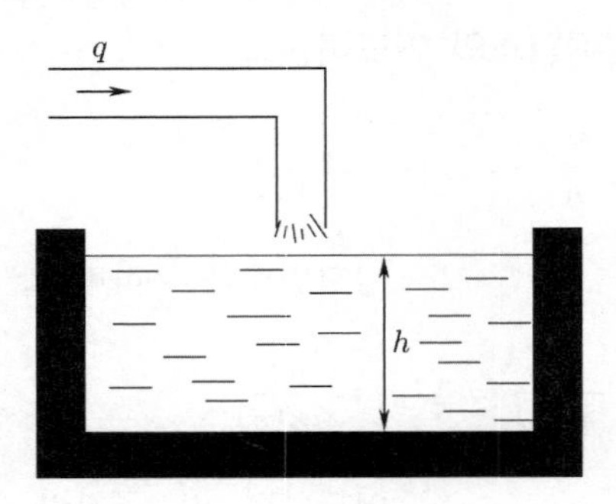

해설

단면적 A

$$h(t) = \frac{1}{A}\int q(t)\,dt$$

$$H(s) = \frac{1}{AS}Q(s)$$

$$\therefore\ G(s) = \frac{H(s)}{Q(s)} = \frac{1}{AS} = \frac{K}{S}$$

03 **어떤 계를 표시하는 미분 방정식이 $\frac{d^2y(t)}{dt^2}+3\frac{dy(t)}{dt}+2y(t) = \frac{dx(t)}{dt}+x(t)$ 라고 한다. $x(t)$는 입력, $y(t)$는 출력이라고 한다면 이 계의 전달함수는 어떻게 표시되는가?**

① $\frac{S^2+3S+2}{S+1}$　　② $\frac{2S+1}{S^2+S+1}$　　③ $\frac{S+1}{S^2+3S+2}$　　④ $\frac{S^2+S+1}{2S+1}$

해설

s의 변환식

$$(S^2+3S+2)\,Y(s) = (S+1)\,X(s)$$

$$\therefore\ G(s) = \frac{Y(s)}{X(s)} = \frac{S+1}{S^2+3S+2}$$

정답 01 ④ 02 ① 03 ③

04 $\dfrac{V_0(s)}{V_i(s)} = \dfrac{1}{s^2+3s+1}$ 의 전달함수를 미분 방정식으로 표시하면?

① $\dfrac{d^2}{dt^2}v_0(t)+3\dfrac{d}{dt}v_0(t)+v_0(t) = v_i(t)$

② $\dfrac{d^2}{dt^2}v_i(t)+3\dfrac{d}{dt}v_i(t)+v_i(t) = v_0(t)$

③ $\dfrac{d^2}{dt^2}v_i(t)+3\dfrac{d}{dt}v_i(t)+\int v_i(t)\,dt = v_0(t)$

④ $\dfrac{d^2}{dt^2}v_0(t)+3\dfrac{d}{dt}v_0(t)+\int v_0(t)\,dt = v_i(t)$

05 어떤 계의 임펄스 응답(impulse response)이 정현파 신호 $\sin t$ 일 때 이 계의 전달함수와 미분 방정식을 구하면?

① $\dfrac{1}{S^2+1}$, $\dfrac{d^2y}{dt^2}+y = x$

② $\dfrac{1}{S^2-1}$, $\dfrac{d^2y}{dt^2}+2y = 2x$

③ $\dfrac{1}{2S+1}$, $\dfrac{d^2y}{dt^2}-y = x$

④ $\dfrac{1}{2S^2-1}$, $\dfrac{d^2y}{dt^2}-2y = 2x$

해설

$$G(s) = \frac{Y(s)}{X(s)} = \pounds\left[\frac{\sin t}{\delta(t)}\right] = \frac{\frac{1}{s^2+1}}{1} = \frac{1}{s^2+1}$$

$$\therefore\ G(s) = \frac{Y(s)}{X(s)} = \frac{1}{s^2+1}$$

$$(s^2+1)\,Y(s) = X(s)$$

$$\frac{d^2y(t)}{dt^2}+y(t) = x(t)$$

06 그림과 같은 회로의 전달함수는? (단, $v_i(t)$는 입력, $v_0(t)$는 출력 신호이다.)

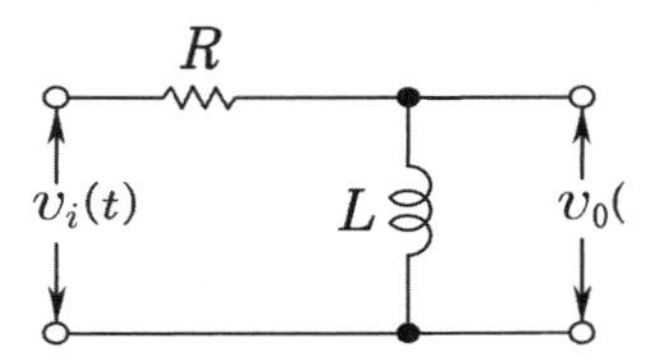

① $\dfrac{L}{R+LS}$

② $\dfrac{LS}{R+LS}$

③ $\dfrac{RS}{R+LS}$

④ $\dfrac{RLS}{R+LS}$

해설 Chapter – 15 – 01

$$G(s) = \frac{LS}{R+LS}$$

정답 04 ① 05 ① 06 ②

07

그림과 같은 회로의 전달함수는? (단, $\frac{L}{R} = T$: 시정수이다.)

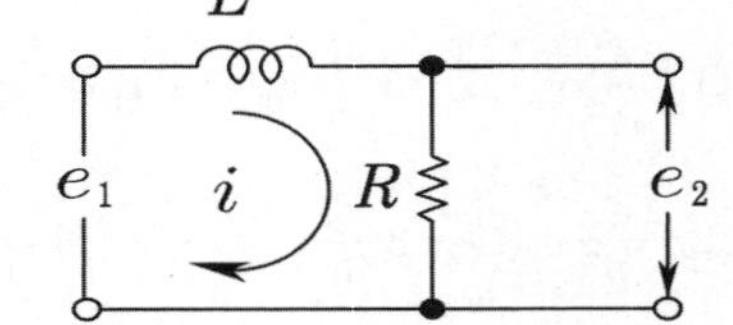

① $\frac{1}{TS^2+1}$　　② $\frac{1}{TS+1}$

③ TS^2+1　　④ $TS+1$

해설 Chapter – 15 – 01

$$G(s) = \frac{R}{LS+R} \times \frac{\frac{1}{R}}{\frac{1}{R}} = \frac{1}{\frac{L}{R}S+1} = \frac{1}{TS+1}$$

08

그림과 같은 회로의 전압비 전달함수 $\frac{v_2(s)}{v_1(s)}$ 는?

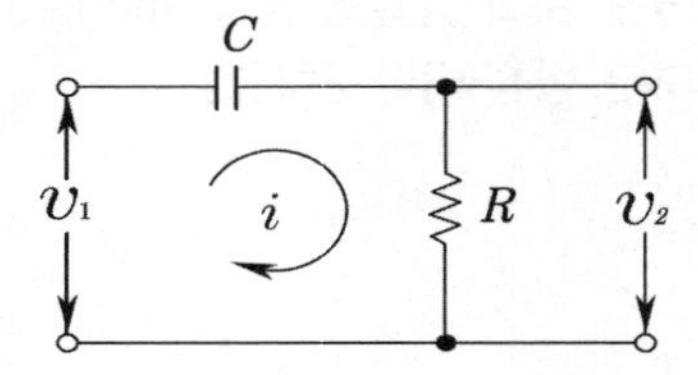

① $\frac{R}{1+RCS}$　　② $\frac{RCS}{1-RCS}$

③ $\frac{RCS}{1+RCS}$　　④ $\frac{R}{1-RCS}$

해설 Chapter – 15 – 01

$$G(s) = \frac{V_2}{V_1} = \frac{R}{\frac{1}{CS}+R} \times \frac{CS}{CS} = \frac{RCS}{1+RCS}$$

09

그림과 같은 회로의 전달함수는? (단, $T_1 = R_2C$, $T_2 = (R_1+R_2)C$ 이다.)

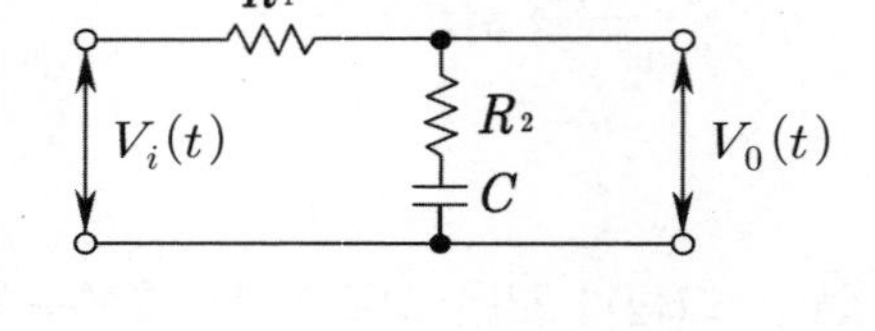

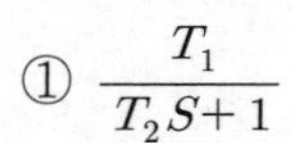

① $\frac{T_1}{T_2S+1}$

② $\frac{T_2S}{T_1S+1}$

③ $\frac{T_1S+1}{T_2S+1}$

④ $\frac{T_1(T_1S+1)}{T_2(T_2S+1)}$

해설 Chapter – 15 – 01

$$G(s) = \frac{R_2+\frac{1}{CS}}{R_1+R_2+\frac{1}{CS}} = \frac{R_2CS+1}{(R_1+R_2)CS+1} = \frac{T_1S+1}{T_2S+1}$$

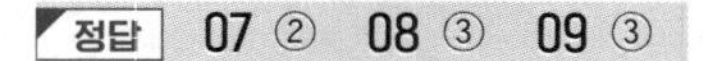

정답 07 ② 08 ③ 09 ③

10 그림과 같은 회로의 전달함수는? (단, $T=RC$ 이다.)

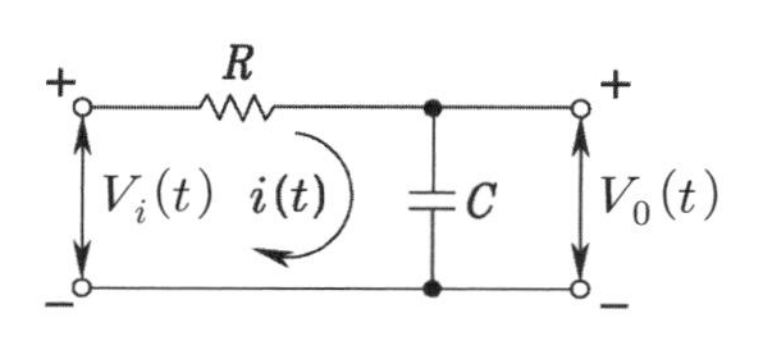

① $\dfrac{1}{TS^2+1}$　　② $\dfrac{1}{TS+1}$

③ TS^2+1　　④ $TS+1$

해설 Chapter − 15 − **01**

$$G(s)=\frac{\frac{1}{CS}}{R+\frac{1}{CS}}\times\frac{CS}{CS}=\frac{1}{RCS+1}=\frac{1}{TS+1}$$

11 그림과 같은 회로의 전달함수 $\dfrac{V_0(t)}{V_i(t)}$ 는?

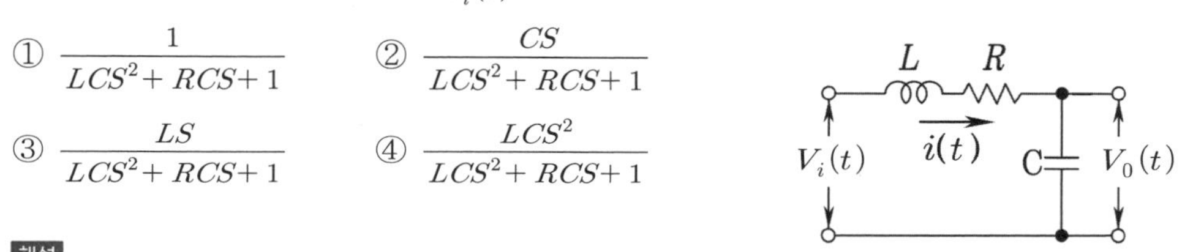

① $\dfrac{1}{LCS^2+RCS+1}$　　② $\dfrac{CS}{LCS^2+RCS+1}$

③ $\dfrac{LS}{LCS^2+RCS+1}$　　④ $\dfrac{LCS^2}{LCS^2+RCS+1}$

해설

$$G(s)=\frac{V_0}{V_i}=\frac{\frac{1}{CS}}{LS+R+\frac{1}{CS}}\times\frac{CS}{CS}=\frac{1}{LCS^2+RCS+1}$$

12 그림과 같은 회로에서 $v_i(t)$를 입력 전압, $v_0(t)$를 출력 전압이라 할 때 전달함수는?

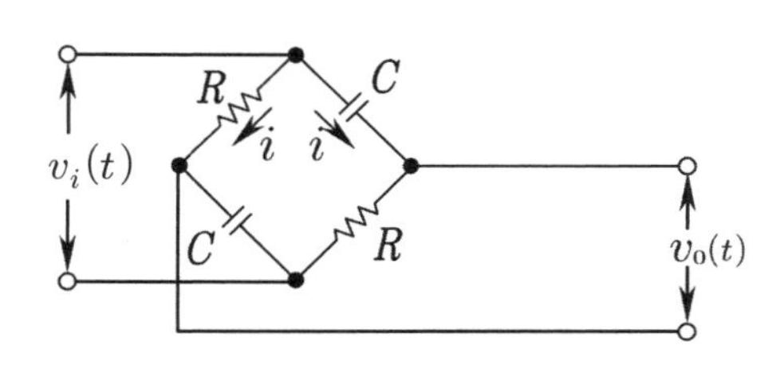

① $\dfrac{RCS-1}{RCS+1}$　　② $\dfrac{1}{RCS+1}$

③ $\dfrac{RCS+1}{RCS-1}$　　④ $\dfrac{1}{RCS-1}$

해설

$$v_i(s)=\left(R+\frac{1}{CS}\right)\cdot I(s)$$

$$v_0(s)=\left(R-\frac{1}{CS}\right)\cdot I(s)$$

$$G(s)=\frac{v_0(s)}{v_i(s)}=\frac{\left(R-\frac{1}{CS}\right)\cdot I(s)}{\left(R+\frac{1}{CS}\right)\cdot I(s)}=\frac{RCS-1}{RCS+1}$$

정답 10 ② 11 ① 12 ①

13

그림과 같은 회로의 전달함수 $\dfrac{V_0(s)}{I(s)}$ 는? (단, 초기 조건은 모두 0 으로 한다.)

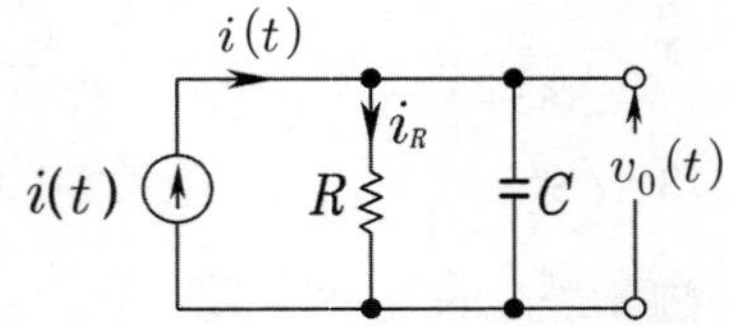

① $\dfrac{1}{RCS+1}$ ② $\dfrac{R}{RCS+1}$

③ $\dfrac{C}{RCS+1}$ ④ $\dfrac{RCS}{RCS+1}$

해설

$G(s) = \dfrac{V(s)}{I(s)} = Z(s)$ 그러나 회로는 병렬이므로,

$G(s) = \dfrac{1}{Y(s)}$ 이다.

$\therefore\ Y(s) = \dfrac{1}{R} + CS$

$$G(s) = \frac{1}{\dfrac{1}{R} + CS} \times \frac{R}{R} = \frac{R}{RCS+1}$$

14

그림과 같은 $R-L-C$ 회로망에서 입력전압을 $e_i(t)$, 출력량을 전류 $i(t)$로 할 때, 이 요소의 전달함수는 어느 것인가?

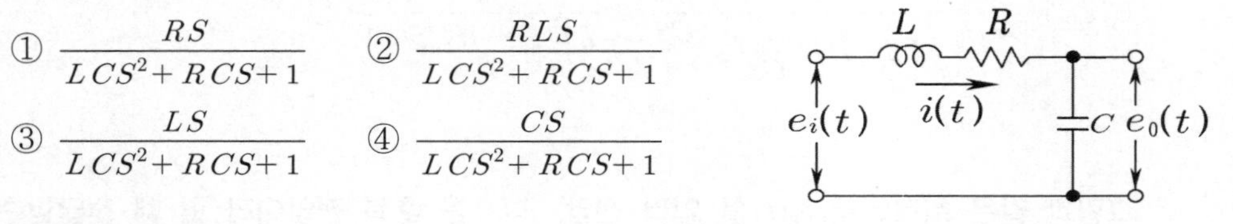

① $\dfrac{RS}{LCS^2+RCS+1}$ ② $\dfrac{RLS}{LCS^2+RCS+1}$

③ $\dfrac{LS}{LCS^2+RCS+1}$ ④ $\dfrac{CS}{LCS^2+RCS+1}$

해설

$$G(s) = \frac{i(s)}{e(s)} = Y = \frac{1}{Z} = \frac{1}{R+LS+\dfrac{1}{CS}} \times \frac{CS}{CS} = \frac{CS}{LCS^2+RCS+1}$$

15

그림과 같은 계통의 전달함수는?

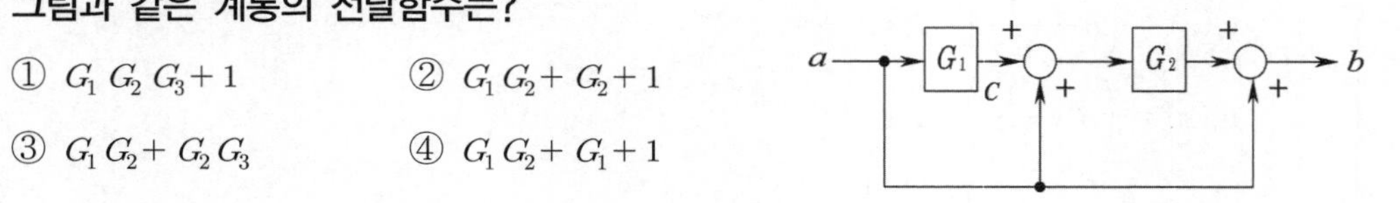

① $G_1 G_2 G_3 + 1$ ② $G_1 G_2 + G_2 + 1$

③ $G_1 G_2 + G_2 G_3$ ④ $G_1 G_2 + G_1 + 1$

해설 Chapter – 15 – 03

정답 13 ② 14 ④ 15 ②

16 그림과 같은 궤환 회로의 종합 전달함수는?

① $\frac{1}{G_1}+\frac{1}{G_2}$

② $\frac{G_1}{1-G_1G_2}$

③ $\frac{G_1}{1+G_1G_2}$

④ $\frac{G_1G_2}{1+G_1G_2}$

해설 Chapter − 15 − 03

$$G(s)=\frac{G_1}{1+G_1G_2}$$

17 그림과 같은 블록선도에서 등가 전달함수는?

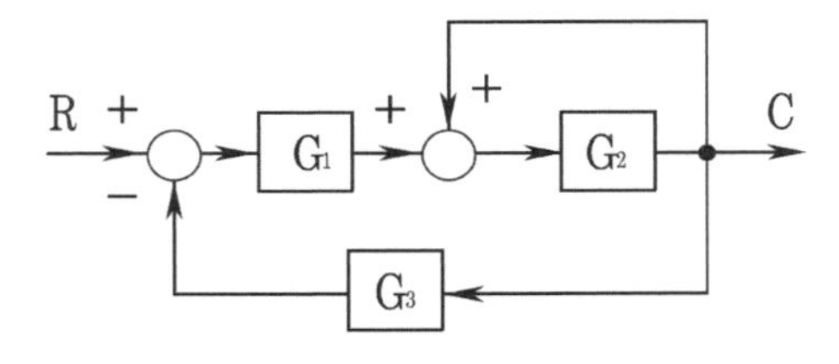

① $\frac{G_1G_2}{1+G_2+G_1G_2G_3}$

② $\frac{G_1G_2}{1-G_2+G_1G_2G_3}$

③ $\frac{G_1G_3}{1-G_2+G_1G_2G_3}$

④ $\frac{G_1G_3}{1+G_2+G_1G_2G_3}$

해설

pass : $G_1 \cdot G_2$

Loop1 : G_2

Loop2 : $-(G_1 \cdot G_2 \cdot G_3)$

$$\therefore\ G(s)=\frac{P}{1-L_1-L_2}=\frac{G_1 \cdot G_2}{1-G_2+G_1G_2G_3}$$

정답 16 ③ 17 ②

요점정리

(1) 전달함수

$$G(s) = \frac{C(s)}{R(s)} = \frac{Y(s)}{X(s)}$$

$$= \frac{V_0(s)}{V_i(s)} = \frac{출\ Z(s)}{입\ Z(s)}$$

ex.

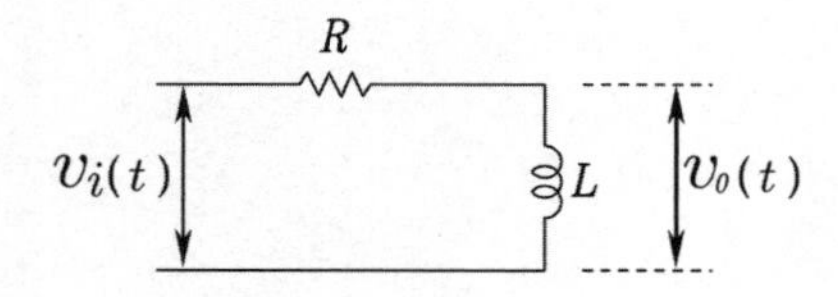

$$G(s) = \frac{v_0(s)}{v_i(s)} = \frac{Ls}{R+Ls}$$

ex.

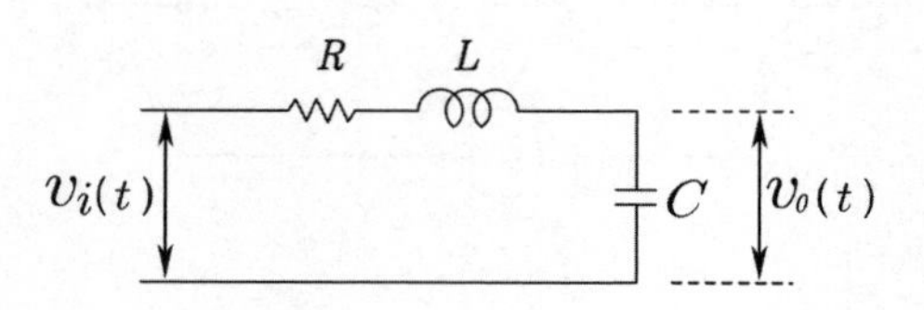

$$G(s) = \frac{\frac{1}{CS}}{R+LS+\frac{1}{CS}}$$

$$= \frac{1}{LCS^2+RCS+1}$$

(2) 임피던스와 어드미턴스

- $G(s) = \dfrac{V(s)}{I(s)} = Z(s)$

  : 회로가 병렬$= \dfrac{1}{Y(s)}$

- $G(s) = \dfrac{I(s)}{V(s)} = Y(s)$

  : 회로가 직렬 $= \dfrac{1}{Z(s)}$

(3) 피드백 제어

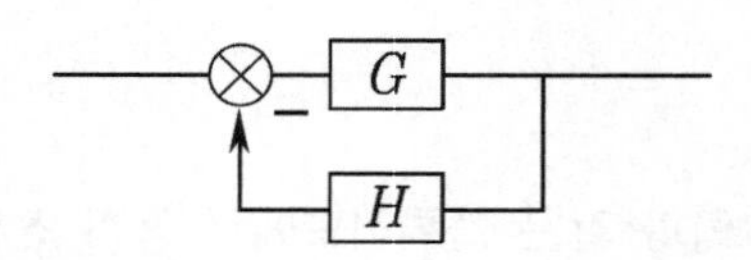

$$G(s) = \frac{G}{1+GH}$$

chapter

15

과도현상

15 CHAPTER 과도현상

※ 지금까지 다룬 회로는 정현파 전원이 인가된 정상 상태(steady state)의 회로 응답을 취급하였다. 그러나 전기 회로에서 스위칭에 의하여 전원 또는 회로 소자가 갑자기 인가 또는 제거되면 에너지 저장 소자 L과 C에는 에너지의 유·출입이 발생하여 회로에 교란이 일어난다. 이 교란이 지속되는 기간, 즉 과도기(transient period)를 지나면 회로의 전압·전류는 새로운 값으로 안정화되는데 이 상태를 정상 상태라 한다.
정상 상태는 페이저로 해석하였으나 회로의 상태가 갑자기 변하는 과도 상태는 KCL 또는 KVL에 의하여 미분 방정식으로 표현된다. 그러므로 과도 상태의 시간 응답을 구하는 문제는 미분 방정식을 푸는 문제로 귀착된다.
이 장에서는 미분 방정식을 푸는 고전적 방법을 배우고 13장에서는 Laplace 변환에 의한 방법으로도 해석할 수 있다.

(1) $R-L$ 직렬회로

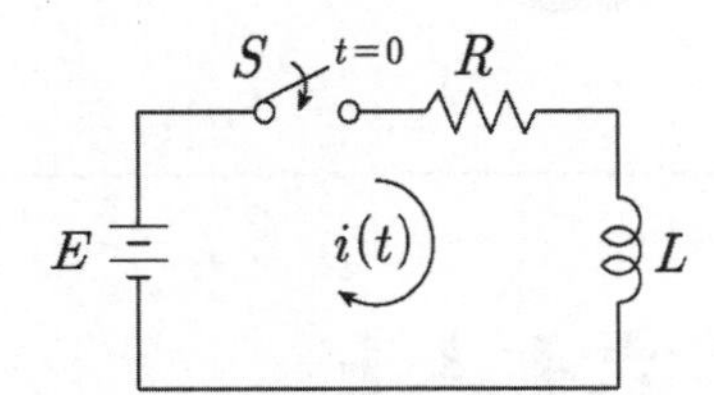

- s/w를 열었다 닫는 순간 과도현상이 일어난다.

$$E = R \cdot i(t) + L \cdot \frac{di(t)}{dt}$$

$$\frac{E}{S} = (R + LS)I(s)$$

$$I(s) = \frac{E}{S(R+LS)} = \frac{\frac{E}{L}}{S\left(S+\frac{R}{L}\right)} = \frac{K_1}{S} + \frac{K_2}{S+\frac{R}{L}}$$

$$K_1 = I(s) \times S\,|_{s=0} = \frac{E}{R}$$

$$K_2 = I(s) \times \left(S + \frac{R}{L}\right)_{S=-\frac{R}{L}} = -\frac{E}{R}$$

$$= \frac{E}{R}\left(\frac{1}{S} - \frac{1}{S+\frac{R}{L}}\right)$$

$$\therefore\ i(t) = \frac{E}{R}\left(1 - e^{-\frac{R}{L}t}\right)\ [\mathrm{A}]$$

① $i(t)= \frac{E}{R}\left(1-e^{-\frac{R}{L}t}\right)$

$\left(\alpha= -\frac{R}{L},\ \tau= \frac{1}{|a|}= \frac{L}{R},\ i_s= \frac{E}{R}\right)$ [A]

② $t= \frac{L}{R}$ 대입

$i(t)= \frac{E}{R}\left(1-e^{-\frac{R}{L}\times\frac{L}{R}}\right)$

$= 0.632\frac{E}{R}$ [A]

③ $v_R= Ri(t)= E\left(1-e^{-\frac{R}{L}t}\right)$[V]

④ $v_L= L\frac{di(t)}{dt}= E\cdot e^{-\frac{R}{L}t}$ [V]

⑤ $S\rightarrow off$ $\quad i(t)= \frac{E}{R}\cdot e^{-\frac{R}{L}t}$ [A]

(2) $R-C$ 직렬회로

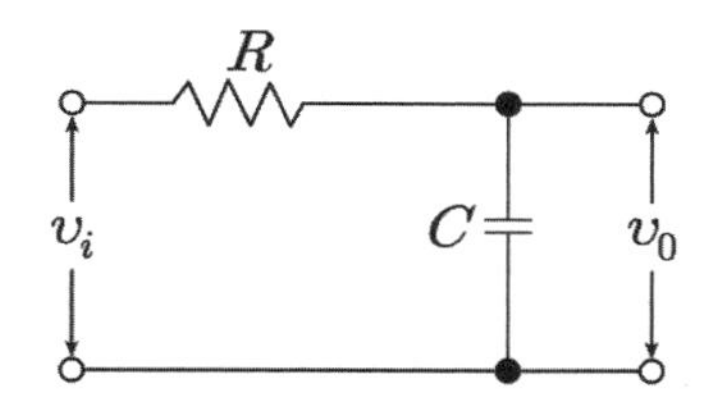

$i(t)= \frac{dq(t)}{dt}$ $\qquad \frac{d}{dt}Q= \frac{d}{dt}\int i(t)dt$

$\int i(t)dt = q(t)$ $\qquad \therefore i(t)= \frac{d}{dt}q(t)$

$E= Ri(t)+ \frac{1}{C}\int i(t)dt$

$= R\cdot\frac{dq(t)}{dt}+\frac{1}{C}q(t)$

$\frac{E}{S}= \left(RS+\frac{1}{C}\right)Q(s)$

$$Q(s)=\frac{E}{S\left(RS+\frac{1}{C}\right)}=\frac{\frac{E}{R}}{S\left(S+\frac{1}{RC}\right)}$$

$$=\frac{K_1}{S}+\frac{K_2}{S+\frac{1}{RC}}$$

$$K_1=Q(s)\times S\,|_{s=0}=C\cdot E$$

$$K_2=Q(s)\times\left(S+\frac{Q}{RC}\right)_{s=-\frac{1}{RC}}=-C\cdot E$$

$$Q(s)=CE\left(\frac{1}{S}-\frac{1}{S+\frac{1}{RC}}\right)$$

$$\therefore q(t)=CE\left(1-e^{-\frac{1}{RC}t}\right)[\mathrm{C}]$$

① $i(t)=\frac{dq(t)}{dt}=\frac{E}{R}\cdot e^{-\frac{1}{RC}t}$ [A]

$\hookrightarrow$ $i(t)=\frac{d}{dt}\left\{CE\left(1+e^{-\frac{1}{RC}t}\right)\right\}$

$=CE\left\{0-\left(-\frac{1}{RC}e^{-\frac{1}{RC}t}\right)\right\}$

$=\frac{E}{R}e^{-\frac{1}{RC}t}$ [A]

$\left(\alpha=-\frac{1}{RC},\ \tau=R\cdot C\right)$

② $t=R\cdot C$

$i(t)=0.368\cdot\frac{E}{R}$ [A]

③ $V_R=R\cdot i(t)=E\cdot e^{-\frac{1}{RC}t}$ [V]

④ $V_C=\frac{q(t)}{C}=E\left(1-e^{-\frac{1}{RC}t}\right)$ [V]

⑤ **방전시** : $i(t)=-\frac{E}{R}e^{-\frac{1}{RC}t}$

↳ 충전시와 반대방향이면 (−)
충전된 방향이면 (+)

(3) $R-L-C$ 직렬회로

$R^2 > 4\frac{L}{C}$: 비진동

$R^2 = 4\frac{L}{C}$: 임계진동

$R^2 < 4\frac{L}{C}$: 진동

$R > 2\sqrt{\frac{L}{C}}$: 비진동

$R = 2\sqrt{\frac{L}{C}}$: 임계진동

$R < 2\sqrt{\frac{L}{C}}$: 진동

(4) $L-C$ 직렬회로

$$q(t) = CE\left(1-\cos\frac{1}{\sqrt{LC}}t\right)$$

① $i(t) = \frac{dq(t)}{dt}$

$$= \frac{d}{dt}\left\{CE\left(1-\cos\frac{1}{LC}t\right)\right\}$$

$$= CE\left\{0+\frac{1}{\sqrt{LC}}\cdot\sin\frac{1}{\sqrt{LC}}t\right\}$$

$$= \sqrt{\frac{C}{L}}\cdot E\cdot\sin\frac{1}{\sqrt{LC}}\cdot t$$

$$= \frac{E}{\sqrt{\frac{L}{C}}}\sin\frac{1}{\sqrt{LC}}\cdot t[\mathrm{A}]$$

$$\therefore\ i(t) = \frac{dq(t)}{dt} = \frac{E}{\sqrt{\frac{L}{C}}}\sin\frac{1}{\sqrt{LC}}\cdot t$$

② $V_C = \frac{q(t)}{C}$

$$= E\cdot\left(1-\cos\frac{1}{\sqrt{LC}}t\right)$$

출제예상문제

01 **전기 회로에서 일어나는 과도현상은 그 회로의 시정수와 관계가 있다. 이 사이의 관계를 옳게 표현한 것은?**

① 회로의 시정수가 클수록 과도현상은 오랫동안 지속된다.
② 시정수는 과도현상의 지속 시간에는 상관되지 않는다.
③ 시정수의 역이 클수록 과도현상은 천천히 사라진다.
④ 시정수가 클수록 과도현상은 빨리 사라진다.

02 **그림과 같은 회로에서 스위치 S를 닫을 때의 전류 $i(t)$[A]는?**

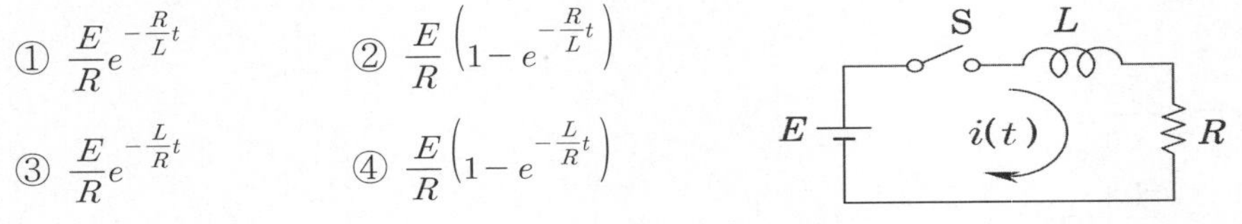

① $\frac{E}{R}e^{-\frac{R}{L}t}$ ② $\frac{E}{R}\left(1-e^{-\frac{R}{L}t}\right)$

③ $\frac{E}{R}e^{-\frac{L}{R}t}$ ④ $\frac{E}{R}\left(1-e^{-\frac{L}{R}t}\right)$

해설 Chapter – 14 – 01

$i(t)=\frac{E}{R}\left(1-e^{-\frac{R}{L}t}\right)$

03 **그림에서 $t=0$일 때 S를 닫았다. 전류 $i(t)$[A]를 구하면?**

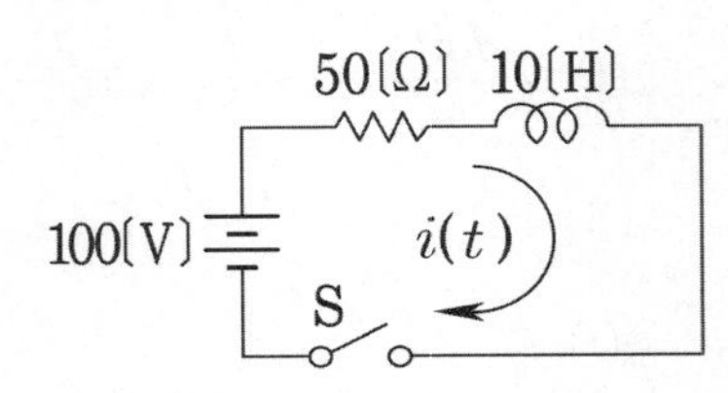

① $2(1+e^{-5t})$
② $2(1-e^{5t})$
③ $2(1-e^{-5t})$
④ $2(1+e^{5t})$

해설 Chapter – 14 – 01

$R-L$ 직렬 과도현상

$$i(t)=\frac{E}{R}\left(1-e^{-\frac{R}{L}t}\right)=\frac{100}{50}\left(1-e^{-\frac{50}{10}t}\right)$$
$$=2(1-e^{-5t})$$

정답 01 ① 02 ② 03 ③

04

다음 그림에서 스위치 S를 닫을 때 시정수의 값은? (단, $L = 10$[mH], $R = 10$[Ω]이다.)

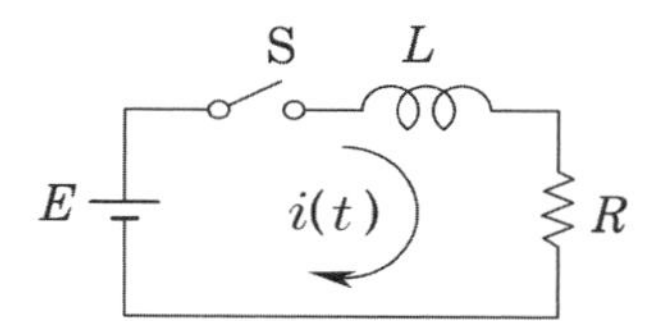

① 10^3[초] ② 10^{-3}[초]
③ 10^2[초] ④ 10^{-2}[초]

해설 Chapter – 14 – 01

$R-L$ 직렬 과도현상

$$\tau = \frac{L}{R} = \frac{10 \times 10^{-3}}{10} = 10^{-3}$$

05

코일의 권수 $N = 1000$, 저항 $R = 20$[Ω]이다. 전류 $I = 10$[A]를 흘릴 때 자속 $\phi = 3 \times 10^{-2}$[Wb]이다. 이 회로의 시정수[s]는?

① 0.15 ② 3 ③ 0.4 ④ 4

해설

$$L = \frac{N\phi}{I} = \frac{1000 \times 3 \times 10^{-2}}{10} = 3$$

$$\therefore \ \tau = \frac{L}{R} = \frac{3}{20} = 0.15$$

06

자계 코일의 권수 $N = 1000$, 저항 R[Ω]으로 전류 $I = 10$[A]를 통했을 때의 자속 $\phi = 2 \times 10^{-2}$[Wb]이다. 이 회로의 시정수가 0.1[s]라면 저항 R[Ω]는?

① 0.2 ② $\frac{1}{20}$ ③ 2 ④ 20

해설

$$L = \frac{N\phi}{I} = \frac{10^3 \times 2 \times 10^{-2}}{10} = 2$$

$$\therefore \ \tau = \frac{L}{R} \Rightarrow R = \frac{L}{\tau} = \frac{2}{0.1} = 20\,[\Omega]$$

07

그림과 같은 회로에서 정상 전류값 i_s[A]는? (단, t = 0에서 스위치 S를 닫았다.)

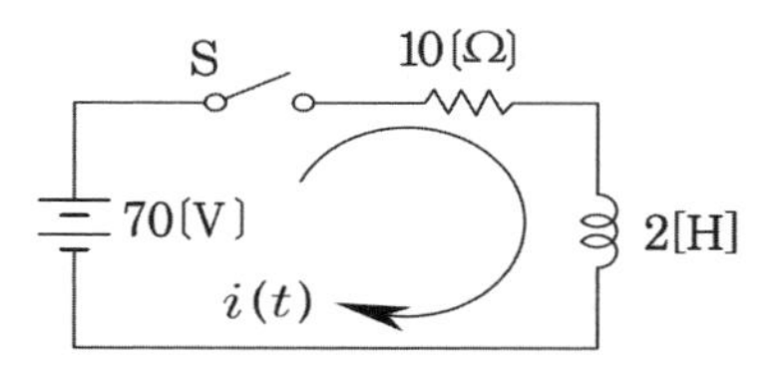

① 0 ② 7
③ 35 ④ −35

해설

정상전류 $i_s = \frac{E}{R} = \frac{70}{10} = 7$[A]

정답 04 ② 05 ① 06 ④ 07 ②

08 다음 회로의 정상상태에서 저항에서 소비되는 전력[W]은? (단, $R=50[\Omega]$, $L=50[H]$ 이다.)

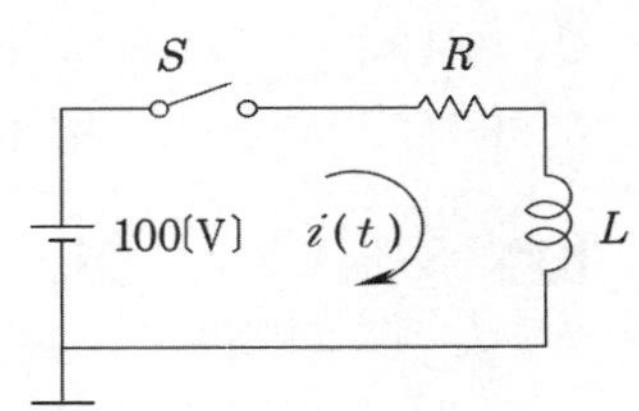

① 50 ② 100
③ 150 ④ 200

해설
정상 상태($t \rightarrow \infty$)이므로 L 은 단락 상태

$\therefore\ I=\dfrac{V}{R}=2\,[\mathrm{A}]$ $\qquad P=VI=100\times 2=200\,[\mathrm{W}]$

09 $R-L$ 직렬회로에서 스위치 S를 닫아 직류 전압 E[V]를 회로 양단에 급히 인가한 후 $\dfrac{L}{R}$[s] 후의 전류 I[A]는?

① $0.632\dfrac{E}{R}$ ② $0.5\dfrac{E}{R}$ ③ $0.368\dfrac{E}{R}$ ④ $\dfrac{E}{R}$

해설 Chapter – 14 – 01

10 시정수 τ인 $R-L$ 직렬회로에 직류 전압을 인가할 때 $t=\tau$의 시각에 회로에 흐르는 전류는 최종값의 약 몇 [%]인가?

① 37 ② 63 ③ 73 ④ 86

해설 Chapter – 14 – 01

11 시정수 τ를 갖는 $R-L$ 직렬회로에 직류전압을 가할 때 $t=2\tau$되는 시간에 회로에 흐르는 전류는 최종치의 약 몇 [%]가 되는가?

① 98 ② 95 ③ 86 ④ 63

해설 Chapter – 14 – 01

정답 08 ④ 09 ① 10 ② 11 ③

12 그림과 같은 $R-L$ 회로에서 스위치 S를 열 때 흐르는 전류 i[A]는 어느 것인가?

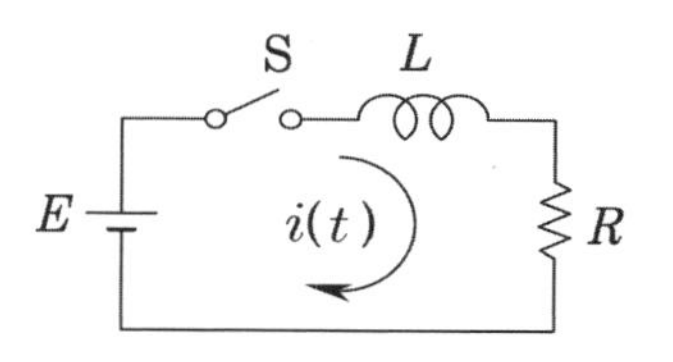

① $\frac{E}{R}e^{\frac{R}{E}t}$

② $\frac{E}{R}\left(1-e^{\frac{R}{L}t}\right)$

③ $\frac{E}{R}e^{-\frac{R}{L}t}$

④ $\frac{E}{R}\left(1-e^{-\frac{R}{L}t}\right)$

해설 Chapter – 14 – 01

13 $R-L$ 직렬회로에서 그의 양단에 직류 전압 E를 연결 후 스위치 S를 개방하면 $\frac{L}{R}$[s] 후의 전류값[A]은?

① $\frac{E}{R}$ ② $0.5\frac{E}{R}$

③ $0.368\frac{E}{R}$ ④ $0.632\frac{E}{R}$

해설 Chapter – 14 – 01

14 그림과 같은 회로에서 스위치 S를 닫았을 때 L에 가해지는 전압은?

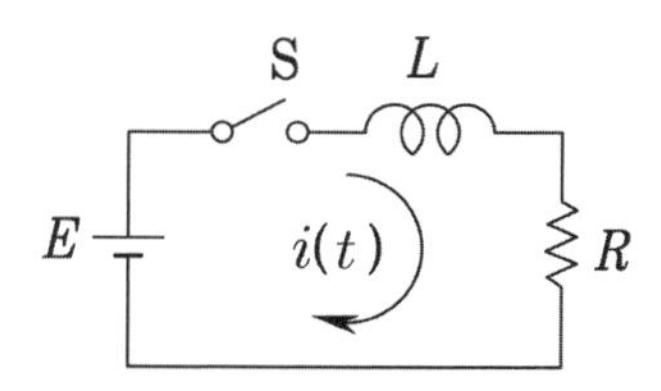

① $\frac{E}{R}e^{-\frac{R}{L}t}$

② $\frac{E}{R}e^{\frac{L}{R}t}$

③ $Ee^{-\frac{R}{L}t}$

④ $Ee^{\frac{L}{R}t}$

해설 Chapter – 14 – 01

$$V_L = L\frac{di(t)}{dt} = E\,e^{-\frac{R}{L}t}$$

정답 12 ③ 13 ③ 14 ③

15 그림과 같은 회로에서 $t=0$에서 S를 닫았을 때 $(V_L)_{t=0}=100$[V], $\left(\frac{di}{dt}\right)_{t=0}=50$[A/s]이다. L[H]의 값은?

① 20
② 10
③ 2
④ 6

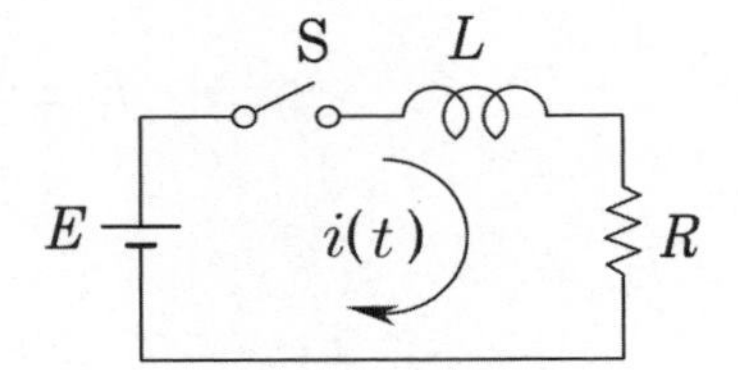

해설

$e=L\frac{di}{dt}$

$\therefore\ L=\frac{e}{\frac{di}{dt}}=\frac{100}{50}=2$[H]

16 그림과 같은 저항 R[Ω]과 정전 용량 C[F]의 직렬회로에서 잘못 표현된 것은?

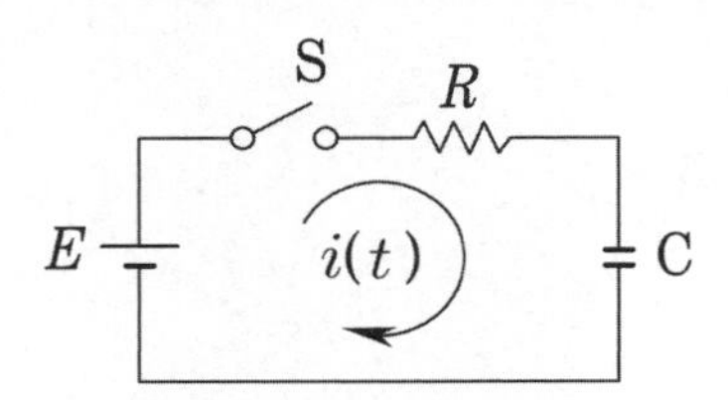

① 회로의 시정수는 $\tau=RC$[s]이다.

② $t=0$에서 직류 전압 E[V]를 인가했을 때 t[s] 후의 전류 $i=\frac{E}{R}e^{-\frac{1}{RC}t}$ [A]이다.

③ $t=0$에서 직류 전압 E[V]를 인가했을 때 t[s] 후의 전류 $i=\frac{E}{R}\left(1-e^{-\frac{1}{RC}t}\right)$[A]이다.

④ $R-C$ 직렬회로에 직류 전압 E[V]를 충전하는 경우 회로의 전압 방정식은 $Ri+\frac{1}{C}\int i\,dt=E$이다.

해설 Chapter – 14 – 02

정답 15 ③ 16 ③

17

그림과 같은 $R-C$ 직렬회로에 $t=0$에서 스위치 S를 닫아 직류 전압 100[V]를 회로의 양단에 급격히 인가하면 그 때의 충전 전하[C]는? (단, $R=10$[Ω], $C=0.1$[F]이다.)

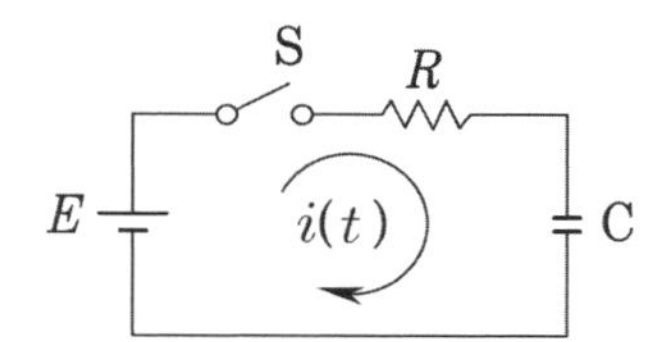

① $10(1-e^{-t})$

② $-10(1-e^{t})$

③ $10e^{-t}$

④ $-10e^{t}$

해설 Chapter – 14 – 02

$$q(t)=CE(1-e^{-\frac{1}{RC}t})=10(1-e^{-t})$$

18

그림과 같은 회로에서 스위치 S를 닫을 때 콘덴서의 초기 전하를 무시하고 회로에 흐르는 전류를 구하면?

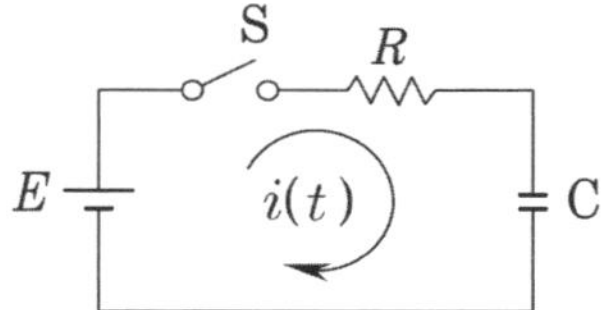

① $\frac{E}{R}e^{\frac{C}{R}t}$　② $\frac{E}{R}e^{\frac{R}{C}t}$

③ $\frac{E}{R}e^{-\frac{1}{CR}t}$　④ $\frac{E}{R}e^{\frac{1}{CR}t}$

해설 Chapter – 14 – 02

$$i(t)=\frac{E}{R}e^{-\frac{1}{RC}t}$$

19

그림의 회로에서 콘덴서의 초기 전압을 0[V]로 할 때 회로에 흐르는 전류 $i(t)$[A]는?

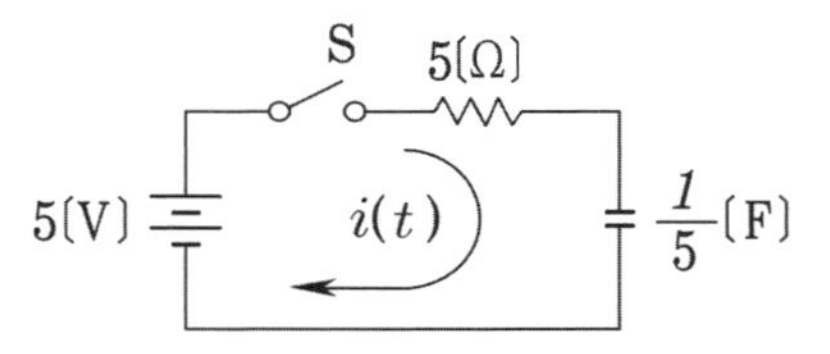

① $5(1-e^{-t})$

② $1-e^{-t}$

③ $5e^{-t}$

④ e^{-t}

해설 Chapter – 14 – 02

정답 17 ① 18 ③ 19 ④

20

$R-C$ 직렬회로의 시정수 τ[s]는?

① RC ② $\frac{1}{RC}$ ③ $\frac{C}{R}$ ④ $\frac{R}{C}$

해설 Chapter – 14 – 02

21

저항 $R=5000[\Omega]$, 정전 용량 $C=20[\mu F]$가 직렬로 접속된 회로에 일정 전압 $E=100[V]$를 인가하고, $t=0$에서 스위치를 넣을 때 콘덴서 단자 전압[V]은? (단, 처음에 콘덴서는 충전되지 않았다.)

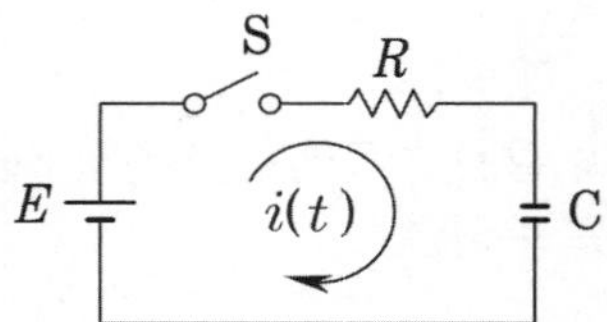

① $100(1-e^{10t})$

② $100e^{-10t}$

③ $100(1-e^{-10t})$

④ $100e^{10t}$

해설 Chapter – 14 – 02

$$V_c = E(1-e^{-\frac{1}{RC}t})$$
$$= 100(1-e^{-10t})$$

22

다음과 같은 회로에서 $t=0^+$ 에서 스위치 K를 닫았다. $i_1(0^+)$, $i_2(0^+)$는 얼마인가?

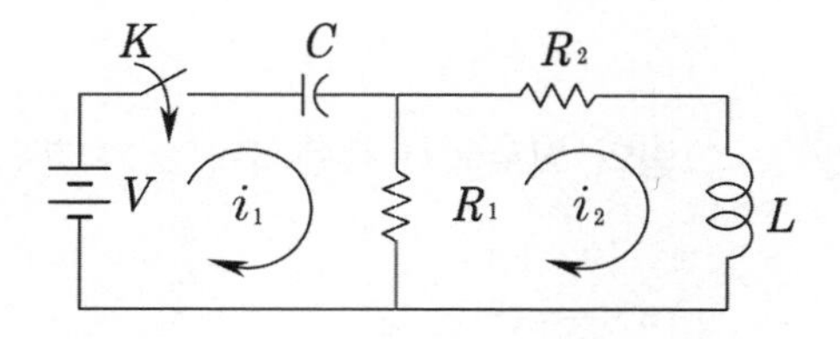

① $i_1(0^+)=0,\ i_2(0^+)=\frac{V}{R_2}$

② $i_1(0^+)=\frac{V}{R_1},\ i_2(0^+)=0$

③ $i_1(0^+)=0,\ i_2(0^+)=0$

④ $i_1(0^+)=\frac{V}{R_1},\ i_2(0^+)=\frac{V}{R_2}$

해설

$t=0^+$ 에서 C는 단락, L은 개방 조건이므로

$i_1=\frac{V}{R_1}$, $i_2=0$

정답 20 ① 21 ③ 22 ②

23 그림과 같은 회로에서 스위치 S를 닫을 때 방전 전류 $i(t)$는?

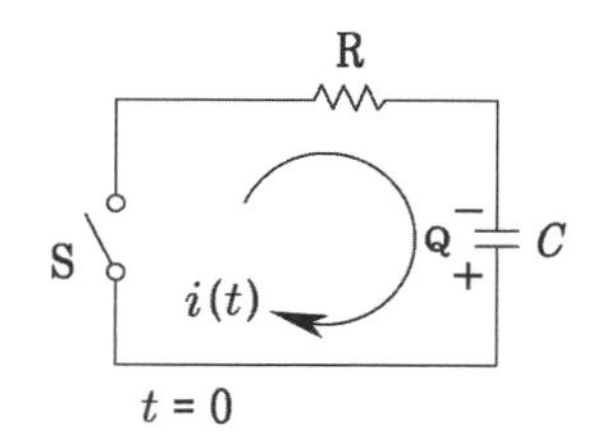

① $-\frac{Q}{RC}e^{-\frac{1}{RC}t}$　② $\frac{Q}{RC}e^{-\frac{1}{RC}t}$

③ $-\frac{Q}{RC}(1-e^{-\frac{1}{RC}t})$　④ $-\frac{Q}{RC}(1+e^{\frac{1}{RC}t})$

해설 Chapter – 14 – 02

24 $R-L-C$ 직렬회로에서 $R=100[\Omega]$, $L=0.1\times10^{-3}$[H], $C=0.1\times10^{-6}$[F]일 때 이 회로는?

① 진동적이다.
② 비진동이다.
③ 정현파 진동이다.
④ 진동일 수도 있고 비진동일 수도 있다.

해설 Chapter – 14 – 03

$10^4 > 4\times\frac{0.1\times10^{-3}}{0.1\times10^{-6}} = 10^4 > 4\times10^3$　∴ 비진동

25 저항 R, 인덕턴스 L, 콘덴서 C의 직렬회로에서 발생되는 과도현상이 진동이 되지 않는 조건은?

① $\left(\frac{R}{2L}\right)^2 - \frac{1}{LC} < 0$　② $\left(\frac{R}{2L}\right)^2 - \frac{1}{LC} > 0$

③ $\left(\frac{R}{2L}\right)^2 = \frac{1}{LC}$　④ $\frac{R}{2L} = \frac{1}{LC}$

해설 Chapter – 14 – 03

$\left(\frac{R}{2L}\right)^2 - \frac{1}{LC} > 0$ → 비진동적

$\left(\frac{R}{2L}\right)^2 - \frac{1}{LC} < 0$ → 진동적

$\left(\frac{R}{2L}\right)^2 - \frac{1}{LC} = 0$ → 임계적

정답 23 ② 24 ② 25 ②

26 $R-L-C$ **직렬회로에서 진동 조건은 어느 것인가?**

① $R<2\sqrt{\frac{C}{L}}$　② $R<2\sqrt{\frac{L}{C}}$　③ $R<2\sqrt{LC}$　④ $R<\frac{1}{2\sqrt{LC}}$

해설 Chapter – 14 – 03

27 $R-L-C$ **직렬회로에서 직류전압 인가시** $R^2=\frac{4L}{C}$ **일 때의 상태는?**

① 진동상태　② 비진동상태　③ 임계상태　④ 정상상태

해설

$R^2=4\frac{L}{C}$ 〈왼비오진〉, 같으면 임계상태

28 **그림과 같은** V_0 **로 충전된 회로에서** $t=0$ **일 때 S를 닫을 때의 전류** $i(t)$ **는?**

① $\frac{V_0}{\sqrt{\frac{L}{C}}}e^{-t\sqrt{LC}}$　② $\frac{V_0}{\sqrt{\frac{L}{C}}}\sin\frac{1}{\sqrt{LC}}t$

③ $\frac{V_0}{\sqrt{\frac{L}{C}}}\cos\frac{1}{\sqrt{LC}}t$　④ $\frac{V_0}{\sqrt{\frac{L}{C}}}(1-e^{-\frac{t}{\sqrt{LC}}})$

해설 Chapter – 14 – 04
$i(t)$ 에는 sin 이 표현된다.

29 **그림과 같은 회로에서 정전 용량** C **[F]를 충전한 후 스위치 S를 닫아 이것을 방전하는 경우의 과도 전류는? (단, 회로에는 저항이 없다.)**

① 불변의 진동 전류
② 감쇠하는 전류
③ 감쇠하는 진동 전류
④ 일정값까지 증가하여 그 후 감쇠하는 전류

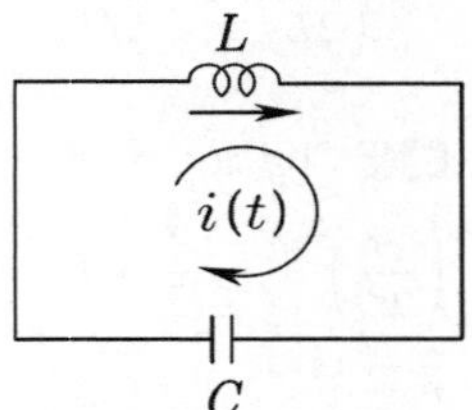

해설 Chapter – 14 – 04
sin파 곡선이 표현

정답 26 ② 27 ③ 28 ② 29 ①

30

$L-C$ 직렬회로에 직류 기전력 E를 $t=0$에서 갑자기 인가할 때 C에 걸리는 최대 전압은?

① E　② 0　③ ∞　④ $2E$

해설 Chapter − 14 − 04

$V_c = 2E$

31

정상 상태일 때 $t=0$에서 스위치 S를 열 때 흐르는 전류는?

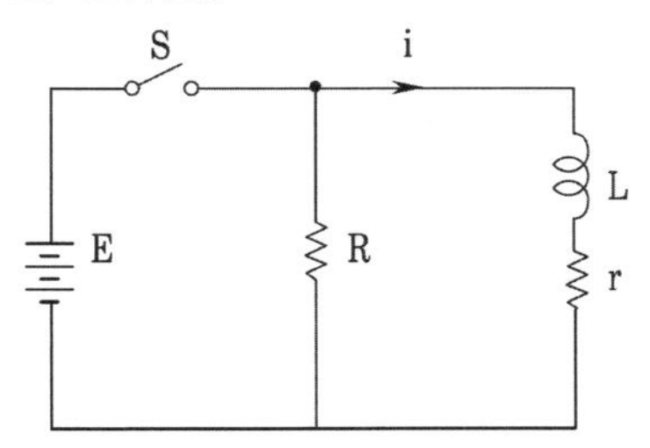

① $\frac{E}{R}e^{-\frac{R+r}{L}t}$

② $\frac{E}{r}e^{-\frac{R+r}{L}t}$

③ $\frac{E}{r}e^{-\frac{L}{R+r}t}$

④ $\frac{E}{R}e^{-\frac{L}{R+r}t}$

32

그림과 같은 RC 저역통과 필터회로에 단위 임펄스를 입력으로 가했을 때 응답 $h(t)$는?

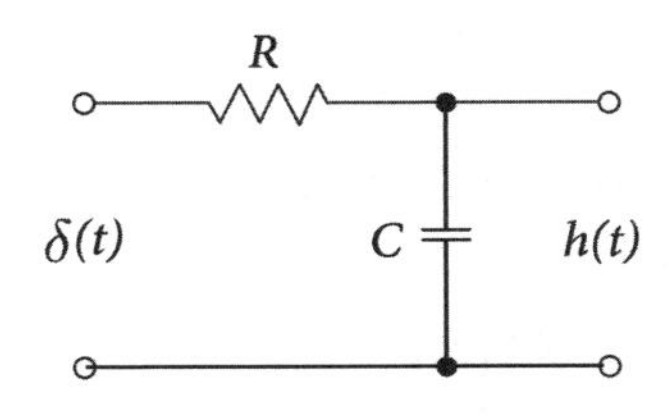

① $h(t) = RCe^{-\frac{t}{RC}}$

② $h(t) = \frac{1}{RC}e^{-\frac{t}{RC}}$

③ $h(t) = \frac{R}{1+j\omega RC}$

④ $h(t) = \frac{1}{RC}e^{-\frac{C}{R}t}$

해설 Chapter 15

전달함수

$$G(s) = \frac{h(s)}{\delta(s)} = \frac{\frac{1}{Cs}}{R+\frac{1}{Cs}} = \frac{1}{RCs+1}$$

$$h(t) = \mathcal{L}^{-1}\left[\frac{1}{RCs+1}\right] = \frac{\frac{1}{RC}}{s+\frac{1}{RC}}$$

$$h(t) = \frac{1}{RC}e^{-\frac{t}{RC}}$$

정답 30 ④ 31 ② 32 ②

요점정리

(1) $R-L$ 직렬회로

① $i(t) = \frac{E}{R}\left(1 - e^{-\frac{R}{L}t}\right)$ [A]

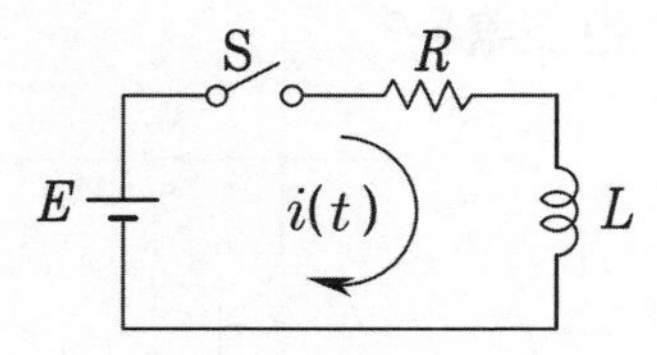

시정수 $\tau = \frac{L}{R}$

정상전류 : $i_s = \frac{E}{R}$ [A]

② $t = \frac{L}{R}$ $i(t) = 0.632 \cdot \frac{E}{R}$ [A]

③ $V_R = Ri(t) = E\left(1 - e^{-\frac{R}{L}t}\right)$ [V]

④ $V_L = L \cdot \frac{di(t)}{dt} = E \cdot e^{-\frac{R}{L}t}$ [V]

⑤ $s \to off$ $i(t) = \frac{E}{R} \cdot e^{-\frac{R}{L}t}$ [A]

(2) $R-C$ 직렬회로

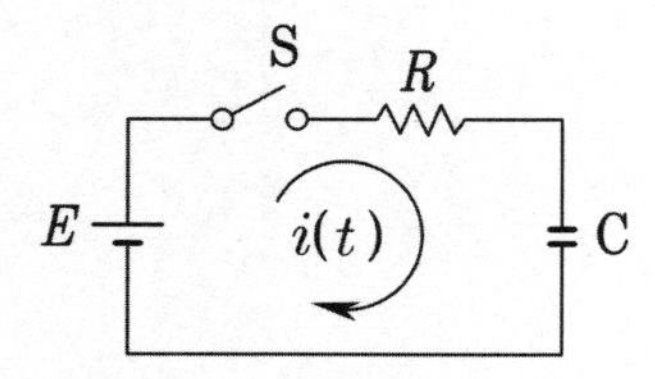

$\therefore q(t) = CE\left(1 - e^{-\frac{1}{RC}t}\right)$ [C]

① $i(t) = \frac{dq(t)}{dt} = \frac{E}{R} \cdot e^{-\frac{1}{RC}t}$ [A]

$\tau = RC$

② $t = RCi(t) = 0.368 \cdot \frac{E}{R}$ [A]

③ $V_R = Ri(t) = E \cdot e^{-\frac{1}{RC}t}$ [V]

④ $V_c = \frac{q(t)}{C} = E\left(1 - e^{-\frac{1}{RC}t}\right)$ [V]

⑤ 방전시 : $i(t) = -\frac{E}{R}e^{-\frac{1}{RC}t}$ [A]

(3) $R-L-C$ 직렬회로

$R^2 > 4\frac{L}{C}$: 비진동

$R^2 = 4\frac{L}{C}$: 임계진동

$R^2 < 4\frac{L}{C}$: 진동

(4) $L-C$ 직렬회로

$q(t) = CE\left(1 - \cos\frac{1}{\sqrt{LC}}t\right)$ [C]

※ 불변의 진동전류(sin파 곡선)가 나타난다.

① $i(t) = \frac{dq(t)}{dt}$

$= \frac{d}{dt}\left[CE\left(1 - \cos\frac{1}{\sqrt{LC}}t\right)\right]$

$= CE\left[0 + \frac{1}{\sqrt{LC}} \cdot \sin\frac{1}{LC}t\right]$

$= \frac{E}{\sqrt{\frac{L}{C}}}\sin\frac{1}{\sqrt{LC}}t$ [A]

② $v(c) = \frac{q(t)}{C}$

$= E\left(1 - \cos\frac{1}{\sqrt{LC}}t\right)$ [V]

③ $V_c = 2E$

chapter

16

초보전기의 기초수학공식

16 CHAPTER 초보전기의 기초수학공식

(1) 대수공식

① 2차 방정식 $ax^2+bx+c=0$

$$x=\frac{-b\pm\sqrt{b^2-4ac}}{2a}$$

기출문제연습

01 전계의 세기가 0이 되는 지점은?

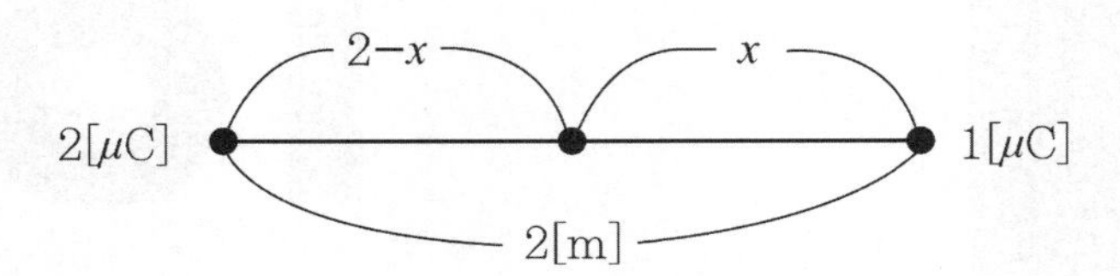

해설

두 전하의 부호가 같은 경우 전계의 세기가 0이 되는 지점은 두 전하 사이에 존재

$$\frac{2\times10^{-6}}{4\pi\epsilon_0(2-x)^2}=\frac{10^{-6}}{4\pi\epsilon_0x^2}$$

$2x^2=(2-x)^2$

$\sqrt{2}x=2-x$

$(\sqrt{2}+1)x=2$

$x=\frac{2}{\sqrt{2}+1}\ \frac{(\sqrt{2}-1)}{(\sqrt{2}-1)}=2(\sqrt{2}-1)[\mathrm{m}]$

② $\log_a a=1$

ex. $\log_{10}10=1$

③ $\log_a xy=\log_a x+\log_a y$

"로그의 덧셈은 곱셈과 같다."

④ $\log_a \frac{y}{x} = \log_a y - \log_a x$

"로그의 뺄셈은 나눗셈과 같다."

기출문제연습

01 **$E = 7xi - 7yi$[V/m]일 때, 점(5, 2)[m]를 통과하는 전기력선의 방정식은?**

① $y = 10x$ ② $y = \frac{10}{x}$

③ $y = \frac{x}{10}$ ④ $y = 10x^2$

해설

전기력선의 방정식 $\frac{dx}{E_x} = \frac{dy}{E_y}$

$\frac{dx}{7x} = \frac{dy}{-7y}$, $\frac{1}{x}dx = -\frac{1}{y}dy$ $xy = C$

양변을 적분하면 (C = 5×2=10)

$\ln x = -\ln y + \ln c$ $\therefore xy = 10$

$\ln x + \ln y = \ln c$ $y = \frac{10}{x}$

$\ln xy = \ln c$

⑤ $\log_a x^n = n\log_a x$

ex. $\log_{10}100 = \log_{10}10^2 = 2\log_{10}10 = 2$

⑥ 지수와 로그와의 관계

"지수형태는 로그로,
(지수 → 로그)

$x = a^y$ ⇒ 양변에 로그

$\log_a x = \log_a a^y$

$\therefore \log_a x = y$

로그형태는 지수로"
(로그 → 지수)

$\log_a x = y$

$\therefore x = a^y$

기출문제연습

01

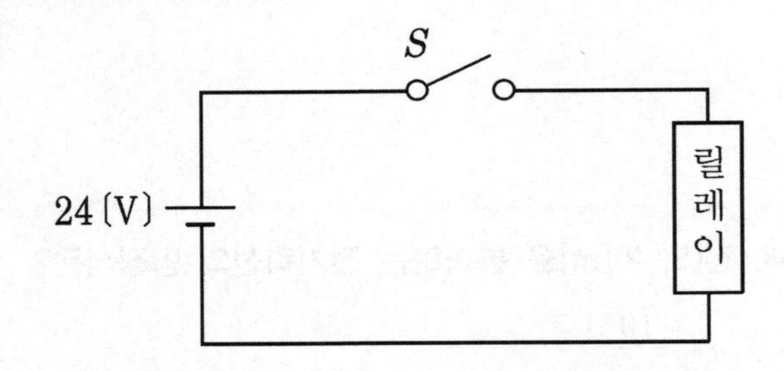

$t=0.015$ (s), $i(t)=10$ (mA)이면 L(H) = ?

해설

$R-L$직렬시 과도현상

$$i(t)=\frac{E}{R}\left(1-e^{-\frac{R}{L}t}\right)$$

$$10\times10^{-3}=\frac{24}{1200}\left(1-e^{-\frac{1200}{L}\times0.015}\right)$$

$$\frac{1200\times10\times10^{-3}}{24}=1-e^{-\frac{18}{L}}$$

$$\frac{1}{2}=1-e^{-\frac{18}{L}}$$

$$e^{-\frac{18}{L}}=\frac{1}{2}=2^{-1}$$

(양변에 자연로그)

$$\log_e e^{-\frac{18}{L}}=\log_e 2^{-1}$$

$$-\frac{18}{L}=-\log_e 2$$

$$\therefore L=\frac{18}{\log_e 2}$$

$$=26\,(\text{H})$$

⑦ $e=1+\frac{1}{1!}+\frac{1}{2!}+\cdots\cdots+\frac{1}{n!}$

$=2.71828\cdots$

cf. $3!=3\times2\times1=6$

⑧ $e^{-at}=\frac{1}{e^{at}}$

$t\to\infty$: $\frac{1}{e^{\infty}}=\frac{1}{\infty}=0$

$t\to0$: $\frac{1}{e^{0}}=\frac{1}{1}=1$

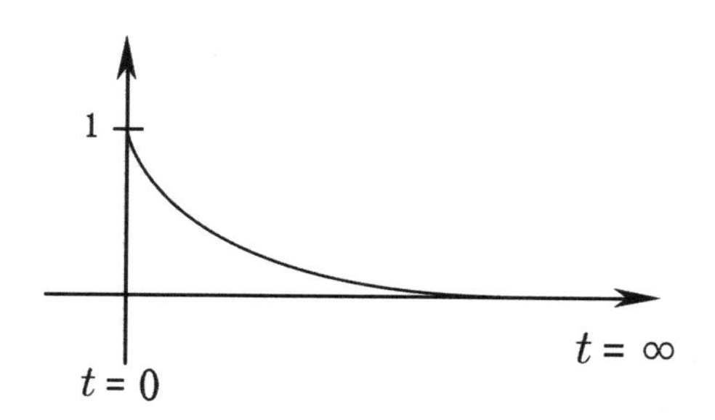

⑨ 지수함수의 곱셈과 나눗셈

㉠ $a^n \times a^m = a^{n+m}$

㉡ $a^n \div a^m = a^{n-m}$

㉢ $(a^n)^m = a^{n \cdot m}$

ex 1) $10^5 \times 10^2 = 10^{5+2} = 10^7$

ex 2) $10^5 \div 10^2 = 10^{5-2} = 10^3$

ex 3) $(10^5)^2 = 10^{5 \times 2} = 10^{10}$

(2) 삼각함수

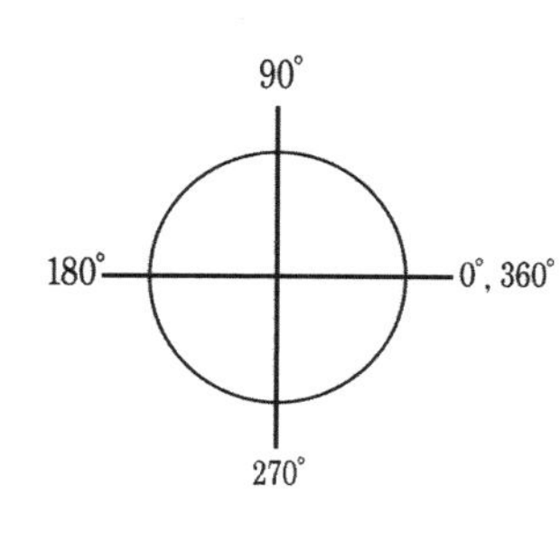

디그리(DEG)

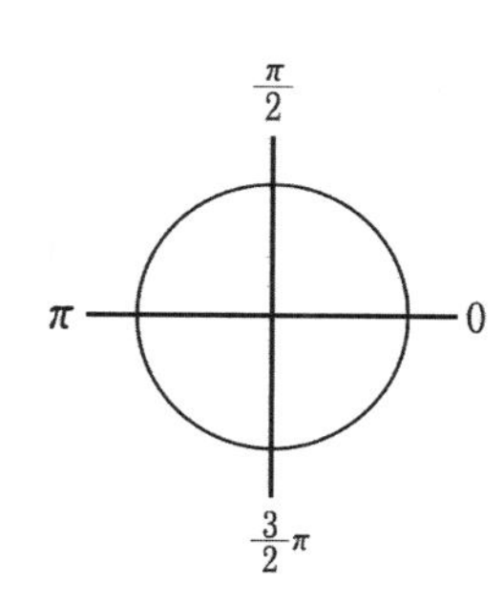

레디안(RAD)

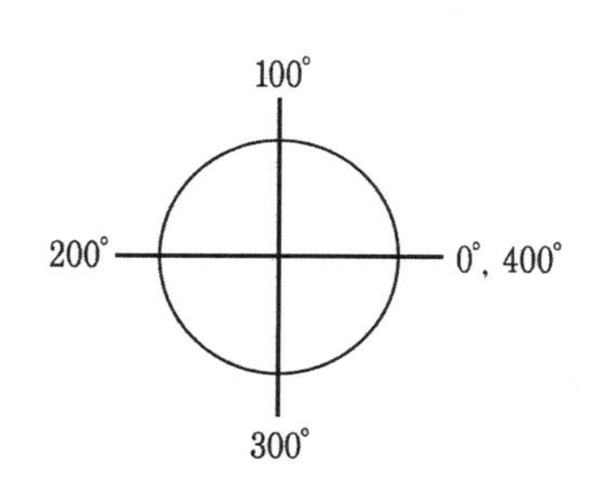

그라드(GRAD)

① $\sin^2 + \cos^2 A = 1$

② $\sin(A \pm B) = \sin A \cos B \pm \cos A \sin B$ (복호동순)

③ $\cos(A \pm B) = \cos A \cos B \mp \sin A \sin B$ (복호역순)

기출문제연습

01 $\mathcal{L}\left[\cos(10t-30^\circ)u(t)\right]$

해설 $\mathcal{L}\left[\cos 10t \cdot \cos 30^\circ + \sin 10t \cdot \sin 30^\circ\right]$

$$= \frac{\sqrt{3}}{2} \cdot \frac{S}{S^2+10^2} + \frac{1}{2} \cdot \frac{10}{S^2+10^2}$$

$$= \frac{0.866s+5}{S^2+10^2}$$

④ $\sin^2 A = \dfrac{1-\cos 2A}{2}$

cf.

$\cos(A+A) = \cos A \cos A - \sin A \cdot \sin A$

$\cos 2A = \cos^2 A - \sin^2 A$

$= (1-\sin^2 A) - \sin^2 A$

$\cos 2A = 1 - 2\sin^2 A$

$\sin^2 A = \dfrac{1-\cos 2A}{2}$

$2\sin^2 A = 1 - \cos 2A$

⑤ $\cos^2 A = \dfrac{1+\cos 2A}{2}$

ex. $\mathcal{L}\left[\sin^2 t\right]$

$$= \mathcal{L}\left[\frac{1-\cos 2t}{2}\right]$$

$$= \frac{1}{2}\left(\frac{1}{S} - \frac{S}{S^2+2^2}\right)$$

$$= \frac{1}{2S} - \frac{S}{2(S^2+4)}$$

⑥ $\tan A = \dfrac{\sin A}{\cos A}$

cf.

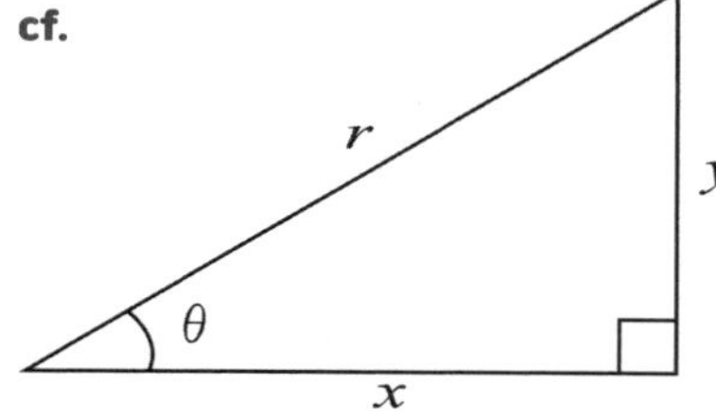

$$\tan\theta = \frac{y}{x} = \frac{\frac{y}{r}}{\frac{x}{r}} = \frac{\sin\theta}{\cos\theta}$$

(기초 정리)

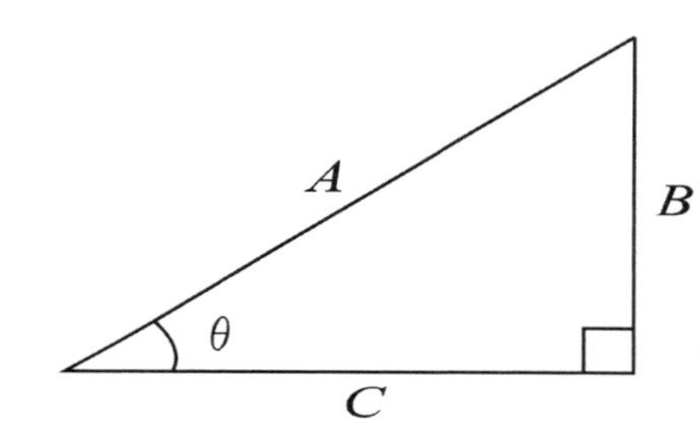

- $\sin\theta = \dfrac{B}{A}$
- $\cos\theta = \dfrac{C}{A}$
- $\tan\theta = \dfrac{B}{C}$
- $A = \sqrt{B^2 + C^2}$

$$\theta = \frac{1}{\tan} \cdot \frac{B}{C} = \tan^{-1}\frac{B}{C}$$

cf. $\dfrac{1}{2} = 2^{-1}$, $\dfrac{1}{x} = x^{-1}$, $\dfrac{1}{10} = 10^{-1}$

- 특수각의 도수법 환산 (호도법$\times\dfrac{180}{\pi}$ = 도수법)

$2\pi = 360°$ $\pi = 180°$ $\dfrac{3}{2}\pi = 270°$

$\dfrac{\pi}{2} = 90°$ $\dfrac{\pi}{3} = 60°$

$\dfrac{\pi}{4} = 45°$ $\dfrac{\pi}{6} = 30°$

- 특수각의 삼각함수값

	0°	30°	45°	60°	90°
sin	$\frac{\sqrt{0}}{2}=0$	$\frac{\sqrt{1}}{2}=\frac{1}{2}$	$\frac{\sqrt{2}}{2}=\frac{1}{\sqrt{2}}$	$\frac{\sqrt{3}}{2}$	$\frac{\sqrt{4}}{2}=1$
cos	$\frac{\sqrt{4}}{2}=1$	$\frac{\sqrt{3}}{2}$	$\frac{\sqrt{2}}{2}=\frac{1}{\sqrt{2}}$	$\frac{\sqrt{1}}{2}=\frac{1}{2}$	$\frac{\sqrt{0}}{2}=0$
tan	$\frac{0}{3}=0$	$\frac{\sqrt{3}}{3}=\frac{1}{\sqrt{3}}$	$\frac{\sqrt{3}\cdot\sqrt{3}}{3}=1$	$\frac{\sqrt{3}\cdot\sqrt{3}\cdot\sqrt{3}}{3}=\sqrt{3}$	∞

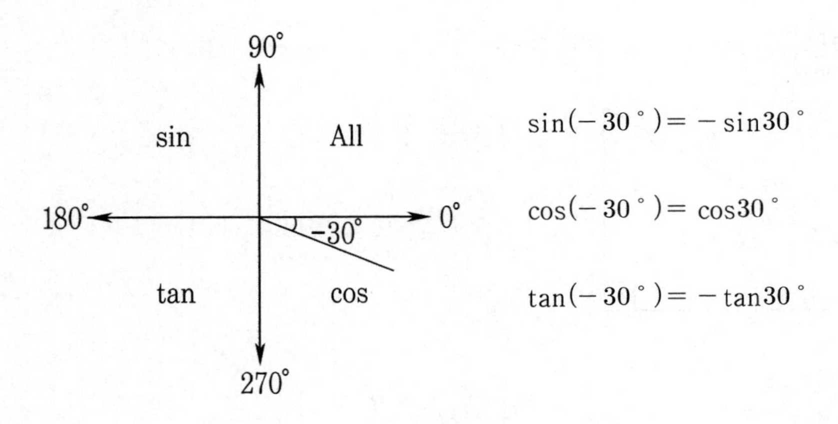

(3) 미분공식

① $y = x^m$

$$\frac{dy}{dx} = y' = m \cdot x^{m-1}$$

ex. $y = x^3$

sol) $y' = 3 \cdot x^{3-1} = 3x^2$

② $y = \sin x$

$y' = +\cos x$

③ $y = \cos x$

$y' = -\sin x$

④ $y = \sin ax$ (변수 x앞에 상수가 있는 경우)

$y' = (ax)'\cos ax$

$= a\cos ax$

기출문제연습

01

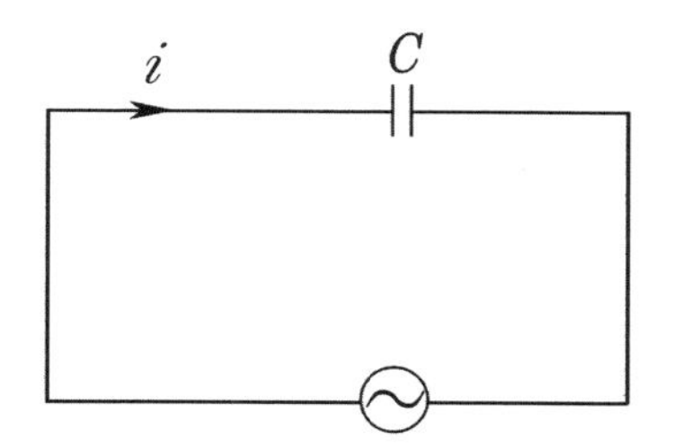

$v = V_m \sin\omega t$ [V]일 때 C에 흐르는 전류 i는?

해설

$$i = C \cdot \frac{dv}{dt} = C \cdot \frac{d}{dt}(V_m \sin\omega t)$$

$$= CV_m \frac{d}{dt} \sin\omega t$$

$$= (\omega t)' CV_m \cos\omega t$$

$$= \omega CV_m \sin(\omega t + 90^\circ)$$

∴ C만 회로에서는 전류가 전압보다 위상이 90° 앞선다.

⑤ $y = \cos ax$

$y' = -(ax)' \sin ax$

$\therefore y' = -a\sin ax$

⑥ $y = e^x$

$y' = (x^1)' e^x$ (지수 함수는 그대로)

$= e^x \cdot 1 = e^x$

⑦ $y = e^{ax}$

$y' = (ax)' e^{ax}$

$\therefore y' = a \cdot e^{ax}$

기출문제연습

01 $L = 2$ [H]이고, $i = 20\varepsilon^{-2t}$ [A]일 때 L의 단자 전압은?

해설

$$v = L\frac{di}{dt} = 2\times 20\frac{d}{dt}\varepsilon^{-2t}$$
$$= (-2t)'20\times 2\times \varepsilon^{-2t}$$
$$= -2\times 20\times 2\times \varepsilon^{-2t}$$
$$= -80\varepsilon^{-2t}\ [\mathrm{V}]$$

⑧ $y = (a+bx)^m$

$$y' = m(a+bx)^{m-1}\cdot(bx)'$$
$$= m(a+bx)^{m-1}\cdot b$$

⑨ $y = \log_e x$

$$y' = \frac{1}{x}$$

ex. $y = \frac{1}{x} = x^{-1}$

$$y' = -1\cdot x^{-1-1}$$
$$= -1\cdot x^{-2}$$
$$= -\frac{1}{x^2}$$

⑩ $y = \tan x = \frac{\sin x}{\cos x}$

$$y' = \frac{\sin x'\cdot\cos x - \sin x\cdot\cos x'}{\cos^2 x}$$
$$= \frac{\cos^2 x + \sin^2 x}{\cos^2 x}$$
$$= \frac{1}{\cos^2 x}$$

ex. $y = \dfrac{1}{x}$ 을 미분하면

$$y' = \frac{1' \cdot x - 1 \cdot x'}{x^2}$$

$$= \frac{0 - 1}{x^2} = -\frac{1}{x^2}$$

(4) 적분공식

① $\displaystyle\int x^n dx = \frac{x^{n+1}}{n+1}$ (적분상수 제외)

ex. $y = 3x^2$ 을 적분

sol) $\displaystyle\int 3x^2 dx = \frac{3}{2+1} x^{2+1} = x^3$

② $\displaystyle\int \sin x dx$

$= -\cos x$

③ $\displaystyle\int \cos x dx$

$= +\sin x$

④ $\displaystyle\int \sin ax dx$ (변수 x앞에 상수가 있는 경우)

$= -\dfrac{1}{(ax)'} \cos ax$

$= -\dfrac{1}{a} \cos ax$

기출문제연습

01

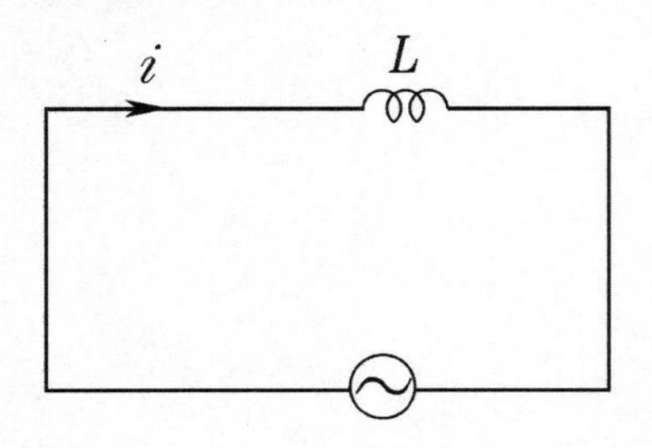

$v = V_m \sin\omega t$ **[V]일 때** L**에 흐르는 전류** i**는?**

해설

$$i = \frac{1}{L}\int (V_m \sin\omega t)dt$$

$$= \frac{V_m}{L}\int \sin\omega t\, dt$$

$$= -\frac{V_m}{(\omega t)'L}\cos\omega t = -\frac{V_m}{\omega L}\cos\omega t$$

$$= -\frac{V_m}{\omega L}\sin(\omega t + 90^\circ)$$

$$= \frac{V_m}{\omega L}\sin(\omega t - 90^\circ)$$

∴ L만 회로에서는 전류가 전압보다 위상이 90˚ 뒤진다.

⑤ $\int \cos ax\, dx$

$$= \frac{1}{(ax)'}\cdot \sin ax$$

$$= \frac{1}{a}\sin ax$$

⑥ $\int e^x dx$

$$= \frac{e^x}{(x)'} = \frac{e^x}{1} = e^x$$

⑦ $\int e^{ax}dx$

$$= \frac{1}{(ax)'} \cdot e^{ax}$$

$$= \frac{1}{a}e^{ax}$$

⑧ $\int (a+bx)^n dx$

$$= \frac{1}{n+1}(a+bx)^{n+1} \cdot \frac{1}{(bx)'}$$

$$= \frac{(a+bx)^{n+1}}{(n+1)b}$$

⑨ $\int \frac{1}{x}dx = \log_e x$

⑩ $\int u\frac{dv}{dx}dx = uv - \int \frac{du}{dx}v\,dx$

(부분적분법)

ex. $\mathcal{L}[f(t)] = \int_0^{\infty} f(t) \cdot e^{-st}dt$

$$\mathcal{L}[t] = \int_0^{\infty} t \cdot e^{-st}dt$$

$$= \left[t \cdot \left(\frac{1}{s}e^{-st}\right)\right]_0^{\infty} - \int_0^{\infty} 1 \cdot \left(-\frac{1}{s}e^{-st}\right)dt$$

$$= -\frac{1}{s}\left[\frac{t}{e^{st}}\right]_0^{\infty} - \int_0^{\infty} 1 \cdot \left(-\frac{1}{s}e^{-st}\right)dt$$

$$= 0 - \left(-\frac{1}{s}\right)\int e^{-st}dt$$

$$= -\frac{1}{s^2}\left[\frac{1}{e^{st}}\right]_0^{\infty}$$

$$= -\frac{1}{s}\left[0 - \frac{1}{1}\right]$$

$$= \frac{1}{s^2}$$

$$\therefore \mathcal{L}[t^n] = \frac{n!}{s^{n+1}}$$

$$\mathcal{L}[t] = \frac{1}{s^2}$$

합격까지 박문각

제2판 인쇄 2024. 3. 20. | **제2판 발행** 2024. 3. 25. | **편저자** 정용걸
발행인 박 용 | **발행처** (주)박문각출판 | **등록** 2015년 4월 29일 제2015-000104호
주소 06654 서울시 서초구 효령로 283 서경 B/D 4층 | **팩스** (02)584-2927
전화 교재 문의 (02)6466-7202

저자와의
협의하에
인지생략

정가 20,000원
ISBN 979-11-6987-799-2

MEMO